"十二五"职业教育国家规划教材
经全国职业教育教材审定委员会审定

工业和信息化人才培养规划教材　　高职高专计算机系列

Access 2010 数据库基础与应用项目式教程

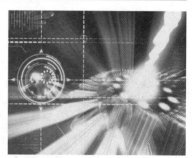

（第3版）

赖利君 ◎ 编著

Database Fundamentals and Applications in Access 2010

U0232261

人民邮电出版社
北京

图书在版编目（CIP）数据

Access 2010数据库基础与应用项目式教程 / 赖利君
编著. -- 3版. -- 北京：人民邮电出版社，2016.2（2019.8重印）
工业和信息化人才培养规划教材. 高职高专计算机系
列
ISBN 978-7-115-34769-5

Ⅰ. ①A… Ⅱ. ①赖… Ⅲ. ①关系数据库系统－高等
职业教育－教材 Ⅳ. ①TP311.138

中国版本图书馆CIP数据核字(2014)第030155号

内 容 提 要

本书分 3 个学习情境，分别根据科源信息技术有限公司发展的 3 个不同阶段的产品销售管理形态，将
Access 数据库的创建和管理、数据表的设计和维护、查询的设计和创建、设计和制作窗体、设计和制作
报表、创建和应用宏等知识及技能融入 3 个渐进的学习情境中。本书将学习目标和工作目标有机地结合在
一起，充分体现了"学习的内容是工作""通过工作来学习"的新职业教育理念，学习的过程能为未来的
工作起到良好的引领和示范作用。

本书可作为全国各职业院校和培训机构中数据库技术的专业基础教材，也适合作为全国计算机等级考
试二级 Access 的考试用书，同时可供自学者学习使用。

◆ 编　著　赖利君

　　责任编辑　王　威

　　责任印制　杨林杰

◆ 人民邮电出版社出版发行　　北京市丰台区成寿寺路 11 号

　　邮编　100164　　电子邮件　315@ptpress.com.cn

　　网址　http://www.ptpress.com.cn

　　三河市中晟雅豪印务有限公司印刷

◆ 开本：787×1092　1/16

　　印张：16.5　　　　　　　2016 年 2 月第 3 版

　　字数：434 千字　　　　　2019 年 8 月河北第 11 次印刷

定价：39.80 元

读者服务热线：(010)81055256　印装质量热线：(010)81055316
反盗版热线：(010)81055315

第3版前言

数据库应用技术是计算机应用的一个重要组成部分，也是信息社会的重要支撑技术。本书针对高职教育的特点、社会的用人需求及高等职业教育数据库技术应用课程的教学要求，详细介绍了 Access 数据库应用技术的基础知识和基本操作，以及 Access 数据库系统开发的方法和过程，重点培养学生应用数据库管理系统处理数据的能力。本书在编写的过程中还参照了教育部考试中心颁发的全国计算机等级考试（NCRE）二级 Access 数据库程序设计的考试大纲。

在通过了"十二五"职业教育国家规划教材选题立项之后，根据《教育部关于"十二五"职业教育教材建设的若干意见》对本书进行了修订，邀请行业、企业专家和一线课程负责人一起，从人才培养目标、专业方案等顶层设计做起，明确了 Access 数据库课程标准；强化了教材的沟通与衔接上平滑过渡；根据岗位技能要求，引入了企业真实案例，增加了"项目实战"模块，力求达到"十二五"职业教育国家规划教材的要求，提高高职院校 Access 数据库课程教学质量。

本书针对职业教育而设计，以初学数据库的学生为教学对象，采用情境模式设计了 3 个从简单到复杂渐进的学习情境。每个情境都是完整的应用和开发过程，将 Access 数据库应用、管理、开发等知识和技能融于情境中。

1. 本书内容

本书采用工作任务的形式，以 Access 2010 为蓝本，分 3 个学习情境，分别从科源信息技术有限公司发展的 3 个不同阶段的产品销售管理形态入手，将 Access 数据库应用与开发的知识和技能融入 3 个渐进的学习情境中。

（1）学习情境"商品管理系统"。从简单的数据库操作入手，通过创建"商品管理系统"数据库，创建商品类别、商品和供应商数据表，对商品、供应商信息进行简单查询，使读者学习并掌握数据库的创建、数据表的创建和简单查询的设计。带领读者走入数据库的世界，了解数据库的相关知识，并且使读者能正确使用计算机进行数据存储和管理。

（2）学习情境"商店管理系统"。从数据库的应用入手，通过创建和管理"商店管理系统"数据库，创建商品类别、商品、供应商、客户和订单等数据表，设计条件查询、参数查询和操作查询等以进行数据查询及分析，制作数据窗体实现人机交互等。使读者学习数据库的基本操作技巧，掌握利用数据库进行数据输入、浏览、编辑、统计、分析和查询等信息管理的技能。

（3）学习情境"商贸管理系统"。从数据库开发入手，通过创建和管理"商贸管理系统"数据库，创建商品、类别、供应商、客户、订单、进货及库存数据表，设计条件查询、参数查询、操作查询、交叉表查询和 SQL 查询等多种查询，设计和制作各类报表，创建系统主控界面和数据操作界面等。读者通过学习如何运用 Access 软件开发数据库应用系统的知识和技巧，可以掌握数据库信息的管理、数据的查询、系统的操作和控制、报表的统计和分析等基本技能，并且能独立开发一个小型的数据库应用系统，解决实际问题。

2．体系结构

3 个学习情境按工作过程分成多个工作任务（子学习情境），每个工作任务（子学习情境）按认知规律分成 7 个环节。

（1）任务描述：介绍工作情境，对工作任务的要求进行说明。

（2）业务咨询：根据工作任务对任务实施中涉及的知识进行铺垫。

（3）任务实施：根据工作流程对任务的具体完成过程进行描述。

（4）任务拓展：对任务实施环节中所涉及的知识和技能进行补充或提升。

（5）任务检测：对任务实施结果进行检查和测试。

（6）任务总结：对工作任务中涉及的知识和技能进行归纳总结。

（7）巩固练习：通过独立思考，学习者能够对工作过程中的知识和技能进行巩固及强化。

3．本书特色

（1）能力导向：本书内容源于真实化的工作情境，有利于培养学习者形成"理实"一体的实践意识，增强读者对知识技能的应用能力。

（2）工作导向：学习内容融入系统化的工作过程中，有利于培养学习者形成"工学"一体的职业意识，增强读者的职业素质及专业能力。

（3）行动导向：本书案例采用过程化的组织结构，有利于培养学习者形成"学做"一体的学习意识，增强学习者终身学习的自学能力。

为方便读者，本书还提供了电子课件及案例素材，读者可登录人民邮电出版社教学服务与资源网（http://www.ptpedu.com.cn/）下载。

在本书的编写过程中，编者参考了相关文献资料，在此向这些文献资料的作者深表感谢。本书及素材中使用的数据均为虚拟数据，如有雷同，纯属巧合。

由于编者水平有限，书中难免有疏漏之处，恳请广大读者提出宝贵意见。

编者

2015 年冬

目 录 CONTENTS

学习情境 1 商品管理系统

学习情境 2　商店管理系统

工作任务 4　创建和管理数据库　67

工作任务 5　创建和管理数据表　77

工作任务 6　设计和创建查询　95

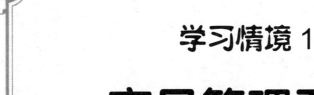

学习情境 1

商品管理系统

科源信息技术公司是一家小型的以 IT 商品营销为主的公司，公司经营规模不太大，但商品类别、型号、规格较齐全。为了实现对公司商品信息的有序、规范管理，现需设计和开发一个简单实用的商品管理系统，实现对商品、供货商等信息的录入和修改，以及对商品和供应商等信息进行简单、快捷的查询等管理及维护功能。

PART 1

工作任务 1
创建和管理数据库

1.1　任务描述

为了实现对商品类别、商品基本信息和供货商信息的管理及维护，我们需要创建一个"商品管理"数据库来有效地管理和维护相关数据。

1.2　业务咨询

1.2.1　数据库技术简介

1．数据库技术

数据库技术是信息系统的一个核心技术，是一种计算机辅助管理数据的方法，它研究如何组织和存储数据，如何高效地获取和处理数据。通过研究数据库的结构、存储、设计、管理以及应用的基本理论和实现方法，并利用这些理论来实现对数据库中的数据进行处理、分析和理解。

数据库技术研究和管理的对象是数据，所以数据库技术所涉及的具体内容主要包括：通过对数据的统一组织和管理，按照指定的结构建立相应的数据库；利用数据库管理系统设计出能够实现对数据库中的数据进行添加、修改、删除、处理、分析、理解、报表和打印等多种功能的数据管理应用系统；利用应用管理系统最终实现对数据的处理、分析和理解。

2．数据库技术的发展

数据管理技术是对数据进行分类、组织、编码、输入、存储、检索、维护和输出的技术。它的发展大致经过了以下三个阶段：人工管理阶段、文件系统阶段和数据库系统阶段。

（1）人工管理阶段。

20 世纪 50 年代以前，计算机主要用于数值计算。从当时的硬件看，外存只有纸带、卡片、磁带，没有直接存取设备；从软件看（实际上，当时还未形成软件的整体概念），没有操作系统以及管理数据的软件；从数据看，数据量小、无结构、由用户直接管理，且数据间缺乏逻辑组织，数据依赖于特定的应用程序，缺乏独立性。

（2）文件系统阶段。

20 世纪 50 年代后期到 60 年代中期，出现了磁鼓，磁盘等数据存储设备，新的数据处理系统迅速发展起来。这种数据处理系统把计算机中的数据组织成相互独立的数据文件，系统可以按照文件的名称对其进行访问，对文件中的记录进行存取，并可以实现对文件的修改、插入和删除，这就是文件系统。文件系统实现了记录内的结构化，即给出了记录内各种数据间的关系；

但是，文件从整体来看却是无结构的，其数据面向特定的应用程序，因此数据共享性、独立性差，且冗余度大，管理和维护的代价也很大。

（3）数据库系统阶段。

20 世纪 60 年代后期，出现了数据库这样的数据管理技术。数据库的特点是数据不再只针对某一特定应用，而是面向全组织，具有整体的结构性，共享性高，冗余度小，具有一定的程序与数据间的独立性，并且可以对数据进行统一的控制。

3．数据库的基本概念

（1）数据和数据处理。数据（Data）是用于描述现实世界中各种具体事物或抽象概念的，可存储并具有明确意义的符号，包括数字、文字、图形和声音等，数据处理是指对各种形式的数据进行收集、存储、加工和传播的一系列活动的总和，其目的之一是从大量的、原始的数据中抽取、推导出对人们有价值的信息以作为行动和决策的依据；目的之二是借助计算机技术科学地保存和管理复杂的、大量的数据，使人们能够方便而充分地利用这些宝贵的信息资源。

（2）数据库。数据库（Database，DB）是存储在计算机辅助存储器中的、有组织的、可共享的相关数据集合。数据库具有如下特性。

①数据库是具有逻辑关系和确定意义的数据集合。

②数据库是针对明确的应用目标而设计、建立和加载的。每个数据库都有一组用户，并为这些用户的应用需求服务。

③一个数据库反映了客观事物的某些方面，而且需要与客观事物的状态始终保持一致。

（3）数据库管理系统。数据库管理系统（Database Management System，DBMS）是对数据库进行管理的系统软件，它的职能是有效地组织和存储数据，获取和管理数据，接收和完成用户提出的各种数据访问请求。数据库管理系统的基本功能包括以下 4 个方面。

① 数据定义功能。DBMS 提供了数据定义语言（Data Definition Language，DDL），利用 DDL 可以方便地对数据库中的相关内容进行定义。例如，对数据库、表、字段和索引进行定义、创建和修改。

② 数据操纵功能。DBMS 提供了数据操纵语言（Data Manipulation Language，DML），利用 DML 可以实现在数据库中插入、修改和删除数据等基本功能。

③ 数据查询功能。DBMS 提供了数据查询语言（Data Query Language，DQL），利用 DQL 可以对数据库的数据进行查询。

④ 数据控制功能。DBMS 提供了数据控制语言（Data Control Language，DCL），利用 DCL 可以实现数据库运行控制功能，包括并发控制（即处理多个用户同时使用某些数据时可能产生的问题）、安全性检查、完整性约束条件的检查和执行、数据库的内部维护（如索引的自动维护）等。

（4）数据库系统。数据库系统（Database System，DBS）是指拥有数据库技术支持的计算机系统。它可以实现有组织地、动态地存储大量相关数据，提供数据处理和信息资源共享服务的功能。

数据库系统由如图 1.1 所示的硬件系统、操作系统、数据库管理系统及相关软件、数据库管理员和用户组成。

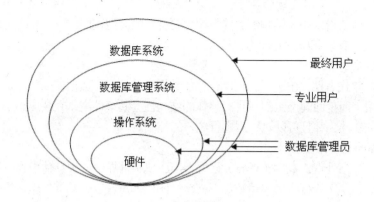

图 1.1　数据库系统的组成

1.2.2　Access 2010 简介

Access 2010 是一种关系型的桌面数据库管理系统，是 Microsoft Office 系列办公软件的重要组成部分。Access 2010 不仅继承和发扬了以前版本的功能强大、界面友好、易学易用的优点，而且又发生了新的巨大变化。Access 2010 所发生的变化主要包括：智能特性、用户界面、创建Web 网络数据功能、新的数据类型、宏的改进和增强、主题的改进、布局视图的改进以及生成器功能的增强等几个方面。这些增加的功能，使得原来十分复杂的数据库管理、应用和开发工作变得更简单、更轻松、更方便；同时更加突出了数据共享、网络交流、安全可靠等特点。

1．入门比以往更快速更轻松

利用 Access 2010 中的社区功能，可以共享自己以前开发的成果，还可以以他人创建的数据库模板为基础开展工作。使用 Office 在线上提供的新预建数据库模板，或从社区提交的模板中选择一些数据库模板并对其进行修改，可以快速地完成用户开发数据的具体需求。

2．应用主题实现专业设计

Access 2010 提供了主题工具，使用主题工具可以快速设置、修改数据库外观，利用熟悉且具有吸引力的 Office 主题，从各种主题中进行选择，或者设计自定义主题，以制作出美观的窗体界面、表格和报表。

3．文件格式

Access 2010 采用了一种支持许多产品增强功能的新型文件格式。新的 Access 文件采用的文件扩展名为 ACCDB，取代了 Access 以前版本的 MDB 文件扩展名。ACCDB 用于处于"仅执行"模式的 Access 2010 文件的文件扩展名。ACCDB 文件删除了所有源代码，它的用户只能执行 VBA 代码，而不能修改这些代码。

4．用户界面

Access 2010 的新用户界面由多个元素构成，这些元素定义了用户与数据库的交互方式，它们不仅能帮助用户熟练运用 Access ，还有助于更快捷地查找所需的命令。最突出的新界面元素是"功能区"。功能区是一个带状区域，贯穿程序窗口的顶部，其中包含多组命令。功能区为命令提供了一个集中的区域，它代替了传统的菜单和工具栏。Access 功能区把原来众多的命令精简为最常用的命令，提供给用户。更多命令在需要时才显示，那些不在选项卡上主要组中的命令，仅在用户执行相应操作时才会出现，而不是始终显示。

5．共享 Web 网络数据库

Access 2010 极大地增强了通过 Web 网络共享数据库的功能。另外，它还提供了一种数据库应用程序，作为 Access Web 应用程序部署到 SharePoint 服务器的新方法。

随着 Internet 的发展，信息共享、协同办公日益成为企事业发展的趋势，微软公司推出的 SharePoint 是满足企事业这种发展需要的软件。Access 2010 与 SharePoint 技术紧密结合，它可以基于 SharePoint 的数据创建数据表，也可以与 SharePoint 服务器交换数据。

6．Web 数据库开发工具

Access 2010 提供了两种数据库类型的开发工具，一种是标准桌面数据库类型；另一种是 Web 数据库类型。使用 Web 数据库开发工具可以轻松方便地开发出网络数据库。

7．"计算"数据类型

在 Access 2010 中新增加的计算字段数据类型，可以完成原来需要在查询、控件、宏或 VBA 代码中进行的计算，这样可以在数据库中更方便地显示和使用计算结果。Access 2010 计算数据类型功能把 Excel 优秀的公式计算功能移植到了 Access 中，这给无论是熟悉 Excel 的用户学习使用 Access，还是 Access 的老用户都带来了极大的方便。

8．表达式生成器的智能特性

Access 2010 的智能特性表现在各个方面，尤其是表达式生成器。用户不用花费很多时间来考虑有关的语法错误和设置相关的参数等问题，因为当用户输入表达式的时候，表达式生成器的智能特性就为用户提供了所需要的全部信息。

9．布局视图的改进

在 Access 2010 中布局视图的功能更加强大。在布局视图中，窗体实际正在运行。因此，看到的数据与使用该窗体时显示的外观非常相似。布局视图的可贵之处是用户可以在此视图中对窗体设计进行更改。由于可以在修改窗体的同时看到运行的数据，因此，它是非常有用的视图。在这个视图中，可以设置控件大小或执行几乎所有影响窗体的外观和可用性的任务。

10．导出为 PDF 和 XPS 格式文件

PDF 和 XPS 格式文件是比较常用的文件格式。Access 2010 中，增加了对这些格式的支持，用户只要在微软的网站上下载相应的插件，安装后，就可以把数据表、窗体或报表直接输出为上述两种格式。

11．表中行的数据汇总

汇总行是 Access 的新增功能，它简化了对行计数的过程。在早期版本的 Access 中，必须在查询或表达式中使用函数来对行进行计数。现在，可以简单地使用功能区上的命令对它们进行计数。汇总行与 Excel 列表非常相似。显示汇总行时，不仅可以进行行计数，还可以从下拉列表中选择其他常用聚合函数（如 SUM 、AVERAGE 或 MAX 等），进行求和、平均等操作。

12．更快速地设计宏

Access 2010 提供了一个全新的宏设计器，以前版本的宏设计视图可以更轻松地创建、编辑和自动化数据库逻辑。使用这个宏设计器，可以更高效地工作、减少编码错误，并轻松地组合更复杂的逻辑以创建功能强大的应用程序。通过使用数据宏可以将逻辑附加到用户的数据中来增加代码的可维护性，从而实现源表逻辑的集中化。在 Access 2010 中，提供了支持设置参数查询的宏和数据宏，这样用户开发参数查询就更灵活了。

1.2.3 Access 2010 的基本操作

使用 Access 之前需要启动 Access，使用完后需要及时退出 Access，以释放它所占用的系统资源。启动和退出 Access 的操作非常简单，但是非常重要。

1．启动 Access

Access 是 Windows 环境中的应用程序，可以使用 Windows 环境中启动应用程序的一般方法启动它。常用的方法如下。

（1）选择【开始】→【所有程序】→【Microsoft Office】→【Microsoft Access 2010】命令，如图 1.2 所示，可以启动 Access。

（2）如果 Windows 桌面上创建了 Access 快捷方式图标，那么双击该图标也可以启动 Access。

（3）选择【开始】→【所有程序】→【附件】→【运行】命令，弹出如图 1.3 所示的"运行"对话框，输入"msaccess.exe"，然后单击【确定】按钮，即可启动 Access 程序。

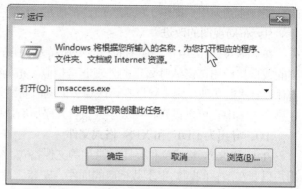

图 1.2　使用"开始"菜单启动 Access　　　　图 1.3　"运行"对话框

（4）在 Windows 环境中使用打开文件的一般方法打开 Access 创建的数据库文件，可以启动 Access，同时可以打开该数据库文件。

2．Access 的工作界面

当打开一个数据库文件时，将出现如图 1.4 所示的工作界面。该主窗口主要包括标题栏、快速访问工具栏、工作区、导航窗格和状态栏。当前，窗口工作区右边还有一个"开始工作"任务窗格。

（1）标题栏。标题栏位于工作界面的最上方，包含文档标题、应用程序名称、最小化按钮、最大化按钮和关闭按钮 5 个对象。

（2）快速访问工具栏。使用 Access 快速访问工具栏可以快速访问常用的命令，如【保存】、【撤销】、【恢复】等。如果想在快速访问工具栏中添加其他常用命令按钮，可单击快速访问工具栏右侧的【自定义快速访问工具栏】按钮，打开如图 1.5 所示的"自定义快速访问工具栏"列表，选取需要的命令即可。

（3）功能区。功能区位于标题栏的下方。功能区由一系列包含命令的命令选项卡组成。在 Access 2010 中，主要的命令选项卡包括【文件】、【开始】、【创建】、【外部数据】和【数据库工具】。每个选项卡都包含多组相关命令，这些命令组展现了其他一些新的用户界面元素（如样式库，它是一种新的控件类型，能够以可视方式表示选择）。

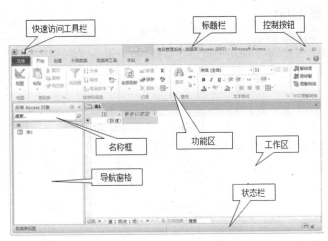

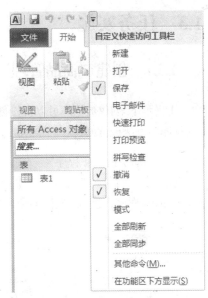

图 1.4　Access 2010 的工作界面　　　　图 1.5　"自定义快速访问工具栏"列表

功能区上提供的命令还反映了当前活动对象。例如，如果您已在数据表视图中打开了一个表，并单击【创建】选项卡上的【窗体】按钮，那么在【窗体】组中，Access 将根据活动表创建窗体。也就是说，活动表的名称将被输入到新窗体的 RecordSource 属性中。某些功能区选项卡只在某些情形下出现，例如，只有在"设计"视图中已打开对象的情况下，"设计"选项卡才会出现。

（4）工作区。工作区是指 Access 系统中各种工作窗口打开的区域，如图 1.4 所示的工作区所打开的是数据表窗口。

（5）导航窗格。在 Access 2010 中打开数据库或创建新数据库时，数据库对象的名称将显示在导航窗格中。数据库对象包括表、窗体、报表、页、宏和模块。导航窗格取代了早期版本的 Access 中所用的数据库窗口。

（6）状态栏。状态栏位于工作界面最底部，用于显示某一时刻数据库管理系统进行数据库管理时的工作状态。

3．退出 Access

使用 Windows 环境中退出应用程序的一般方法，即可方便地退出 Access。常用的方法如下。

（1）单击 Access 程序窗口中的【关闭】按钮，可以关闭主窗口，同时退出 Access。

（2）选择【文件】→【退出】命令，可以退出 Access。

（3）先单击主窗口左上角的控制图标，打开对应的菜单，再选择该菜单中的【关闭】命令，可以退出 Access。

（4）双击主窗口的控制图标，可以退出 Access。

（5）按【Alt】+【F4】组合键，可以退出 Access。

退出 Access 时，如果还有没有保存的数据，那么系统将显示一个对话框，询问是否保存对应的数据。

1.3 任务实施

1.3.1 创建"商品管理"数据库

【提示】 创建数据库可以直接创建空数据库、使用模板创建数据库。下面我们采用创建空数据库的方法进行创建。

1. 启动 Access 程序

选择【开始】→【所有程序】→【Microsoft Office】→【Microsoft Access 2010】命令,启动 Access 2010 程序,进入如图 1.6 所示的 Microsoft Office Backstage 视图。

图 1.6　Microsoft Office Backstage 视图

【提示】Backstage 视图位于功能区上的"文件"选项卡,并包含很多以前出现在 Access 早期版本的【文件】菜单中的命令。Backstage 视图还包含适用于整个数据库文件的其他命令。在打开 Access 但未打开数据库时(例如,从 Windows "开始"菜单中打开 Access),可以看到 Backstage 视图。

在 Backstage 视图中,可以创建新数据库、打开现有数据库、通过 SharePoint Server 将数据库发布到 Web,以及执行很多文件和数据库维护任务。

2. 新建数据库文件

(1)单击左侧窗格中的【新建】命令,在中间窗格中选择"空数据库"选项。

(2)在右侧的"文件名"文本框中输入新建文件的名称"商品管理"。

(3)单击"文件名"文本框右侧的【浏览到某个位置来存放数据库】按钮 ,打开如图 1.7 所示的"文件新建数据库"对话框。

图 1.7 "文件新建数据库"对话框

（4）设置数据库文件的保存位置为"D:\数据库"。

【提示】如果事先没有创建保存文件的文件夹，那么我们可以先确定保存的盘符，如 D 盘，再单击图 1.7 中的【新建文件夹】按钮 新建文件夹 ，输入文件夹名称后按【Enter】键，即可创建所需的文件夹。

（5）设置保存类型。在"保存类型"下拉列表中选择"Microsoft Access 2007 数据库"类型，即扩展名为".Accdb"，单击【确定】按钮，返回 Backstage 视图。

（6）单击【创建】按钮，屏幕上显示如图 1.8 所示的"商品管理"数据库窗口。

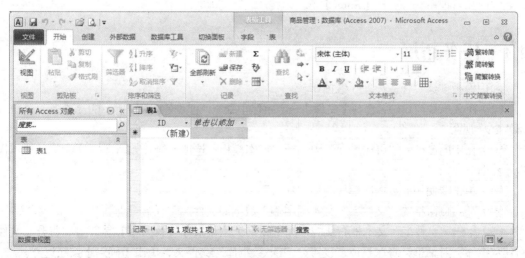

图 1.8 "商品管理"数据库窗口

1.3.2 关闭数据库

选择【文件】→【关闭数据库】命令，将"商品管理"数据库文件关闭。

1.3.3 重命名数据库

将创建好的"商品管理"数据库重命名为"商品管理系统"。

（1）选择【文件】→【打开】命令，弹出如图1.9所示的"打开"对话框。

图1.9 "打开"对话框

（2）在"打开"对话框中，定位到"D:\数据库"中的"商品管理"文件。

（3）鼠标右键单击该文件，在弹出的快捷菜单中选择【重命名】命令，输入新的数据库文件名"商品管理系统"后按【Enter】键。

1.4 任务拓展

利用模板创建"任务管理"数据库。

（1）在Access窗口中，选择【文件】→【新建】命令，打开如图1.6所示的Microsoft Office Backstage视图。

（2）在中间窗格的"可用模板"中选择"样本模板"选项，显示如图1.10所示的"样本模板"界面。

（3）单击要使用的数据库模板图标"任务"。

（4）在右侧窗格的"文件名"文本框中输入数据库文件名"任务管理"。

（5）单击"文件名"文本框右侧的【浏览到某个位置来存放数据库】按钮📁，打开"文件新建数据库"对话框，将保存位置设置为"D:\数据库"文件夹，单击【确定】按钮返回。

（6）单击【创建】按钮，系统可自动完成创建数据库的工作。

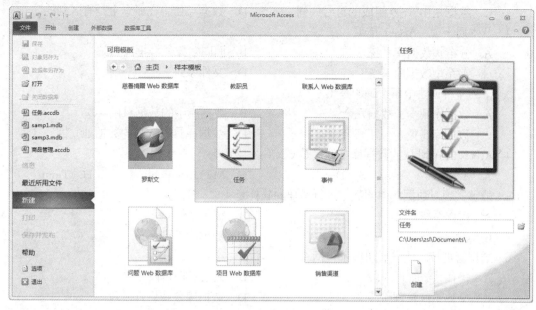

图 1.10 "样本模板"界面

【提示】利用数据库模板创建数据库时，Access 可以为新建的数据库创建必需的表、查询、窗体和报表等对象。

1.5 任务检测

打开"计算机"窗口，查看"D:\数据库"文件夹中是否已创建好"商品管理系统"和"任务管理"数据库。

1.6 任务总结

本任务通过创建和管理数据库，使用户熟悉了 Access 2010 的基本操作，掌握了 Access 数据库的创建、关闭、重命名等操作，为以后使用 Access 数据库打下了坚实的基础。

1.7 巩固练习

一、填空题

1. _____就是以一定的组织方式将相关的数据组织在一起并存放在计算机存储器上形成的，能为多个用户所共享，同时与应用程序彼此独立的一组相关数据的集合。

2. 数据库系统的核心是_____。

3. Access 2010 数据库的扩展名是_____。

4. 数据库管理系统主要实现_____、_____、_____和数据控制功能。

二、选择题

1. 以下对数据的解释错误的是（　　）。

    A. 数据是信息的载体　　　　　　　　　B. 数据是信息的表现形式

  C. 数据是由 0~9 组成的符号序列   D. 数据与信息在概念上是有区别的

2. 从本质上说，Access 是（　　　）。

  A. 分布式数据库系统   B. 面向对象的数据库系统

  C. 关系型数据库系统   D. 文件系统

3. 下列 4 种说法中不正确的是（　　　）。

  A. 数据库减少了数据冗余   B. 数据库中的数据可以共享

  C. 数据库避免了一切冗余   D. 数据库具有较高的数据独立性

4. Access 2010 默认的数据库文件夹是 C:\（　　　）。

  A. Access   B. DOC   C. My Documents   D. Temp

5. 能够实现对数据库中的数据进行操作的软件是（　　　）。

  A. 操作系统   B. 解释系统

  C. 编译系统   D. 数据库管理系统

6. 数据管理技术的发展阶段不包括（　　　）。

  A. 操作系统管理阶段   B. 人工管理阶段

  C. 文件系统管理阶段   D. 数据库系统管理阶段

7. 数据库系统的组成，除了硬件环境、软件环境、数据库外，还包括（　　　）。

  A. 操作系统   B. CPU   C. 人员   D. 物理数据库

8. 数据库（DB）、数据库系统（DBS）和数据库管理系统（DBMS）三者之间的关系是（　　　）。

  A. DBS 包括 DB 和 DBMS   B. DBMS 包括 DB 和 DBS

  C. DB 包括 DBS 和 DBMS   D. DBS 就是 DB，也就是 DBMS

三、思考题

1. 数据管理技术发展的各个阶段的特点是什么？

2. 数据库系统的含义是什么？

PART 2

工作任务 2
创建和管理数据表

2.1 任务描述

表是数据库中存储数据的对象，Access 允许一个数据库中包含多个表。在本任务中，我们将在"商品管理系统"中创建"商品""类别"和"供应商"3 个数据表，实现对商品类别的建立与维护、对商品基本信息的管理以及对供货商信息的管理。本任务中包括数据表的输入、删除、修改、筛选等操作。

2.2 业务咨询

2.2.1 Access 2010 数据库对象

Access 2010 数据库中有表、查询、窗体、报表、宏和模块 6 种对象，通过这 6 种对象对数据进行管理。用户可以在数据库中创建所需的对象，每一种数据库对象将实现不同的数据库功能。

1．表
表是数据库中用来存储数据的对象。它是整个数据库系统的数据源，也是数据中库其他对象的基础。

2．查询
查询也是一个"表"。它是以表为基础数据源的"虚表"。查询可以作为表加工处理后的结果，也可以作为数据库其他对象的数据来源。

3．窗体
窗体是 Access 的工作窗口。在数据库操作的过程中，窗体是无时不在的数据库对象。窗体可以用来控制数据库应用系统的流程，可以接收用户信息，也可以完成数据表或查询中数据的输入、编辑、删除等操作。

4．报表
报表是数据库中数据输出的另一种形式。它不仅可以将数据库中数据分析和处理后的结果通过打印机输出，还可以对要输出的数据进行分类小计以及分组汇总等操作。在数据库管理系统中，使用报表会使数据处理的结果多样化。

5．宏
宏是数据库中的另一个特殊的数据库对象，它是一个或多个操作命令的集合，其中每个命令用于实现一个特定的操作。

6. 模块

模块是由 VB 程序设计语言编写的程序集合或一个函数过程。它通过嵌入在 Access 中的 VB 程序设计语言编辑器和编译器实现与 Access 的结合。

在 Access 2010 数据库中,不再支持 Access 2003 数据库中的数据访问页对象。在 Access 2010 中,可以生成 Web 数据库并将它们发布到 SharePoint 网站。 SharePoint 访问者可以在 Web 浏览器中使用数据库应用程序,并使用 SharePoint 权限来确定哪些用户可以看到哪些内容。

2.2.2 表的概念

1. 表

表是用于存储有关特定主题(如商品或供应商)的数据的数据库对象。

表是以行和列的形式组织起来的数据的集合。一个数据库包括一个或多个表,每个表说明一个特定的主题。例如,可以有一个有关商品信息的名为"商品"的表,用来存储关于所有商品的相关特征。

利用表对象来存储各种数据是数据库重要的基础用途。在 Access 中,表(Table)对象是其数据库的 6 个对象之首,是整个数据库系统的基础,其他数据库对象(如查询、窗体、报表等)是表的不同形式的"视图"。因此,在创建其他数据库对象之前,必须先创建表。

2. 数据在表中的组织方式

表将数据组织成列(称为字段)和行(称为记录)的形式,将列和行的交叉点作为数据存储的单位,也就是具体的字段值,如图 1.11 所示。

每条记录包含有关表主题的一个实例(如特定商品)的数据。记录还通常称作行或实例。

每个字段包含有关表主题的一个方面(如商品名称或规格型号)的数据。字段还通常称作列或属性。

记录包含字段值,如内存条或移动硬盘等。字段值还通常称作事实。

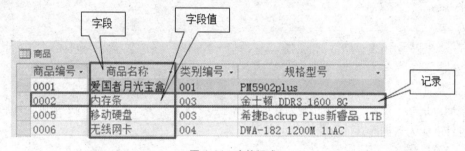

图 1.11 表的组成

通常将表理解成由多条(行)具有多个特征(列)的数据组成的二维表。

3. 表的约定

每个表有一个表名。表名可以是包含字母、汉字、数字和除了句号以外的特殊字符、感叹号、重音符号或方括号的任何组合。例如,XSDA、XJGL_班级、XJGL_班级 2 等都是合法的表名。

Access 规定,一个数据库中不能有重名的表,表的名称最大长度不超过 64 个字符。

一个二维表可以由多列组成,每一列有一个名称,且每列存放的数据的类型相同。在 Access 中,表的列称为字段。列的名称称为字段名,每列存放的数据的类型称为字段的数据类型。

Access 规定，一个表中不能有重名的字段。

一个二维表由多行组成，每一行都包含完全相同的列，列中的数据值可能不同。在 Access 中，表的每一行称为一条记录，每条记录包含完全相同的字段。表的记录可以经常性地增加、删除和修改。

一个表由两部分组成，即表的结构和表的数据。表的结构由字段的定义确定，表的数据按表的结构的规定有序地存放在这些由字段搭建好的表中。

2.2.3 表的结构

要创建一个表，一般需要先定义表的结构，再输入记录。只有定义了合理的表结构，才能在表中存储合适的数据内容。表中各字段的定义决定了表的结构。

字段的定义主要包括以下内容。

1. 字段名称

字段是表的基本存储单元，为字段命名可以方便用户使用和识别字段。字段名称在表中应是唯一的，最好使用便于理解的字段名称。

字段名称应遵循以下命名规则。

（1）字段名称的长度不能超过 64 个字符（包含空格）。

（2）字段名称可以是包含字母、数字、空格和特殊字符（除句号、感叹号和方括号）的任意组合。

（3）字段名称不能以空格开头。

（4）字段名称不能包含控制字符（即从 0 ~ 31 的 ASCII 码）。

2. 数据类型

数据类型指定了在该字段中存储的数据的类型，不同的类型所能容纳的默认值和允许值是不同的。Access 提供了文本、备注、数字、日期/时间、货币、自动编号、是/否、OLE 对象、超链接、附件、计算、查阅向导等数据类型，以满足数据的不同用途。

（1）文本型。"文本"字段可以接受文本或数字字符，包括分隔项目列表。例如，姓名、籍贯、编号、名称等字段类型都可以定义为文本型。另外，不需要计算的数字（如身份证号码及电话号码）通常也存放在文本型字段中。

文本型字段的主要字段属性为"字段大小"，字段大小的范围为 0 ~ 255 个字符，默认为 255 个字符。在 Access 中，一个汉字、一个英文字母都称为一个字符（这是因为 Access 中采用了 Unicode 字符集），因此，字段大小被指定为 4 的某一字段，最多只能输入 4 个汉字或字母。

（2）备注型。备注数据类型的字段中可以输入大量文本和数字数据。此外，如果数据库设计者将字段设置为支持 RTF 格式，则可以应用字处理程序（如 Word）中常用的格式类型，例如，可以对文本中的特定字符应用不同的字体和字号、将它们加粗或倾斜等，还可以给数据添加超文本标记语言（HTML）标记。

备注字段最多可存储 65535 个字符。常用备注型字段来存放较长的文本，如简历、奖惩情况、说明信息、注释等都可以被定义为备注型字段。

（3）数字型。数字型字段主要用于存放需要进行算术计算的数值数据。例如，长度、重量、人数、分数等。

数字型字段的主要属性是"字段大小"，Access 为了提高存储效率和运行速度，把数字型字段按大小进行了细分，数字型字段的字段大小分为字节、整型、长整型、单精度型、双精度型等类型，如表 1.1 所示，默认字段大小为长整型。在实际使用时，应根据数据的取值范围来确定其字段大小。

表 1.1 数字型字段的主要类型及相关属性

类 型	说 明	小数位数	存储量
字节	0 ~ 225（无小数位）的数字	无	1 个字节
小数	$-10^{28}-1 \sim 10^{28}-1$ 的数字	28	12 个字节
整型	-32 768 ~ 32 767（无小数位）的整数	无	2 个字节
长整型	-2 147 483 648 ~ 2 147 483 647 的整数（无小数位）	无	4 个字节
单精度型	从-3.402823E308 到-1.401298E45 的负值， 从 1.401298E45 到 3.402823E38 的正值	7	4 个字节
双精度型	-1.79769313486231E308 ~ 4.94065645841247E-324 的负值， 1.79769313486231E308 ~ 4.94065645841247E-324 的正值	15	8 个字节
同步复制 ID	全局唯一标识符（GUID）	不适用	16 个字节

（4）日期/时间型。日期/时间型字段用于存放日期和时间，可以表示从 100 到 9999 年的日期与时间值。Access 的日期/时间型字段的存储空间默认为 8 个字节，用户可以通过"格式"和"输入掩码"属性来设置日期和时间的显示形式。

（5）货币型。货币型字段用于存放货币值。Access 的货币型字段的存储空间默认为 8 个字节，精确到小数点左边 15 位和小数点右边 4 位。此外，无需手动输入货币符号。默认情况下，Access 会应用在 Windows 区域设置中指定的货币符号（¥、£、$ 等）。金额类数据应当采用货币型，而不采用数字型，如单价、工资等。

（6）自动编号。若将表中某一字段的数据类型设为了自动编号型，则当向表中添加一条新记录时，将由 Access 自动产生一个唯一的顺序号并存入该字段，任何时候都无法在此类型字段中输入或更改数据。这个顺序号的产生方式有两种，一种是递增，每次加 1，第一条记录的自动编号字段的值为 1；另一种为随机数，每增加一条记录产生一个随机长整型数。

自动编号的存储空间为 4 个字节，一个表只能有一个自动编号字段。自动编号型字段的主要字段属性是"新值"，其取值有"递增"和"随机"两种，默认为"递增"。

（7）是/否型。用于只可能是两个值中的一个（如"是/否""真/假""开/关"）的数据。不允许为 Null 值，存储空间默认为 1 位。

对于是/否型数据，Access 一般用复选框显示，其主要的字段属性是显示控件，用"√"表示"是"，用空白表示"否"。

（8）OLE 对象。用于使用 OLE（OLE 是一种可用于在程序之间共享信息的程序集成技术。所有 Office 程序都支持 OLE，因此可通过链接和嵌入对象共享信息）协议在其他程序中创建的 OLE 对象（如 Microsoft Word 文档、Microsoft Excel 电子表格、图片、声音或其他二进制数据）。

对于照片、图形等数据，Access 使用 OLE 对象数据类型进行处理。其实，不仅仅是照片，Excel 电子表格、Word 文档、图形、声音或其他二进制数据都可以用 OLE 对象处理，甚至一个 Access 数据库也可以放入 OLE 对象字段中。字段数据的大小仅受磁盘可用空间的限制，最多存储 1 GB。

（9）超链接。该类型的字段中存放的数据是超链接地址，以文本形式存储。超链接地址是指向对象、文档或 Web 页面等目标的一个路径。超链接地址可以是 URL（Internet 或 Intranet 站点的地址）或 UNC 网络路径（局域网中的文件的地址），也可以包含更具体的地址信息（如 Access 数据库对象、Word 书签或地址所指的 Excel 单元格范围）。当单击超链接时，Web 浏览器或 Access 就使用该超链接地址跳转到指定的目的地。

用户可以在超链接字段中直接输入文本或数字，Access 会把输入的内容作为超链接地址进行存储。该类型最多存储 64 000 个字符。

（10）附件。任何受支持的文件类型，Access 2010 创建的 ACCDB 格式的文件是一种新的类型，它可以将图像、电子表格文件、文档、图表等各种文件附加到数据库记录中。

"附件"字段和"OLE 对象"字段相比，有着更大的灵活性，而且可以更高效地使用存储空间，这是因为"附件"字段不用创建原始文件的位图图像。

（11）计算。该字段用于存放计算的结果。计算时必须引用同一张表中的其他字段，可以使用表达式生成器创建计算。

（12）查阅向导。通过该字段可以使用列表框或组合框从另一个表或值列表中选择值。例如，性别字段只能从"男""女"两个值中取一个，或者输入商品表中的类别编号字段时，可由类别表中的类别编号字段作为来源）。单击该选项将启动"查阅向导"，用于创建一个查阅字段（Access 数据库中用在窗体或报表上的一种字段。要么显示自表或查询检索得到的值列表，要么存储一组静态值）。在向导完成之后，Microsoft Access 将基于在向导中选择的值来设置数据类型。

3．说明

用户可以将在设计某字段时要注意或强调的说明文字放于"说明"中，起到提醒、解释和强调的作用。

4．字段常规属性

每种类型的字段都具有多种属性，如字段大小、格式、输入掩码、标题、默认值、有效性规则、索引等。

（1）字段大小。设置数据类型为"文本""数字"或"自动编号"的字段中存储的最大数据大小。

（2）格式。使用"格式"属性可自定义数字、日期、时间和文本的显示和打印方式。例如，将"日期/时间"字段的"格式"属性设置为"中日期"格式，则所有输入的日期都将以"99-12-01"的形式显示。如果某个数据库用户以 01/12/99（或任何其他有效的日期格式）输入日期，那么在保存记录时，Microsoft Access 将把显示格式转换为"中日期"格式。

日期/时间型、货币型和数字型数据特别讲究格式。用户可以通过设计时观察这些类型的"格式"下拉列表来理解其含义，在以后的使用中应注意这些设置。

（3）输入掩码。

① "输入掩码"属性的意义。使用"输入掩码"属性可以创建输入掩码（有时也称为"字段模板"）。输入掩码使用字面显示的字符来控制字段或控件（控件是允许用户控制程序的图形用户界面对象，如文本框、复选框、滚动条或按钮等。用户可使用控件显示数据或选项、执行操作或使用用户界面更易阅读）的数据输入。

例如，在图 1.12 中，输入掩码要求所有的电话号码输入项必须包含足够的数字，以表示中国的区号和电话号码，并且只能输入数字。用户往表中输入该字段的数据时，只需往空格中填入数字即可。

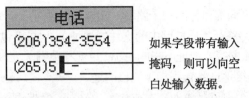

如果字段带有输入掩码，则可以向空白处输入数据。

图 1.12　电话号码的掩码设置

输入掩码用于设置字段（在表和查询中）、文本框以及组合框（在窗体中）中的数据格式，并可对允许输入的数值类型进行控制。"输入掩码"属性集由字面字符（如空格、点、点画线和括号）和决定数值类型的特殊字符组成。输入掩码主要用于文本型、日期/时间型、货币型和数字型字段。

② 有效的输入掩码字符。Microsoft Access 按照如表 1.2 所示的字符转译"输入掩码"属性定义的字符。若要定义字面字符，则输入该表以外的其他字符，包括空格和符号；若要将下列字符中的某一个定义为字面字符，则在字符前面加反斜线"\"。

表 1.2　输入掩码字符

字　符	说　　明
0	数字（0 到 9，必须输入，不允许使用加号 [+] 与减号 [ ]）
9	数字或空格（非必须输入，不允许使用加号和减号）
#	数字或空格（非必须输入；在"编辑"模式下空格显示为空白，但是在保存数据时空白将删除；允许加号和减号）
L	字母（A 到 Z，必须输入）
?	字母（A 到 Z，可选输入）
A	字母或数字（必须输入）
A	字母或数字（可选输入）
&	任一字符或空格（必须输入）
C	任一字符或空格（可选输入）
. , : ; - /	小数点占位符及千位、日期与时间的分隔符（分隔符：用来分隔文本或数字单元的字符）（实际使用的字符将根据 Windows "控制面板"中"区域设置属性"对话框中的设置而定）
<	将所有字符转换为小写
>	将所有字符转换为大写
!	使输入掩码从右到左显示，而不是从左到右显示。输入掩码中的字符始终都是从左到右填入。可以在输入掩码中的任何地方包括感叹号。
\	使接下来的字符以字面字符显示（例如，\A 只显示为 A）
密码	将"输入掩码"属性设置为"密码"，以创建密码项文本框。文本框中键入的任何字符都按字面字符保存，但显示为星号（*）

（4）标题。在定义表结构的过程中，并不要求表中的字段必须为汉字，也可以使用简单的符号（如英文字母等），以便于以后编写程序（使用简单）。但在表的显示过程中识读不便，显示时通常需要用汉字，这时我们可以使用"标题"属性来为英文字段指定汉字别名。如果未输

入标题，则将字段名用作列标签。

（5）默认值。默认值是指向表中插入新记录时，即使不输入，字段也会自动产生的默认取值。设置默认值的目的是减少数据的输入量。例如，在本任务的"商品"表中，将商品的"数量"字段的默认值定义为 0，这样当新建一条记录时，该字段的值将自动显示为"0"；再如，在"商品"表中添加"通过认证"字段，如果知道大部分商品均获得认证，就可以将"商品"中的"通过认证"字段的默认值设置为"是"。这样当新建一条记录时，该字段的值将自动显示为"Yes"。增加商品记录时，大部分记录都可以不输入该字段的值，系统自动产生需要的值。

（6）有效性规则和有效性文本。有效性规则用于限定输入到当前字段中的数据必须满足一定的简单条件，以保证数据的正确性。有效性文本是当输入的数据不满足该有效性规则时系统出现的提示。

例如，对商品的"单价"字段进行了设置："有效性规则"为">0"，"有效性文本"为"您必须输入一个正数"，在进行数据输入时，若输入了符合规则的正数，可以继续进行下面的输入，若输入了不符合规则的数，则会弹出如图 1.13 所示的对话框，出现"您必须输入一个正数"的提示信息。

（7）必需和允许空字符串。在输入数据时，这两个属性控制字段是否必须填入内容，是否能为空值以及是否允许空字符串作为一个内容填入。例如，将"商品编号"字段设置成必填字段，则在输入内容时，如果没有填入该字段的值就想进入下一条记录，则会弹出如图 1.14 所示的提示对话框，要求在此字段中输入一个数值。

图 1.13　输入错误数据时的提示对话框

图 1.14　必填字段的出错提示

（8）索引。使用索引可以加速根据键值在表中进行的搜索和排序，从而提高查找记录的效率。利用索引属性可以设置单一字段的索引，如在本任务的操作中将"商品名称"字段设置成"有（有重复）"的索引。

5．主键

每个表都应该包含一个或一组这样的字段：这些字段是表中所存储的每一条记录的唯一标识，该信息即被称作表的主键。指定了表的主键之后，Access 将阻止在主键字段中输入重复值或 Null 值。

在 Microsoft Access 中可以定义 3 种主键，分别为"自动编号"主键、单字段主键和多字段主键。

2.3　任务实施

2.3.1　打开数据库

（1）启动 Access，单击【文件】→【打开】命令，弹出"打开"对话框。

【提示】打开 Access 数据库文件时可直接双击盘符上的".Accdb"文件。若是最近使用过的数据库，则可在【文件】→【最近使用文件】列表中找到该数据库文件并单击。

（2）在"打开"对话框左侧的导航窗格中选择"D:\数据库"文件夹，然后在右侧的窗格中选定要打开的数据库文件"商品管理系统"。

（3）单击【打开】按钮，出现如图1.15所示的"安全警告"提示框。单击【启用内容】按钮后，将打开创建的"商品管理系统"数据库。

图1.15　"安全警告"提示框

【提示】单击"打开"对话框的 📂 打开(0) ▾ 按钮右侧的下三角按钮，将打开如图1.16所示的下拉列表。该下拉列表中提供了4种打开数据库文件的方式。

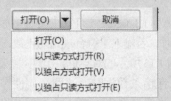

图1.16　"打开"下拉列表

选择"打开"选项，被打开的数据库文件可与网上其他用户共享。

选择"以只读方式打开"选项，则只能使用、浏览数据库的对象，不能对其进行修改。

选择"以独占方式打开"选项，则网上的其他用户不可以使用该数据库。

选择"以独占只读方式打开"选项，则只能使用、浏览数据库的对象，不能对其进行修改，网上的其他用户也不能使用该数据库。

2.3.2　创建"供应商"表

Access提供了多种创建数据表的方法，分别为使用表设计器、使用向导、通过数据表创建表、导入表以及链接表。这里，我们采用通过数据表创建表的方式来创建"供应商"表，其表结构如表1.3所示。

表1.3　"供应商"表的结构

字 段 名 称	数 据 类 型	字 段 大 小
供应商编号	文本	4
公司名称	文本	10
联系人	文本	5
地址	文本	30
城市	文本	5
电话	文本	15

（1）在Access窗口中，单击【创建】→【表格】→【表】按钮，将创建名为"表1"的新表，图1.17所示为数据表视图。

图 1.17　数据表视图

（2）创建"供应商编号"字段。

① 选中"ID"字段列，单击【表格工具】→【字段】→【属性】→【名称和标题】按钮，打开如图 1.18 所示的"输入字段属性"对话框。

图 1.18　"输入字段属性"对话框

② 在"名称"文本框中将"ID"修改为"供应商编号"，单击【确定】按钮。

③ 选中"供应商编号"列，单击【表格工具】→【字段】→【格式】→【数据类型】下拉按钮，将数据类型由"自动编号"修改为"文本"。

④ 在【表格工具】→【字段】→【属性】→【字段大小】文本框中设置字段大小为"4"。

⑤ 在"供应商编号"字段名下方的单元格中输入"1001"的供应商编号。

（3）创建"公司名称"字段。

① 在"单击以添加"下面的单元格中输入"天宇数码"。此时，Access 将自动为新字段命名为"字段 1"。

② 选中"字段 1"列，单击【表格工具】→【字段】→【属性】→【名称和标题】按钮，在打开的"输入字段属性"对话框将"名称"修改为"公司名称"。

③ 在【表格工具】→【字段】→【属性】→【字段大小】文本框中设置字段大小为"10"。

【提示】当输入字段值"天宇数码"后，系统根据输入的数据内容自动为该字段设置了"文本"数据类型，若需要修改，可按第一个字段数据类型修改的方式进行修改。

默认情况下，文本类型的字段大小值为 255，当将该值的大小减小时，系统将弹出如图 1.19 所示的提示框。

图 1.19　"数据可能丢失"的提示框

添加两个字段后的"表1"的效果如图1.20所示。

图1.20 添加两个字段后的"表1"效果

（4）添加"联系人"字段。

①单击"单击以添加"字段标题，显示如图1.21所示的"数据类型"列表。

②从"数据类型"列表中选择"文本"类型，光标跳转到将新添加的字段名称"字段 1"处，且该名称处于编辑状态，输入新的字段名称"联系人"。

③将字段大小修改为"5"。

（5）用类似的方式，按表1.3所示的结构，继续添加地址、城市、电话字段。

（6）保存"供应商"表。单击【快速访问工具栏】中的【保存】按钮，显示如图1.22所示的"另存为"对话框，输入表名称"供应商"，单击【确定】按钮。

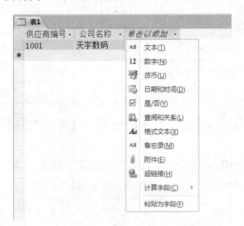

图1.21 "数据类型"列表   图1.22 "另存为"对话框

（7）按图1.23所示的信息完善 "供应商"表中的记录。

供应商编号	公司名称	联系人	地址	城市	电话
1001	天宇数码	王先生	玉泉路12号	上海	(021)65554640
1006	威尔达科技	林小姐	北辰路112号	广州	(020)87134595
1008	科达电子	钟小姐	东直门大街500号	北京	(010)82953010
1009	力锦科技	刘先生	北新桥98号	深圳	(0755)85559931
1011	网众信息	方先生	机场路456号	广州	(020)81234567
1015	顺成通讯	刘先生	阜成路387号	重庆	(023)61212258
1018	拓达科技	林小姐	正定路178号	济南	(0531)85570007
1020	天科电子	徐先生	新华路78号	天津	(022)99845103
1021	宏仁电子	李先生	东直门大街153号	北京	(010)65476654
1028	涵合科技	王先生	前门大街170号	北京	(010)65555914
1103	义美数码	李先生	石景山路51号	北京	(010)89927556
1105	长城科技	林小姐	前进路234号	福州	(0591)5603237
1205	百达信息	陈小姐	金陵路148号	南京	(025)55552955

图1.23 "供应商"信息表

（8）单击数据表视图右上角的【关闭】按钮 ✕，表中的记录将自动保存。

2.3.3　创建"类别"表

使用"导入数据"的方式，可以通过引入一个已有的外部表到本数据库中来快速创建新表。外部数据源可以是 Access 数据库和其他格式的数据库中的数据，如 XML、HTML 等。这是一种常用的将已有表格转换为 Access 数据库中表对象的方法。

这里，我们将建好的 Excel 数据表"类别"导入"商品管理系统"数据库中，从而创建"类别"表。

1．查看已有的 Excel 数据表"类别"

打开"D:\数据库"中已建好的 Excel"类别.xlsx"工作簿中的"类别"工作表，如图 1.24 所示，查看内容无误后，关闭该表。

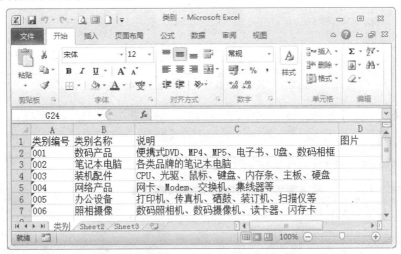

图 1.24　"类别"工作簿中的"类别"工作表

【提示】确认 Excel 表无误后，应该将其关闭，然后再进行后续步骤。因为一般数据库中的表都是以独占方式打开的，所以如果不关闭，则后续无法打开该表进行其他操作。

2．打开数据库

打开"D:\数据库"中需要导入数据的数据库"商品管理系统"。

3．导入数据

（1）单击【外部数据】→【导入并链接】→【Excel】按钮，弹出"获取外部数据–Excel 电子表格"向导对话框。

（2）选择数据源和目标。单击【浏览】按钮，选择要导入的文件"D:\数据库\类别.xlsx"，如图 1.25 所示。在"指定数据在当前数据库中的存储方式和存储位置"选项中选择【将源数据导入当前数据库的新表中】。

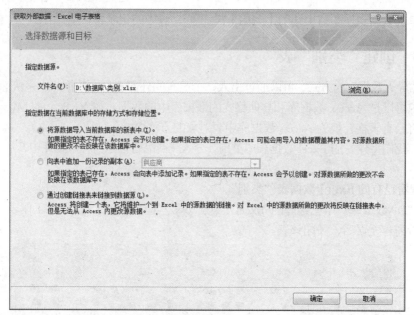

图 1.25　"获取外部数据-Excel 电子表格"对话框

（3）单击【确定】按钮，弹出如图 1.26 所示的"导入数据表向导"对话框。

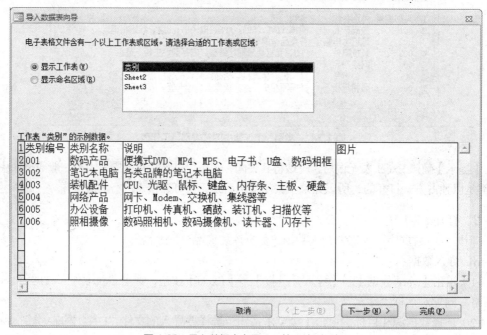

图 1.26　导入数据表向导——第 1 步对话框

（4）选择"类别"工作表，单击【下一步】按钮，弹出如图 1.27 所示的对话框。

24

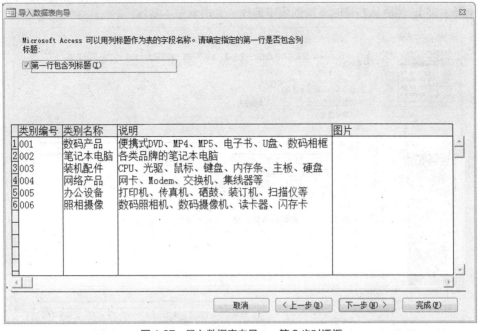

图 1.27 导入数据表向导——第 2 步对话框

（5）勾选"第一行包含列标题"复选框，这样将使 Excel 表中的列标题成为导入表的字段名，而不是数据行。

（6）单击【下一步】按钮，弹出如图 1.28 所示的对话框，确定表中需要导入的字段，若不需导入字段，选中【不导入字段（跳过）】复选框；同时可以设置字段的索引。这里为"类别编号"字段设置"有（无重复）"的索引。

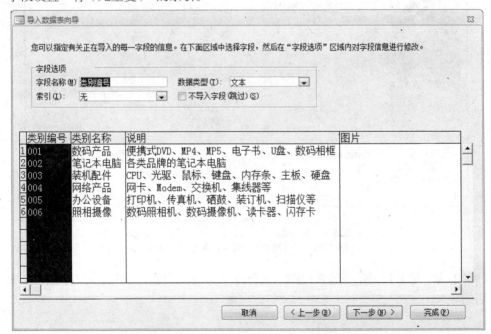

图 1.28 导入数据表向导——第 3 步对话框

（7）单击【下一步】按钮，弹出如图 1.29 所示的对话框。设置导入表的主键，这里选择【我自己选择主键】，然后从右侧的下拉列表中选择"类别编号"字段。

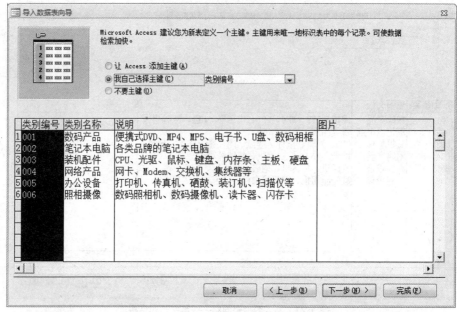

图 1.29　导入数据表向导——第 4 步对话框

（8）单击【下一步】按钮，弹出如图 1.30 所示的对话框，设置导入表的名称为"类别"。

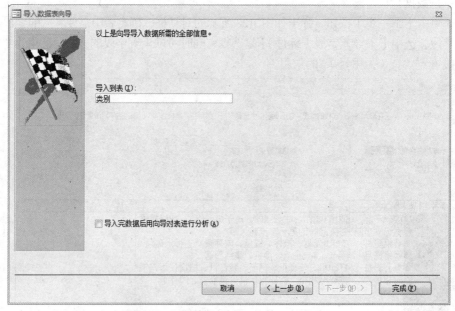

图 1.30　导入数据表向导——第 5 步对话框

（9）单击【完成】按钮。这时，会弹出如图 1.31 所示的提示，单击【关闭】按钮完成"类别"表的导入。

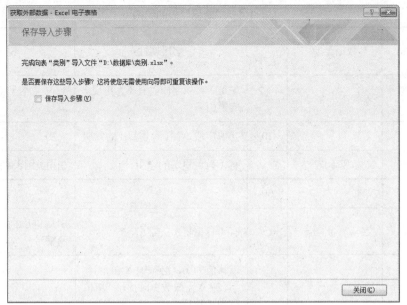

图 1.31　完成导入表的提示

【提示】利用导入数据的方法创建表，可实现将其他类型的数据库文件中的表或者是 Excel 中的表直接导入 Access 中生成新表。

2.3.4　创建"商品"表

　　表设计器是创建和修改表结构的有用工具。利用表设计器能最直接地按照设计需求，逐一设计和修改表结构。建议使用者熟练掌握这种方法。

　　这里，我们将使用表设计器来创建如图 1.32 所示的"商品"信息表。

商品编号	商品名称	类别编号	规格型号	供应商编号	单价	数量
0001	爱国者月光宝盒	001	PM5902plus	1103	¥259.00	15
0002	内存条	003	金士顿 DDR3 1600 8G	1006	¥399.00	26
0005	移动硬盘	003	希捷Backup Plus新睿品 1TB	1020	¥530.00	9
0006	无线网卡	004	DWA-182 1200M 11AC	1011	¥310.00	16
0007	惠普打印机	005	HP LaserJet Pro P1606dn	1205	¥1,850.00	5
0008	宏基笔记本电脑	002	V5-471P-33224G50Mass	1018	¥4,300.00	3
0010	Intel酷睿CPU	003	酷睿i7-3770	1006	¥1,999.00	10
0011	佳能数码相机	006	Power Shot G1 X	1001	¥4,188.00	6
0012	三星笔记本电脑	002	NP510R5E-S01CN	1028	¥4,890.00	7
0015	索尼数码摄像机	006	SONY HDR-CX510E	1001	¥4,680.00	4
0017	U盘	001	hp v220w 32G	1020	¥175.00	30
0021	联想笔记本电脑	002	Lenovo Y400M	1009	¥4,900.00	5
0022	闪存卡	006	SanDisk 32G-Class4	1015	¥130.00	8
0025	硬盘	003	WD5000AVDS	1021	¥359.00	15
0030	无线路由器	004	TL-WR740N	1011	¥85.00	18

图 1.32　"商品"信息表

1．根据表内容分析表结构

　　"商品"表是用于记录在编商品基本信息的。通过分析"商品"信息表的记录中各字段的数据特点，结合实际工作和生活中的常识、规律及特殊要求，我们确定了表中各字段的基本属性，如表 1.4 所示。

表 1.4　"商品"表的结构

字段名称	数据类型	字段大小	字段属性	说明
商品编号	文本	4	主键、必填字段、有（无重复）的索引	4 位文本型数字的商品编号
商品名称	文本	10	必填字段，有（有重复）的索引	
类别编号	文本/查阅向导	默认	有（有重复）的索引	引用类别表中的类别编号
规格型号	文本	30		
供应商编号	文本/查阅向导	默认	有（有重复）的索引	引用供应商表中的供应商编号
单价	货币		默认值为 0，必须输入>0 的数字，输入无效数据时提示"单价应为正数!"	
数量	数字	整型	常规数字，小数位数为 0，默认值为 0，必须输入>=0 的数字，输入无效数据时提示"数量应为正整数!"	

2．使用表设计器创建"商品"表的结构

（1）打开"商品管理系统"数据库。

（2）单击【创建】→【表格】→【表设计】按钮，打开如图 1.33 所示的表设计视图。

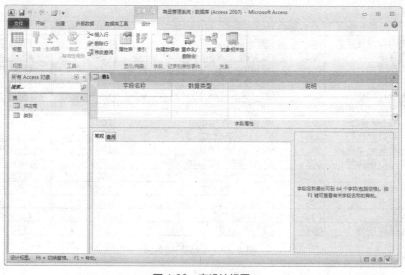

图 1.33　表设计视图

【提示】表设计器分为两部分，上半部分是字段编辑区，用于输入各字段的名称、数据类型和关于字段的说明文字；下半部分是字段属性的设置区域，在"常规"选项卡中可以详细地设置上面字段的属性，字段属性右侧的文字是关于各个详细设置的说明。

（3）设置"商品编号"字段。

① 输入字段名称"商品编号"。

② 设置数据类型为"文本"。

③ 在字段说明中输入"4位文本型数字的商品编号"。

④ 单击【表格工具】→【设计】→【工具】→【主键】按钮🔑，将该字段设置为本表的主键。

⑤ 在"字段属性"部分设置字段的属性，设计结果如图1.34所示。

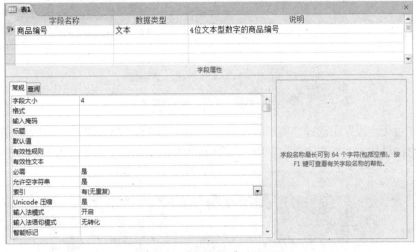

图1.34 "商品编号"字段设置

（4）按表1.4所示的结构设置"商品名称"字段。

（5）设置"类别编号"字段。

① 输入字段名称"类别编号"。

② 设置数据类型为"查阅向导"，弹出如图1.35所示的"查阅向导"对话框。

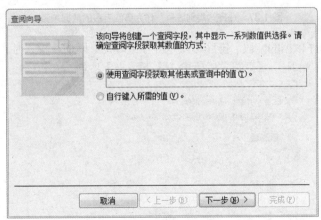

图1.35 "查阅向导"对话框

a. 选择查阅列的数据来源。这里选择【使用查阅字段获取其他表或查询中的值（T）】，然后单击【下一步】按钮。

【提示】若是查阅列的下拉列表中需要的值没有出现在已有表的字段值中，那么可以选择"自行键入所需的值"，然后构造值列表。

　　b. 选择已有的表或查询作为提取字段的来源，这里选择已有的"类别"表，如图 1.36 所示，然后单击【下一步】按钮。

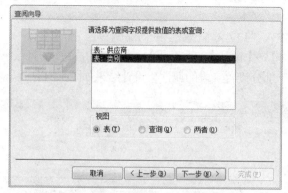

图 1.36　选择"类别"表作为数据来源

　　c. 在"可用字段"中选择"类别编号"作为查阅字段的数据来源，双击"选中的字段"或单击 > 按钮，将其加入"选定字段"中，如图 1.37 所示。设置完后单击【下一步】按钮。

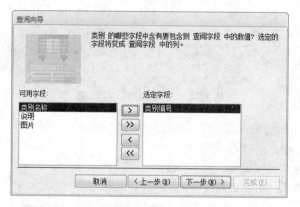

图 1.37　选择"类别编号"作为查阅字段的数据来源

　　d. 选择作为排序依据的字段，排序可以是升序或降序，以便在输入时，下拉列表按一定的顺序排列值，如图 1.38 所示。设置完成后单击【下一步】按钮。

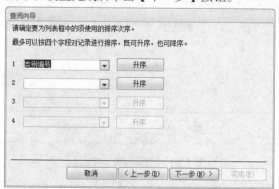

图 1.38　选择"类别编号"作为排序依据

　　e. 指定查阅列的宽度，这将在输入数据时有所体现，如图 1.38 所示。设置完后单击【下一步】按钮。

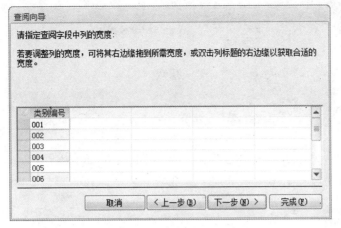

图 1.39　指定查阅列的宽度

f.　为查阅列指定标签，这里会提取该字段的名称作为默认的标签，如图 1.40 所示。

g.　单击【完成】按钮，弹出如图 1.41 所示的提示对话框，因为表间数据的引用会自动创建两张表之间的关系。单击【是】按钮，以"商品"为名保存表。

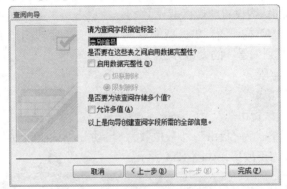

图 1.40　为查阅列指定标签

图 1.41　保存表的提示

【提示】完成查阅向导设置后，字段属性中的"查阅"选项卡的效果如图 1.42 所示。

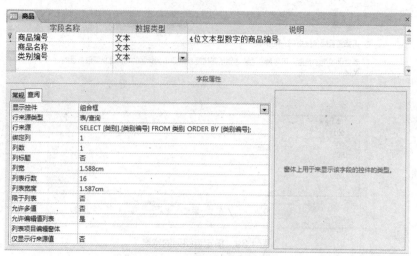

图 1.42　设置查阅向导后的效果

③ 在字段说明中输入"引用类别表中的类别编号"。

④ 设置字段索引为"有·(有重复)"。

（6）按表 1.4 所示的结构设置"规格型号"字段。

（7）按表 1.4 所示的结构设置"供应商编号"字段。查阅字段引用"供应商"表中的"供应商编号"，方法同"类别编号"的设置方法。

（8）设置"单价"字段。

① 输入字段名称"单价"。

② 设置数据类型为"货币"。

③ 设置字段属性。格式为"货币"，小数位数为"自动"，默认值为"0"，有效性规则为">0"，有效性文本为"单价应为正数！"，如图 1.43 所示。

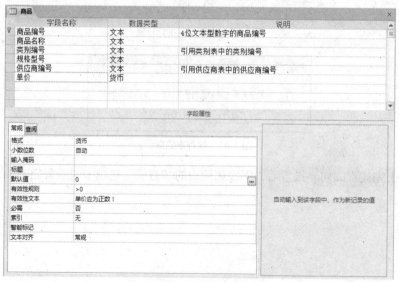

图 1.43　"单价"字段设置

（9）设置"数量"字段，方法类似"单价"字段的设置，效果如图 1.44 所示。

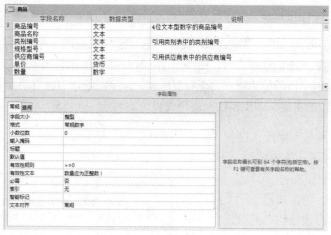

图 1.44 "数量"字段的设置

（10）单击快速访问工具栏上的【保存】按钮，保存"商品"表的结构。单击【关闭】按钮 ✕，关闭表设计器。

【提示】这里我们暂时不进行数据输入，"商品"表的数据输入我们将在 2.3.7 小节中完成。

2.3.5 修改"供应商"表

对于通过输入数据表的方式创建的表，如果需要进一步修改表结构，需要通过表设计器按照实际需要对表进行一定的修改。"供应商"表结构的其他属性如表 1.5 所示。

表 1.5 "供应商"表结构的其他属性

字 段 名 称	字 段 属 性
供应商编号	主键、必填字段、有（无重复）的索引
公司名称	必填字段、有（有重复）的索引

（1）在左侧的导航窗口中，用鼠标右键单击"供应商"表，打开如图 1.45 所示的快捷菜单。选择【设计视图】命令，打开"供应商"表的设计视图，如图 1.46 所示。

图 1.45 "表"的快捷菜单

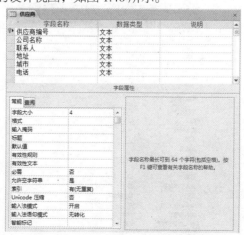

图 1.46 "供应商"表的设计视图

（2）参考表 1.5 所示的表结构，修改"供应商编号"字段。

【提示】从图 1.46 所示的"供应商"表设计视图可见，"供应商编号"字段已被设置为主键。这是因为使用数据表视图创建新表时，如果保存表时没有为表指定主键，Access 将自动为表添加主键。且由于主键字段的值为唯一、无重复的值，该字段的索引将自动变为"有（无重复）索引"，因此该字段的主键、索引属性无需再设置。

选中"供应商编号"字段，设置"必需"属性值为"是"。

（3）参考表 1.5 所示的表结构，修改"公司名称"字段的属性。

（4）修改完毕，单击快速访问工具栏中的【保存】按钮保存表结构，此时，会弹出如图 1.47 所示的提示数据完整性规则已经更改的对话框。单击【是】按钮，完成"供应商"表结构的修改。

图 1.47　提示数据完整性规则已经更改的对话框

（5）单击表设计的【关闭】按钮，关闭"供应商"表。

2.3.6　修改"类别"表

由于"类别"表是采用导入方式创建的，所有字段均为默认数据类型和字段属性，因此必须进行适当的修改，才能满足数据存储的需要。"类别"表的结构如表 1.6 所示。

表 1.6　"类别"表的结构

字段名称	数据类型	字段大小	其 他 设 置	说　　明
类别编号	文本	3	主键、必填字段、有（无重复）的索引	
类别名称	文本	15	必填字段、有（有重复）的索引	商品类别名称
说明	备注			
图片	OLE 对象			描绘商品类别的图片

（1）打开"类别"表的设计视图，如图 1.48 所示。可以发现，表中有 4 个字段，主键设置是合理的。但是，所有字段的数据类型均是"文本"，且大小均是 255 个字符。

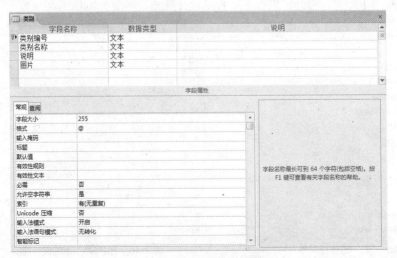

图 1.48　"类别"表的设计视图

（2）参照表 1.6 所示的表结构，修改"类别编号"字段。

① 数据类型保持默认的"文本"，设置字段大小为"3"，弹出如图 1.49 所示的不能修改字段大小的提示对话框。

图 1.49　不能修改字段大小的提示对话框

【提示】由于创建"商品"表时，在"类别编号"字段使用查阅向导的过程中引用了"类别"表的相应字段，因此建立了两个表的关系。

② 单击【确定】按钮，取消"类别"表和"商品"表的关系。

a. 单击【表格工具】→【设计】→【关系】→【关系】按钮，打开如图 1.50 所示的"关系"窗口。

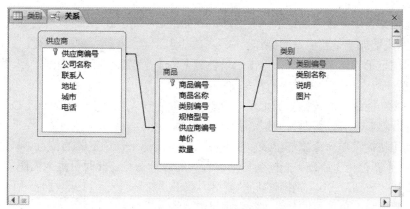

图 1.50　"关系"窗口

b. 鼠标右键单击"类别"表和"商品"表之间的连线，从弹出的快捷菜单中选择【删除】命令，出现如图 1.51 所示的删除关系提示对话框。

c. 单击【是】按钮，删除两表之间的关系。

d. 保存关系后，关闭关系窗口返回表设计器。

③ 参考表 1.6 所示的表结构，继续修改"类别编号"字段的字段大小和其他字段属性。

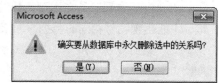

图 1.51　删除关系提示对话框

（3）参考表 1.6 所示的表结构，修改其余字段的数据类型、字段大小和字段属性。

（4）修改完毕，保存表结构时，会弹出如图 1.52 所示的提示，警告由于改变了字段的大小，也许会造成数据丢失，询问是否继续。

图 1.52　询问对话框

（5）单击【是】按钮，弹出如图 1.53 所示的提示数据完整性规则已经更改的对话框。单击【是】按钮，完成"类别"表结构的修改。

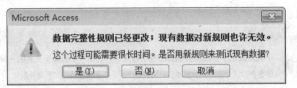

图 1.53　提示数据完整性规则已经更改的对话框

2.3.7　编辑"商品"表和"类别"表的记录

表设计完成后，需要对表的数据进行操作，也就是对记录进行操作，涉及记录的添加、删除、修改、复制等。对表进行的操作，是通过数据表视图来完成的。

1. 输入"商品"表的记录

【提示】数据表的一行称为一条记录，添加新记录就是在表的末端增加新的一行。常用的操作方法有 4 种。

① 在数据表中直接添加记录。直接单击表的最后一行，在当前行中输入所需添加的数据，即可完成增加一条新记录的操作。

② 利用记录导航添加记录。单击记录导航上的【新(空白)记录】按钮▶，光标自动跳到表的最后一行，此时即可键入所需添加的数据。

③ 利用功能组中的按钮添加记录。单击【开始】→【记录】→【新建】按钮　新建，光标会自动跳到表的最后一行，键入需添加的数据即可。

④ 利用快捷菜单命令添加记录。用鼠标右键单击记录行选定器的位置，从弹出的快捷菜单中选择【新记录】命令，光标会自动跳到表的最后一行，此时可键入需添加的新记录。

（1）打开"商品"表。在左侧的导航窗格中双击"商品"表，打开数据表视图。

（2）参照如图 1.32 所示的信息进行数据录入。输入完毕后关闭表，系统将自动保存记录。

【提示】注意体会各种数据的输入方法，以便提高输入的速度。

① "商品编号"是文本型，故编号"0001"会保留前面的"0"。这个字段是本表的主键，不能出现编号相同的数据。如果出现，就违背了唯一性的原则，系统会给出出错提示。

② "类别编号"和"供应商编号"制作了查阅列，因此，这里会出现下拉列表供选择，如图 1.54 所示。

③ "单价"是货币型，因此会自动出现货币符号"￥"。用户只需注意具体金额的输入，无需输入货币符号。

④ "数量"字段设置了数值的范围，如果数值超出范围，就会出现错误提示，用户可根据提示来修正输入的数据。

图 1.54　查阅列的下拉列表

2．完善“类别”表的数据

如果需要修改数据表中的数据，可以直接进入数据表视图进行操作。将光标定位于所需修改的位置，就可以修改字段中的数据了。

这里，我们将补充完善“类别”表中的“图片”字段数据的输入方法。该字段的数据类型为“OLE 对象”，我们将为其添加 bmp 格式的图片。

（1）在数据表视图下打开“类别”表。

（2）在“说明”与“图片”字段的字段名分隔线处双击，可让“说明”字段以最合适的列宽显示。在每个字段右侧的分隔线处均双击，可获得每个字段最合适的列宽，如图 1.55 所示。

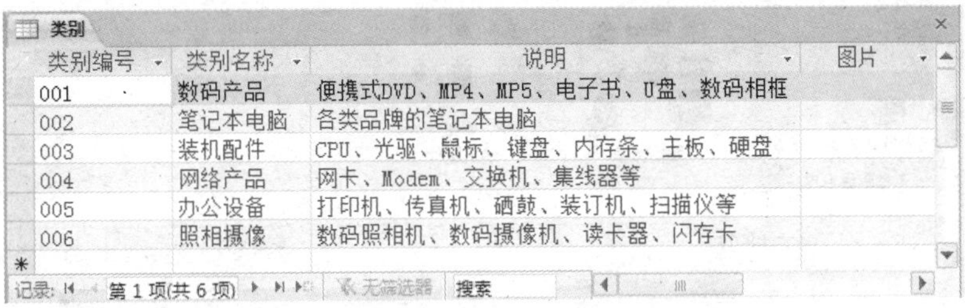

图 1.55　调整“类别”表中各字段的列宽

（3）在第一条记录的“图片”字段处双击鼠标，弹出如图 1.56 所示的提示。可见，该字段还没有插入任何对象。单击【确定】按钮，返回表中。

图 1.56　OLE 对象编辑提示

【提示】“OLE 对象”类型的字段需要插入一个对象。可以使用将实际内容放入本数据库中的“嵌入”方式或者使用在本数据库中保存连接到实际对象的“链接”方式将对象与字段绑定。

（4）用鼠标右键单击该字段，从弹出的快捷菜单中选择【插入对象】命令，弹出如图 1.57 所示的对话框。选择【由文件创建】选项，单击【浏览】按钮，弹出“浏览”对话框。指定图片文件的存放位置为“D:\数据库\类别图片”，如图 1.58 所示，选择图片文件，单击【打开】按钮，返回“插入对象”对话框，选中的文件显示在如图 1.59 所示的文件名框中，单击【确定】按钮。

图 1.57　“插入对象”对话框

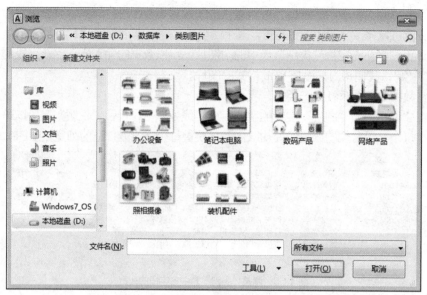

图 1.58　选择要插入的对象

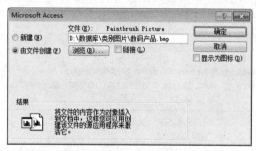

图 1.59　插入的图片对象

（5）加入了图片后，"图片"字段会出现"位图图像"字样，如图 1.60 所示。

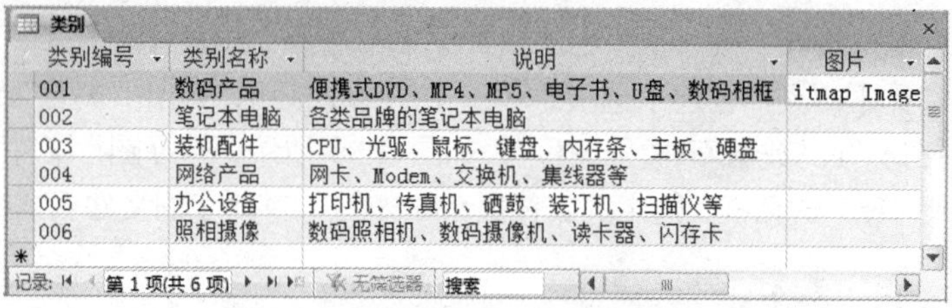

类别编号	类别名称	说明	图片
001	数码产品	便携式DVD、MP4、MP5、电子书、U盘、数码相框	itmap Image
002	笔记本电脑	各类品牌的笔记本电脑	
003	装机配件	CPU、光驱、鼠标、键盘、内存条、主板、硬盘	
004	网络产品	网卡、Modem、交换机、集线器等	
005	办公设备	打印机、传真机、硒鼓、装订机、扫描仪等	
006	照相摄像	数码照相机、数码摄像机、读卡器、闪存卡	

记录：第 1 项(共 6 项)　无筛选器　搜索

图 1.60　加入了图片对象后的"类别"表

【提示】在这类字段中插入不同类型的对象，会出现不同的文字。这里由于插入的是 bmp 格式的文件，故显示"itmap Image"字样。

（6）将所需图片文件插入到对应记录的字段中。

（7）关闭表，系统将自动保存修改的记录。

2.3.8　建立表关系

数据库是相关数据的集合。一般一个数据库由若干个表组成，每一个表反映数据库的某一方面的信息，要使这些表联系起来反映数据库的整体信息，则需要为这些表建立应有的关系。

建立表关系的前提是两个表必须拥有共同字段。

在"商品管理系统"中，"商品"表和"供应商"表间存在共同字段"供应商编号"，"商品"表和"类别"表的共同字段为"类别编号"。

（1）关闭所有打开的表。

（2）单击【数据库工具】→【关系】按钮，打开如图1.61所示的"关系"窗口。

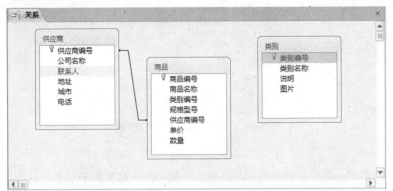

图1.61 "关系"窗口

图1.62 "显示表"对话框

【提示】

① 前面在创建"商品"表的过程中，由于为"商品"表的"类别编号"字段和"供应商编号"字段构造查阅字段时，分别引用了"类别"表的"类别编号"字段和"供应商"表的"供应商编号"字段作为列表来源，所以，这三个表已经存在某种联系了。因为修改"类别"表的需要，我们删除了"类别"表和"商品"表之间的关系，但在"关系"窗口中已经显示了这三个表。

② 如果这三个表之前没有任何联系，则在单击【关系】按钮时，会出现如图1.62所示的"显示表"对话框。选中要建立关系的表，单击【添加】按钮，可将其添加到"关系"窗口中。

（3）建立"类别"表和"商品"表的关系。

① 在"关系"窗口中选取"类别"表中的"类别编号"字段，将其拖曳至"商品"表的"类别编号"字段上，将弹出如图1.63所示的"编辑关系"对话框。

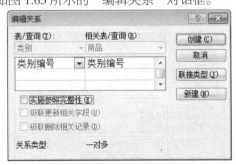

图1.63 "编辑关系"对话框

② 单击【创建】按钮，可建立"类别"表和"商品"表间的关系，如图1.64所示。

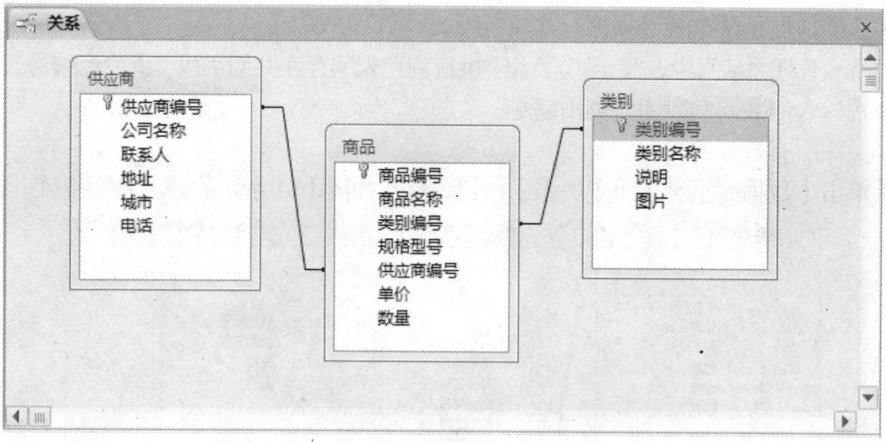

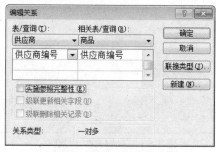

图 1.64 "关系"窗口各表间的关系

【提示】

① 关系的类型。表与表之间的关系可分为一对一、一对多和多对多 3 种类型，创建的关系类型取决于表间关联字段的定义。

a. 一对一：两个表中相关联的字段都是主键或唯一索引。

b. 一对多：两个表中相关联的字段只有一个是主键或唯一索引。

c. 多对多：两个表与第 3 个表的两个一对多关系。

② 在"关系"窗口的各个表中，所有用粗体字显示的字段名均为主键。某一个表中用于建立关系的字段只要已设定为主键或唯一索引，则在建立一对多关系时，无论拖曳的方向如何，该表必定为主表，与之建立关系的表为子表。

（4）设置参照完整性。

【提示】Access 使用参照完整性来确保数据库相关表之间的关系的有效性，防止意外删除或更改相关记录的数据。设置参照完整性就是在相关表之间创建一组规则，当用户插入、更新或删除某个表中的记录时，可保证与之相关的表中数据的完整性。

① 在"关系"窗口中双击"供应商"表和"商品"表间的连线，弹出如图 1.65 所示的"编辑关系"对话框。

② 勾选【实施参照完整性】复选框和【级联更新相关字段】复选框。

③ 单击【确定】按钮，关闭"编辑关系"对话框，此时，"关系"窗口中的表间关系如图 1.66 所示。

图 1.65 "编辑关系"对话框

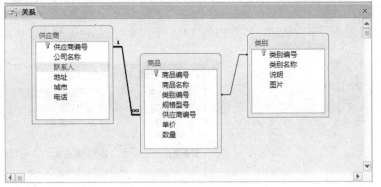

图 1.66 表之间的关系

④ 使用相同的方法设置"商品"表和"类别"表间的参照完整性。

（5）保存后，关闭"关系"窗口。

2.4 任务拓展

2.4.1 通过复制"商品"表创建"商品_格式化"表

（1）在"商品管理系统"数据库左侧的导航窗格中选择"商品"表。

（2）先单击【开始】→【剪贴板】→【复制】按钮，再单击【开始】→【剪贴板】→【粘贴】按钮，弹出如图 1.67 所示的"粘贴方式"对话框。

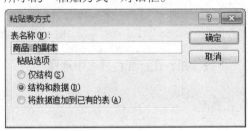

图 1.67 "粘贴方式"对话框

（3）在"表名称"文本框中输入"商品_格式化"，在"粘贴选项"栏中选择【结构和数据】选项。

（4）单击【确定】按钮，在数据库中创建好"商品_格式化"表。

2.4.2 调整"商品_格式化"表的外观

（1）打开"商品_格式化"表的数据表视图。

（2）设置文本格式。

① 将光标置于数据表的任意单元格。

② 利用【开始】→【文本格式】功能组的【字体】、【字号】工具，设置表格的文本格式为"仿宋""12"号。

（3）设置表格的背景和网格线。

① 单击【开始】→【文本格式】→【设置数据表格式】按钮，打开如图 1.68 所示的"设

置数据表格式"对话框。

② 单击"背景色"下拉按钮，打开如图 1.69 所示的"背景色"列表，从标准色列表中选择"浅蓝"。

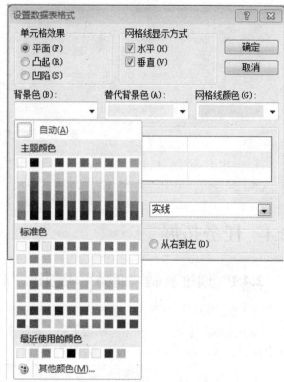

图 1.68 "设置数据表格式"对话框

图 1.69 "背景色"列表

③ 单击"网格线颜色"下拉按钮，在标准色列表中选择"橙色"。

（4）调整字段显示宽度和高度。

① 设置数据表行高为"16"。

a. 单击【开始】→【记录】→【其他】按钮，打开如图 1.70 所示的记录其他设置菜单。

b. 选择【行高】命令，打开如图 1.71 所示的"行高"对话框，设置行高为"16"，单击【确定】按钮。

②设置"单价"字段的列宽为"15"。

a. 选中"单价"字段列。

图 1.70 记录其他设置菜单

b. 单击【开始】→【记录】→【其他】按钮，打开如图 1.70 所示的记录其他设置菜单，选择【字段宽度】命令，打开如图 1.72 所示的"列宽"对话框，设置列宽为"15"，单击【确定】按钮。

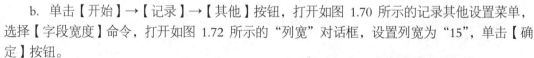

图 1.71 设置"行高"对话框

图 1.72 设置"列宽"对话框

③设置其他字段的列宽为自动匹配。分别将鼠标移动到其他字段名右侧的列框线，当鼠标指针呈"✛"状态时，双击鼠标，为字段分配最合适的列宽。调整后的"商品_格式化"表外观如图 1.73 所示。

图 1.73　调整外观后的"商品_格式化"表

（5）隐藏"规格型号"字段。

①选中"规格型号"列。

②单击【开始】→【记录】→【其他】按钮，打开如图 1.70 所示的记录其他设置菜单，选择【隐藏字段】命令，如图 1.74 所示，表中的"规格型号"字段被隐藏。

图 1.74　"规格型号"字段被隐藏

【提示】若要显示被隐藏的字段，可单击【开始】→【记录】→【其他】按钮，打开如图1.70 所示的记录其他设置菜单，选择【取消隐藏字段】命令，打开如图 1.75 所示的"取消隐藏列"对话框。选中需要显示的字段前面的复选框，被隐藏的字符将恢复显示。

图 1.75　"取消隐藏列"对话框

2.4.3　按"单价"对"商品_格式化"表排序

在查看数据表的记录时，可根据需要对记录进行排序显示。例如，要对"商品_格式化"表中的记录按照单价由低到高进行显示，可按"单价"字段的升序方式进行排序。

（1）在数据表视图方式下打开"商品_格式化"表。

（2）将光标定位于"商品_格式化"表的"单价"字段，单击【开始】→【排序与筛选】→【升序】按钮 ，排序结果如图 1.76 所示。

商品_格式化					
商品编号 ▾	商品名称 ▾	类别编号 ▾	供应商编号 ▾	单价 ▾	数量 ▾
0030	无线路由器	004	1011	¥85.00	18
0022	闪存卡	006	1015	¥130.00	8
0017	U盘	001	1020	¥175.00	30
0001	爱国者月光宝盒	001	1103	¥259.00	15
0006	无线网卡	004	1011	¥310.00	16
0025	硬盘	003	1021	¥359.00	15
0002	内存条	003	1006	¥399.00	26
0005	移动硬盘	003	1020	¥530.00	9
0007	惠普打印机	005	1205	¥1,850.00	5
0010	Intel酷睿CPU	003	1006	¥1,999.00	10
0011	佳能数码相机	006	1001	¥4,188.00	6
0008	宏基笔记本电脑	002	1018	¥4,300.00	3
0015	索尼数码摄像机	006	1001	¥4,680.00	4
0012	三星笔记本电脑	002	1028	¥4,890.00	7
0021	联想笔记本电脑	002	1009	¥4,900.00	5

记录: ◄ 第1项(共15项) ► ►| 无筛选器 搜索

图 1.76　对"单价"进行升序排序的结果

2.4.4　导出"供应商"表的数据

Access 提供了方便地与其他应用程序共享数据的手段，用户可通过导入和导出实现数据共享。这里，我们将创建好的"供应商"表导出为文本文件"供应商信息.txt"，并存在"D:\数据库"中，以作备用。

（1）打开"商品管理系统"数据库，从左侧的导航窗格中选中"供应商"表。

（2）单击【外部数据】→【导出】→【文本文件】按钮，弹出如图 1.77 所示的"导出-文本文件"对话框。

44

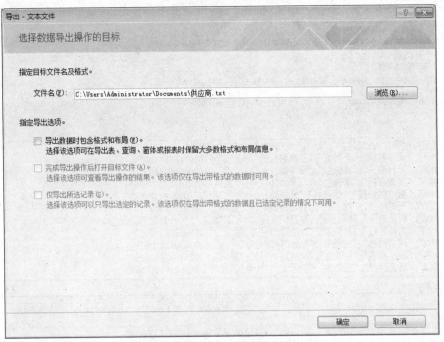

图 1.77 "导出-文本文件"对话框

（3）单击【浏览】按钮，设置保存位置为"D:\数据库"，文件名为"供应商信息"，文件类型为"文本文件"，单击【确定】按钮返回。

（4）单击【确定】按钮，进入如图 1.78 所示的"导出文本向导"第 1 步对话框，选择导出格式为【带分隔符-用逗号或制表符之类的符号分隔每个字段】选项。

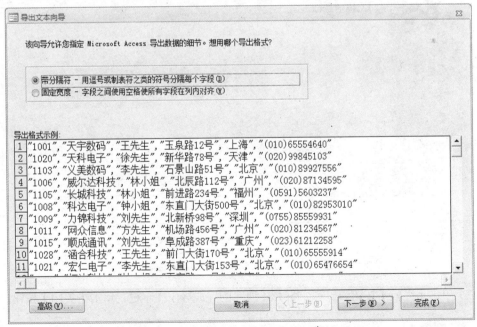

图 1.78 "导出文本向导"第 1 步对话框

（5）单击【下一步】按钮，选择字段分隔符为【逗号】，同时选中【第一行包含字段名称】复选框，如图 1.79 所示。

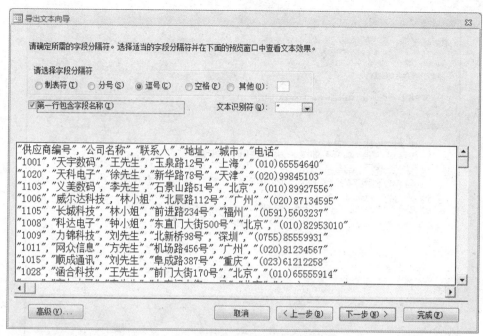

图 1.79 "导出文本向导"第 2 步对话框

（6）单击【下一步】按钮，确定导出文件的位置和文件名，如图 1.80 所示。

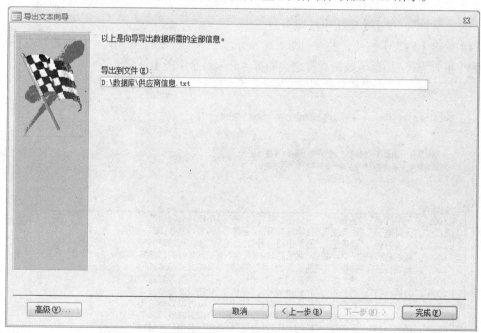

图 1.80 "导出文本向导"第 3 步对话框

（7）单击【完成】按钮，显示如图 1.81 所示的完成导出提示框，单击【关闭】按钮。

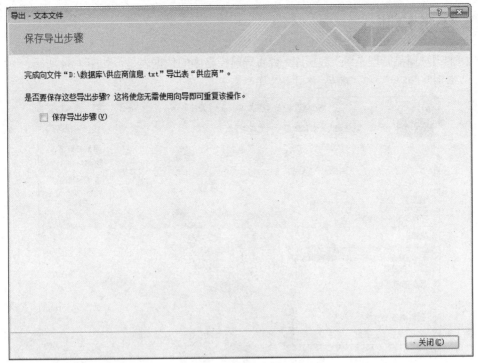

图 1.81　完成导出提示框

2.4.5　筛选"北京"的供应商信息

Access 允许对显示的记录进行筛选,将符合条件的记录显示在数据表视图中。筛选的方式有：按选定内容筛选、内容排除筛选、按窗体筛选以及高级筛选。

这里,我们将从"供应商"表中显示所有"北京"供应商的信息。

（1）打开"供应商"数据表视图。

（2）单击"城市"字段右侧的下拉箭头,弹出字段筛选器,选中"北京"复选框,如图 1.82 所示。

（3）单击【确定】按钮,"供应商"表中仅显示出 4 条"北京"的供应商信息,如图 1.83 所示。

图 1.82　字段筛选器

供应商编号	公司名称	联系人	地址	城市	电话
1103	义美数码	李先生	石景山路51号	北京	(010)8992
1008	科达电子	钟小姐	东直门大街500号	北京	(010)8295
1028	涵合科技	王先生	前门大街170号	北京	(010)6555
1021	宏仁电子	李先生	东直门大街153号	北京	(010)6547

记录: 第 1 项(共 4 项)　已筛选　搜索

图 1.83　筛选出的"北京"供应商信息

（4）查看完毕,单击【开始】→【排序和筛选】→【取消筛选】按钮,显示所有记录。

2.5 任务检测

（1）打开"商品管理系统"数据库，查看导航窗格中的数据表是否如图 1.84 所示，包含"供应商""类别""商品"和"商品_格式化"4 个表。

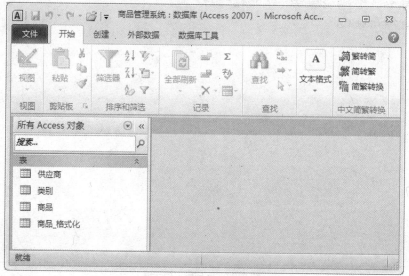

图 1.84 包含 4 个表对象的数据库窗口

（2）分别打开"供应商""类别"和"商品"3 个数据表，查看表中数据是否已创建，如图 1.85 所示。

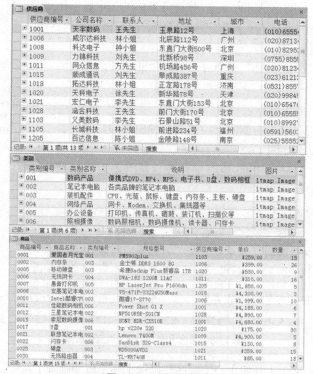

图 1.85 三个数据表

（3）打开"关系"窗口，查看表关系是否已创建完成，如图1.86所示。

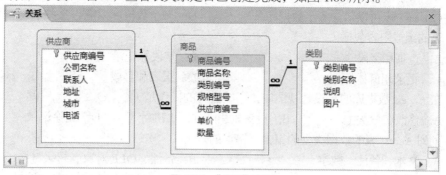

图1.86 "关系"窗口

2.6 任务总结

本任务通过创建"商品""供应商"和"类别"表，主要介绍了数据表的多种创建方法以及使用表设计器进行表结构修改的方法。在此基础上，通过建立表之间的关系，为以后的数据库各表间共享数据奠定了基础。

2.7 巩固练习

一、填空题

1. 在Access数据库表中，表中的每一行称为一条_____，表中的每一列称为一个_____。
2. 表结构的设计和维护是在表的_____中完成的。
3. 在Access中，数据类型主要包括_____、日期/时间、_____、自动编号、_____、_____、_____和查阅向导。
4. Access 2010数据库中包含有表、_____、_____、_____、宏和模块6种对象。
5. 一个表最多可创建_____个主键（主索引）。
6. 将表中的字段定义为_____，其作用是保证字段中的每一个值都必须是唯一的，以_____、（即不能重复）便于索引，并且该字段也会成为默认的排序依据。
7. 在Access中，表间的关系有_____、_____及_____。
8. _____是Access数据库中存储数据的对象，是数据库的基本操作对象。
9. 简单地说，_____就是在某字段未输入数据时，系统自动显示的字符（或数字）。
10. 如果在表中创建字段"婚否"，并要求用逻辑值表示，那么其数据类型应当是_____。

二、选择题

1. 不属于Access对象的是（   ）。
   A. 向导　　　　　B. 表　　　　　C. 查询　　　　　D. 窗体
2. 数据库窗口中包含（   ）种对象。
   A. 5　　　　　　B. 6　　　　　　C. 7　　　　　　D. 8
3. 如果在表中创建"简历"字段，其数据类型应当是（   ）。
   A. 文本　　　　　B. 数字　　　　　C. 日期/时间　　D. 备注
4. Access中的表和数据库的关系是（   ）。

A. 一个数据库可以包含多个表　　　　B. 一个表只能包含两个数据库

C. 一个表可以包含多个数据库　　　　D. 一个数据库只能包含一个表

5．表的组成内容包括（　　　）。

　　A. 查询和字段　　　　　　　　　B. 字段和记录

　　C. 记录和窗体　　　　　　　　　D. 报表和字段

6．在 Access 数据库的表设计视图中，不能进行的操作是（　　　）。

　　A. 修改字段类型　　B. 设置索引　　C. 增加字段　　D. 删除记录

7．下列 Access 表的数据类型的集合，错误的是（　　　）。

　　A. 文本、备注、数字　　　　　　B. 备注、OLE 对象、超级链接

　　C. 通用、备注、数字　　　　　　D. 日期/时间、货币、自动编号

8．使用表设计器定义表的字段时，以下各项中可以不设置内容的是（　　　）。

　　A. 字段名称　　　　B. 说明　　　　C. 数据类型　　D. 字段属性

9．如果表 A 中的一条记录与表 B 中的多条记录相匹配，而表 B 中的一条记录只能与表 A 中的一条记录相匹配，则表 A 与表 B 存在的关系是（　　　）。

　　A. 一对一　　　　　　B. 一对多　　　　C. 多对一　　　　D. 多对多

10．在设计学生信息表时，对于其"学生简历"字段，要求填写从高中到现在的情况，一般长度大于 255 个字符，请问应该选择哪种数据类型（　　　）。

　　A. 文本型　　　　　　B. 备注型　　　　C. 数字型　　　　D. 日期/时间型

三、思考题

1．创建单一字段主键（主索引）的步骤是什么？

2．创建 Access 数据表的常用方法有哪些？

3．常见的关系种类有哪 3 种？

四、设计题

1．创建一个"员工管理"数据库。

2．在"员工管理"数据库中为如表 1.7 所示的职员表设计一个合理的表结构，并输入数据。

表 1.7　职员表

雇员ID	姓名	性别	出生日期	职务	简历	联系电话
1	李华	女	1960-1-1	经理	1984 年大学毕业，曾是销售员	35976450
2	李清	男	1969-7-1	职员	1992 年大学毕业，现为销售员	35976451
3	王五	男	1960-1-1	职员	1983 年大学毕业，现为经理	35976452
4	吴名	女	1977-8-1	职员	1999 年大学毕业，现为销售员	35976453
5	魏巍	女	1984-11-1	职员	2006 年专科毕业，现为管理员	35976454

PART 3

工作任务 3
设计和创建查询

3.1　任务描述

　　在数据库中创建数据表后，可以根据需要方便且快捷地从中检索出需要的各种数据。在本任务中，我们将利用选择查询和参数查询在"商品管理系统"中创建包含商品名称、单价和数量的商品基本信息查询，以及查询商品详细信息、查询"广州"的供应商信息、按价格范围查询商品信息、根据提供的商品名称查询商品信息，从而满足用户对数据的快捷查询需求。

3.2　业务咨询

3.2.1　查询的功能

　　使用数据库管理数据的目的是为了更好地使用数据。Access 的查询功能可以使用户从数据库管理的大量数据中迅速地检索出需要的数据。

　　查询的主要目的是根据指定的条件对表或其他查询进行检索，筛选出符合条件的记录，并构成一个新的数据集合，从而便于对数据库中的表进行查看和分析。查询的主要功能如下。

　　（1）提取数据。通过指定查询的准则，使符合条件的数据出现在结果集中。

　　（2）产生新表。查询可以以一个表或多个不同的表为基础，创建一个新的数据集。

　　（3）实现计算。对某些字段进行计算，显示计算结果，完成数据的统计分析等操作。

　　（4）作为其他对象的数据源。查询结果可作为窗体或报表的数据源。

　　（5）数据更新。利用操作查询，可实现对数据库表格数据的修改、删除和更新。

　　查询与表不一样，查询的对象不是数据集合，而是操作集合，查询运行的结果是一个动态集，查询不保存数据。

3.2.2　查询的类型

　　Access 中的查询种类分为选择查询、参数查询、操作查询（更新查询、生成表查询、追加查询和删除查询）、交叉表查询以及 SQL 查询。

　　选择查询用来按指定条件浏览和统计表中的数据。参数查询是将执行时输入的值作为条件具体值来进行的带条件的选择查询。操作查询共有 4 种类型，分别为更新查询、生成表查询、追加查询和删除查询，常用来按指定条件对表中的数据进行修改、添加、删除及合并等处理。SQL 查询，即使用 SQL 语句来构造查询。

3.2.3 查询的视图

查询视图主要用于设计、修改查询或按不同方式查看查询结果，Access 中提供了 3 种常用视图，分别是数据表视图、设计视图和 SQL 视图。除这 3 种视图外，还有数据透视表视图和数据透视图视图。

1. 查询的数据表视图

查询的数据表视图是以行和列的格式显示查询结果的窗口，如图 1.87 所示。在这个视图中，用户可以进行编辑字段、添加和删除数据、查找数据等操作，而且可以对查询进行排序和筛选等，也可以进行行高、列宽及单元格风格的设置以调整视图的显示风格。具体的操作方法和数据表操作的方法一样。查询的数据表视图是一个查询完成后的结果显示方式。

商品编号 ▾	商品名称 ▾	类别编号 ▾	规格型号 ▾	供应商编号 ▾	单价 ▾	数量 ▾
0007	惠普打印机	005	HP LaserJet Pro P1606dn	1205	¥1,850.00	5
0010	Intel酷睿CPU	003	酷睿i7-3770	1006	¥1,999.00	10

记录: I◀ 第1项(共2项) ▶ ▶I ▶* 无筛选器 搜索

图 1.87 查询的数据表视图窗口

2. 查询的设计视图

查询的设计视图是用来设计查询的窗口，是查询设计器的图形化表示，利用它可以完成多种结构复杂、功能完善的查询。查询设计视图由上、下两个窗口构成，即表/查询显示窗口和查询设计网格窗口，如图 1.88 所示。

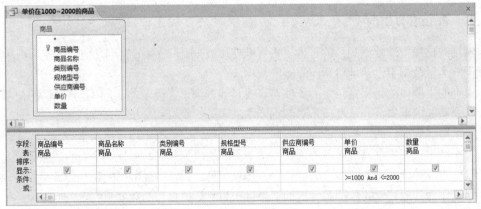

图 1.88 查询的设计视图窗口

（1）表/查询显示窗口。

表/查询显示窗口显示的是当前查询所包含的数据源（表和查询）以及表间关系。在这个窗口中可以添加或删除表，可以建立表间关系。

（2）查询设计网格。

查询设计网格用于设计显示的查询字段以及查询准则等，其中每一行都包含查询字段的相关信息，列是查询的字段列表。查询设计网格的功能如表 1.8 所示。

表1.8　表查询设计网格的功能

行名称	作　用
字段	可以在此处输入或加入字段名，也可以单击鼠标右键，选择【生成器】命令来生成表达式
表	字段所在的表或查询的名称
排序	查询字段的排序方式（无序、升序、降序三种，默认为无序）
显示	利用复选框确定字段是否在数据表中显示
条件	可以输入查询准则的第一行，也可以用单击鼠标右键，选择【生成器】命令来生成表达式
或	用于输入多个值的准则，与"条件"行成为"或"的关系

3．查询的 SQL 视图

查询的 SQL 视图用来显示或编辑查询的 SQL 语句，如图 1.89 所示。要正确使用 SQL 视图，必须熟练掌握 SQL 命令的语法和使用方法。后面的学习情境中将详细介绍这些内容。

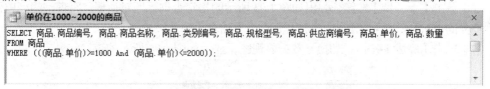

图 1.89　查询的 SQL 视图窗口

3.3　任务实施

3.3.1　查询各种商品的名称、单价和数量信息

Access 提供了设计视图、简单查询向导、交叉表查询向导、查找重复项查询向导和查找不匹配项查询向导等多种创建查询的方法。使用简单查询向导可以创建一个简单的选择查询，它能生成一些小的选择查询，将数据表中的记录的全部或部分字段输出，而无需使用某种条件得到结果集。

这里，我们需要查询各种商品的名称、单价和数量信息，即从"商品"表中提取商品名称、单价和数量字段进行显示，因此可采用简单查询向导创建查询。

（1）打开"商品管理系统"数据库。

（2）单击【创建】→【查询】→【查询向导】按钮，打开如图 1.90 所示的"新建查询"对话框。

（3）在对话框中选择"简单查询向导"选项，单击【确定】按钮，弹出"简单查询向导"对话框。

（4）在"表/查询"下拉列表中选择"表：商品"选项，"商品"表的所有字段将出现在"可用字段"列表中；再选择"可用字段"列表中的"商品名称"字段，单击 > 按钮，将选定的字段添加到"选定字段"列表框中。使用相同的方法，将其他需要查询的字段添加到"选定字段"列表框中，如图 1.91 所示。

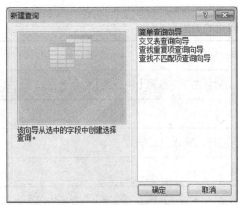
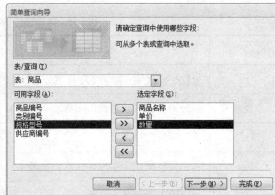

图 1.90 "新建查询"对话框　　　　　　　　　图 1.91　选择查询的字段

【提示】如果单击 < 按钮，则可将选定的字段从列表中删除；单击 >> 按钮，可添加选定的"表/查询"中的所有字段；单击 << 按钮，可删除选定的所有字段。

（5）单击【下一步】按钮，弹出如图 1.92 所示的对话框。选择是使用明细查询还是使用汇总查询，默认选择【明细（显示每个记录的每个字段）】选项，这里不进行修改。

（6）单击【下一步】按钮，弹出如图 1.93 所示的指定查询标题对话框。将查询的标题修改为"商品的单价和数量"，且选中【打开查询查看信息】单选按钮。

（7）单击【完成】按钮，切换到数据表视图，显示如图 1.94 所示的查询结果。

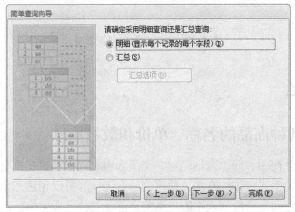

图 1.92　确定查询显示方式

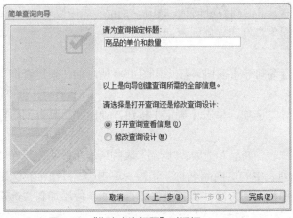

图 1.93　"指定查询标题"对话框　　　　　　　　图 1.94　查询结果

3.3.2 查询商品详细信息

在"商品"表中，商品的供应商和类别信息均为编号形式。实际查询时，为了能显示具体的供应商名称和类别名称，可以采用表间数据的共享方式。

（1）打开"商品管理系统"数据库。

（2）单击【创建】→【查询】→【查询设计】按钮，打开如图 1.95 所示的查询设计器，同时弹出"显示表"对话框。

图 1.95 查询设计器和"显示表"对话框

（3）添加查询中需要的数据源。这里，将"供应商""类别"和"商品"表均添加到查询设计器中，并关闭"显示表"对话框。

（4）将查询设计器上半部分数据源"商品"表中的"商品名称"字段拖曳到设计区的第一个"字段"中，该字段的其余信息将自动显示，"显示"复选框也自动勾选，表示此字段的数据内容可以在查询结果集中显示出来，如图 1.96 所示。

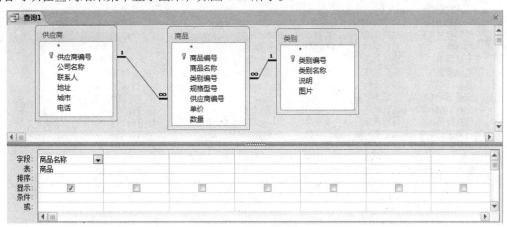

图 1.96 查询设计器

（5）在"类别"表的"类别名称"字段处双击，可将"类别名称"也添加到下方的设计区中。用同样的方法将"供应商"表中的"公司名称"字段，"商品"表中的"规格型号""单价"和"数量"字段添加到设计区中，指定查询输出的内容，如图 1.97 所示。

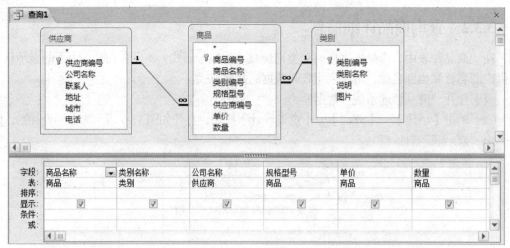

图 1.97　添加查询字段

（6）单击快速访问工具栏上的【保存】按钮，弹出"另存为"对话框，在其中的"查询名称"文本框中输入查询名称"商品详细信息"，如图 1.98 所示。单击【确定】按钮，保存查询。

图 1.98　"另存为"对话框

（7）单击【查询工具】→【设计】→【结果】→【运行】按钮，运行查询的结果如图 1.99 所示。

商品名称	类别名称	公司名称	规格型号	单价	数量
爱国者月光宝盒	数码产品	义美数码	PM5902plus	¥259.00	15
内存条	装机配件	威尔达科技	金士顿 DDR3 1600 8G	¥399.00	26
无线网卡	网络产品	网众信息	DWA-182 1200M 11AC	¥310.00	16
移动硬盘	装机配件	天科电子	希捷Backup Plus新睿品 1TB	¥530.00	9
惠普打印机	办公设备	百达信息	HP LaserJet Pro P1606dn	¥1,850.00	5
宏基笔记本电脑	笔记本电脑	拓达科技	V5-471P-33224G50Mass	¥4,300.00	3
Intel酷睿CPU	装机配件	威尔达科技	酷睿i7-3770	¥1,999.00	10
佳能数码相机	照相摄像	天宇数码	Power Shot G1 X	¥4,188.00	6
三星笔记本电脑	笔记本电脑	涵宇科技	NP510R5E-S01CN	¥4,890.00	7
索尼数码摄像机	照相摄像	天宇数码	SONY HDR-CX510E	¥4,680.00	4
U盘	数码产品	天科电子	hp v220w 32G	¥175.00	30
联想笔记本电脑	笔记本电脑	力锦科技	Lenovo Y400M	¥4,900.00	5
闪存卡	照相摄像	顺成通讯	SanDisk 32G-Class4	¥130.00	8
硬盘	装机配件	宏仁电子	WD5000AVDS	¥359.00	15
无线路由器	网络产品	网众信息	TL-WR740N	¥85.00	18

记录: ◄ 第 1 项(共 15 项) ► ►◄ 无筛选器　搜索

图 1.99　"商品详细信息"查询结果

3.3.3　查询"广州"的供应商信息

表中的数据是以存储的要求存放的，如果需要查看其中一些满足某条件的记录，就要使用带条件的查询，将满足条件的记录筛选出来。制作时，可以用查询向导或设计器创建一个简单查询，然后在设计视图中对其进行修改和细化，并加入查询条件，从而最终设计出符合要求的查询。

这里，我们需要从所有供应商的信息中查询"广州"的供应商记录。

（1）单击【创建】→【查询】→【查询设计】按钮，打开查询设计器。

（2）将"供应商"表作为查询数据源。

（3）将"供应商"表中的所有字段添加到下方的设计区中。

（4）在查询设计区中的"城市"字段下面的"条件"文本框中输入"广州"，如图1.100所示。

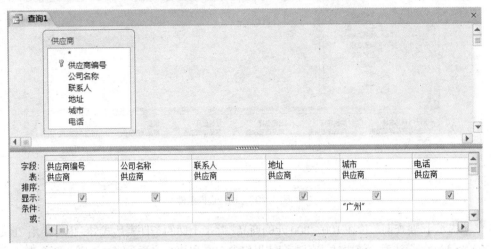

图1.100　查询设计器

（5）将查询另存为"广州的供货商信息"，运行查询的结果如图1.101所示。

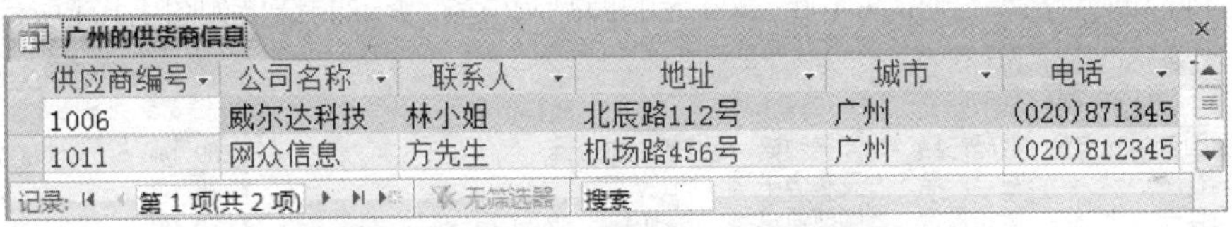

图1.101　"广州的供货商信息"查询结果

3.3.4　查询单价在100～300元的商品的详细信息

前面的查询，数据来源均为数据表。其实，除了数据表外，我们也可利用已有的查询作为数据源。这里，我们将利用前面的"商品详细信息"查询作为数据源来创建查询。

对于前面创建的查询，由于查询的条件字段为"文本"类型，且为准确查询，因此省略了运算符"="。通常情况下，可通过键入条件表达式或使用表达式生成器来输入条件表达式（表达式是指算术或逻辑运算符、常数、函数和字段名称、控件及属性的任意组合，计算结果为单个值。表达式可执行计算、操作字符或测试数据）。

（1）单击【创建】→【查询】→【查询设计】按钮，打开查询设计器。

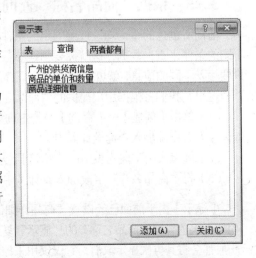

图1.102　以查询作为数据源

（2）在如图 1.102 所示的"显示表"对话框中选择"查询"选项卡，添加"商品详细信息"查询作为查询数据源。

（3）将"商品详细信息"查询中的所有字段添加到设计区中。

（4）在查询设计区中的"单价"字段下面的"条件"文本框中输入查询条件">=100 And <=300"，如图 1.103 所示。

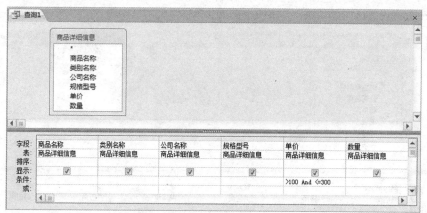

图 1.103　构造查询条件

【提示】要查询单价在 100～300 元的商品，除了上面的条件表达式外，也可使用"Between 100 And 300"。注意，该表达式的查询结果包含 100 和 300 这两个值，否则，两个表达式就不等价了。

（5）将查询另存为"单价在 100～300 元的商品"，运行查询的结果如图 1.104 所示。

商品名称	类别名称	公司名称	规格型号	单价	数量
爱国者月光宝盒	数码产品	义美数码	PM5902plus	¥259.00	15
U盘	数码产品	天科电子	hp v220w 32G	¥175.00	30
闪存卡	照相摄像	顺成通讯	SanDisk 32G-Class4	¥130.00	8

图 1.104　"单价在 100～300 元的商品"查询结果

3.3.5　根据"商品名称"查询商品详细信息

前面所创建的查询均是按照固定的条件从数据库中查询数据的，而实际的情况常常是依照不同的条件来查询数据，这就需要创建参数查询。利用参数查询可以提高查询的通用性。用户只要输入不同的信息，就可以利用同一个查询查出不同的结果，而不需要对查询进行重新设计。

这里，我们将根据用户提供的"商品名称"来动态查询商品的详细信息。

（1）单击【创建】→【查询】→【查询设计】按钮，打开查询设计器，将"商品详细信息"查询作为数据源加入查询设计器中。

（2）拖曳表中字段列表中的"*"到下方的设计区中，表示该表的所有字段均会显示出来。

（3）将"商品名称"字段加入设计区中，并取消勾选其"显示"复选框。

【提示】由于前面已经设置"商品详细信息"查询的所有字段均会显示，这里如果不取消勾选再次选择的"商品名称"的"显示"复选框，则会在最终的结果中显示两次该字段。因此一般都会将其再次显示取消，它仅仅用来控制条件。

（4）在"商品名称"字段的下方输入条件"[请输入商品名称:]"，如图 1.105 所示。

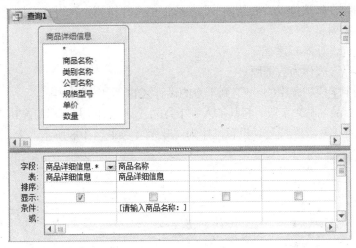

图 1.105　构建参数查询条件

【提示】在查询设计器中选择所需的字段，先根据条件的情况构造条件表达式，再将运行查询时用户需要输入的条件或参数的提示信息放在一个方括号内，如这里的"请输入商品名称"，则执行的时候会弹出以方括号中文本作为提示的对话框，然后在其中输入内容，作为这里的方括号位置的数据，参与表达式的运算。

（5）将查询保存为"根据'商品名称'查询商品详细信息"，并关闭查询设计器。

（6）在导航窗格中双击创建好的查询，运行查询时，将弹出如图 1.106 所示的"输入参数值"对话框。

图 1.106　"输入参数值"对话框

（7）若输入商品名称"移动硬盘"，并单击【确定】按钮，则会出现如图 1.107 所示的查询结果。

图 1.107　查询结果

3.4　任务拓展

3.4.1　设计和创建"按汉语拼音顺序的商品列表"查询

一般情况下，查询结果中记录的显示顺序为数据表默认的顺序，但在设计查询时，我们可根据需要对查询结果进行升序或降序排列。如显示商品表中记录时，由于表中的"商品编号"为主键字段，因此，默认将以"商品编号"字段的值升序排列。这里我们将通过查询，按汉语拼音顺序显示商品列表。

（1）利用查询设计器新建查询。

（2）将"商品"表作为数据源。

（3）拖曳表中字段列表中的"*"到下方的设计区的"字段"行中。

（4）双击"商品名称"字段，将其加入到下方的设计区中，并取消勾选其"显示"复选框。

（5）在"商品名称"字段处，设置排序为"升序"，如图1.108所示。

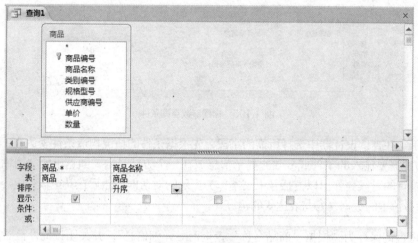

图1.108　查询设计器

（6）以"按汉语拼音顺序的商品列表"为名保存查询。

（7）运行查询，结果如图1.109所示。

商品编号	商品名称	类别编号	规格型号	供应商编号	单价	数量
0010	Intel酷睿CPU	003	酷睿i7-3770	1006	¥1,999.00	10
0017	U盘	001	hp v220w 32G	1020	¥175.00	30
0001	爱国者月光宝盒	001	PM5902plus	1103	¥259.00	15
0008	宏基笔记本电脑	002	V5-471P-33224G50Mass	1018	¥4,300.00	3
0007	惠普打印机	005	HP LaserJet Pro P1606dn	1205	¥1,850.00	5
0011	佳能数码相机	006	Power Shot G1 X	1001	¥4,188.00	6
0021	联想笔记本电脑	002	Lenovo Y400M	1009	¥4,900.00	5
0002	内存条	003	金士顿 DDR3 1600 8G	1006	¥399.00	26
0012	三星笔记本电脑	002	NP510R5E-S01CN	1028	¥4,890.00	7
0022	闪存卡	006	SanDisk 32G-Class4	1015	¥130.00	8
0015	索尼数码摄像机	006	SONY HDR-CX510E	1001	¥4,680.00	4
0030	无线路由器	004	TL-WR740N	1011	¥85.00	18
0006	无线网卡	004	DWA-182 1200M 11AC	1011	¥310.00	16
0005	移动硬盘	003	希捷Backup Plus新睿品 1TB	1020	¥530.00	9
0025	硬盘	003	WD5000AVDS	1021	¥359.00	15

记录：Ⅰ◀ 第1项(共15项) ▶ ▶Ⅰ ▶* 无筛选器　搜索

图1.109　按汉语拼音顺序显示的商品列表

3.4.2　设计和创建"五种最贵的商品"查询

在查询中，除了可以通过条件来筛选显示的结果外，还可通过设置上限值来控制显示的记录条数。

（1）利用查询设计器新建查询。

（2）设置"商品"表作为数据源。

（3）将"商品"表中所有的字段添加到"字段"行中。

（4）在"单价"字段处设置排序为"降序"。

（5）在【查询工具】→【设计】→【查询设置】→【返回】组合框 ^{返回: All} 中输入数值
"5"，然后按【Enter】键。

（6）以"五种最贵的商品"为名保存查询。

（7）运行查询，结果如图 1.110 所示。

五种最贵的商品						
商品编号 ▾	商品名称 ▾	类别编号 ▾	规格型号 ▾	供应商编号 ▾	单价 ▾	数量 ▾
0021	联想笔记本电脑	002	Lenovo Y400M	1009	¥4,900.00	5
0012	三星笔记本电脑	002	NP510R5E-S01CN	1028	¥4,890.00	7
0015	索尼数码摄像机	006	SONY HDR-CX510E	1001	¥4,680.00	4
0008	宏基笔记本电脑	002	V5-471P-33224G50Mass	1018	¥4,300.00	3
0011	佳能数码相机	006	Power Shot G1 X	1001	¥4,188.00	6

记录: ◄ ◄ 第 1 项(共 5 项) ► ►► ►* 无筛选器　搜索

图 1.110　五种最贵的商品

3.4.3 删除"单价在 100～300 元的商品"查询中的"公司名称"字段

在实际工作的过程中，当创建好的查询不能满足需求时，可以使用设计视图修改查询（包括删除字段、添加字段、改变字段的显示顺序等），从而最终设计出符合要求的查询。

这里，我们将对创建好的"单价在 100～300 元的商品"查询进行修改，删除其中的"公司名称"字段。

（1）在设计视图中打开前面创建的"单价在 100～300 元的商品"查询。

（2）先将鼠标指针指向查询设计区中的"公司名称"字段网格上方，当鼠标指针变成指向下方的黑色箭头"↓"时，单击以选中该列，如图 1.111 所示。

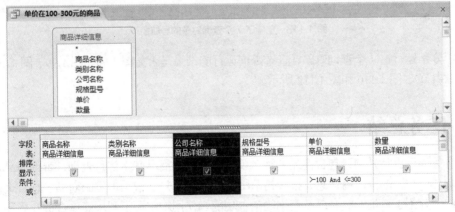

图 1.111　选中要删除的字段

（3）按键盘上的【Delete】键，将该列删除。

（4）保存查询，切换到数据表视图，查看查询的效果，如图 1.112 所示。

单价在100-300元的商品

商品名称	类别名称	规格型号	单价	数量
爱国者月光宝盒	数码产品	PM5902plus	¥259.00	15
U盘	数码产品	hp v220w 32G	¥175.00	30
闪存卡	照相摄像	SanDisk 32G-Class4	¥130.00	8
无线路由器	网络产品	TL-WR740N	¥85.00	18

记录: 第 1 项(共 4 项) 无筛选器 搜索

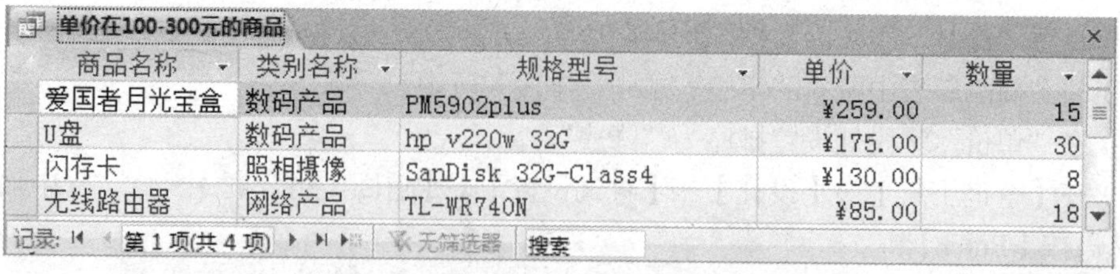

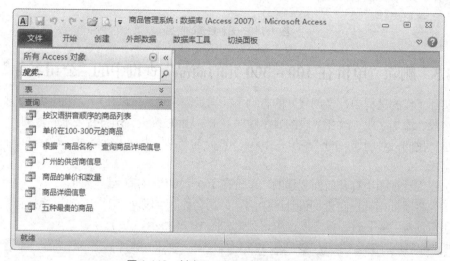

图 1.112　删除“公司名称”后的查询结果

3.5　任务检测

（1）打开“商品管理系统”数据库，选择“查询”对象，查看数据库窗口中的查询是否如图 1.113 所示。

图 1.113　创建了 7 个查询对象的导航窗格

（2）分别运行这 7 个查询对象，查看查询运行的结果是否如图 1.94、图 1.99、图 1.101、图 1.107、图 1.09、图 1.110 和图 1.112 所示。

3.6　任务总结

本任务通过设计并创建包含商品名称、单价和数量的商品基本信息查询，查询商品详细信息、查询“广州”的供应商信息、按价格范围查询商品信息、根据提供的商品名称查询商品信息的查询，介绍了查询的概念以及查询的基本功能。使用户掌握了利用简单查询向导和查询设计视图来创建无条件和带条件的选择查询的方法，同时掌握了参数查询的创建方法。在此基础上，还利用查询设计器对已有查询进行了修改完善，从而设计和制作出满足条件的查询。

3.7　巩固练习

一、填空题

1. 查询可以一个表或多个不同的表为基础，创建一个新的________。

2. 查询可以分为 5 类，分别为选择查询、_____、_____、_____和 SQL 查询。

3. 如果基于多个表创建查询，则应该在多个表之间先创建_____。

4. Access 中提供了 3 种常用视图，分别是_____视图、_____视图和_____视图。

5. 利用_____查询可以提高查询的通用性，用户只要输入不同的参数，就可以利用同一个查询查出不同的结果，而不需要对查询进行重新设计。

二、选择题

1. 查询的设计视图基本上分为 3 部分，（　　）不是设计视图的组成部分。

    A. 标题及查询类型栏　　　　　　　　B. 页眉/页脚

    C. 字段列表区　　　　　　　　　　　D. 设计网格区

2. 用查询设计视图创建好查询后，可进入该查询的数据表视图观察结果，下列方法不能实现的是（　　）。

    A. 保存并关闭该查询后，再双击该查询

    B. 选定"表"对象，双击"使用数据表视图创建"

    C. 直接单击功能区中的【运行】按钮

    D. 单击状态栏最右端的【数据表视图】按钮，切换到数据表视图

3. 若要查询成绩为 70～80 分（包括 70 分，不包括 80 分）的学生的信息，则查询准则设置正确的是（　　）

    A. ＞69 Or ＜80　　　　　　　　　　B. Between 70 With 80

    C. ＞=70 And ＜80　　　　　　　　　D. IN（70,79）

4. 在 Access 中，查询的视图有 3 种，其中不包括（　　）。

    A. 设计视图　　　　　　　　　　　　B. 数据表视图

    C. SQL 视图　　　　　　　　　　　　D. 普通视图

5. 以下关于查询的叙述，正确的是（　　）。

    A. 只能根据数据表创建查询

    B. 可以根据数据表和已建查询来创建查询

    C. 只能根据已建查询创建查询

    D. 不能根据已建查询创建查询

三、思考题

1. 查询的主要功能是什么？

2. 查询有哪几种视图？

3. 查询与数据表有什么区别？

四、设计题

1. 在"员工管理"数据库中的"职员"表中查找所有男职员的记录，设计相应的查询并运行。

2. 设计查询，查找"职员"表中所有姓"王"的职员的记录。

3. 设计查询，查找"职员"表中 20 世纪 60 年代出生的职员的记录。

项目实战 1 酒店管理系统

某酒店为了规范管理，需要对酒店的客户、客房以及入住记录进行信息化管理，现准备开发一个简单实用的酒店管理系统，实现信息的浏览和查询等功能。

1．创建数据库

创建一个名为"酒店管理系统"的数据库文件，保存到"D:\数据库"文件夹中。

2．建立数据表

在"酒店管理系统"数据库，新建 3 张数据表，分别如图 1.114、图 1.115 和图 1.116 所示，并分别命名为"客户资料""客房信息"和"入住记录"，请根据以下要求设置合适的结构并输入相应的数据。要求如下所示。

客户编号	姓名	性别	工作单位	职务	贵宾
KY1001	王沛忠	男	巴瑞律师事务所	经理	☐
KY1002	张家开	男	福岗大学		☐
KY1003	欧阳新民	男	厦门厦浪有限公司	总经理	☑
KY1004	黄欣青	女	海州纺织工艺研究所		☑
KY1005	黄健明	男	东湖国家税务局	局长	☐
KY1006	邱旭宏	男	蓉京生物工程公司	董事长	☑
KY1007	黄于兰	女	大宇电力公司	副经理	☐
KY1008	邓丽	女	厦贸有限公司	总经理	☑

图 1.114 客户资料

房号	房型	价目	可住人数
A101	商务套房	￥438	4
A102	豪华标准间	￥380	2
A103	标准间	￥260	2
B101	商务标准间	￥300	2
B102	标准间	￥260	2
B103	标准间	￥260	2
C101	普通三人间	￥180	3
C102	普通三人间	￥180	3

图 1.115 客房信息

客户编号	房号	入住时间	离店时间	预收金额	房金结帐	消费结帐	总帐
KY1001	B103	2013-8-8	2013-8-11	￥500	￥780	￥0	
KY1002	B102	2013-10-25		￥5,000	￥0	￥800	
KY1002	C101	2013-7-5	2013-7-8	￥300	￥540	￥0	
KY1003	A101	2013-7-8	2013-7-9	￥800	￥438	￥0	
KY1004	C102	2013-10-26	2013-10-28	￥2,000	￥900	￥1,500	
KY1005	B103	2013-8-18	2013-8-19	￥500	￥260	￥750	
KY1005	C102			￥1,800	￥0	￥289	
KY1006	A103	2013-6-5	2013-6-8	￥1,000	￥780	￥585	
KY1007	B101	2013-7-15	2013-7-17	￥1,000	￥520	￥300	
KY1008	A102	2013-8-7	2013-8-9	￥500	￥760	￥180	

图 1.116 入住记录

（1）将"客户资料"表中的"客户编号""客房信息"表中的"房号""入住记录"表中"客户编号"和"房号"设置为主键。

（2）"客户资料"表要求"客户编号"必须设置为6个字符；性别设置为值列表字段，输入时可从下拉列表中选择"男"或"女"。

（3）将"客房信息"中的"价目"字段格式设置为"货币"，保留0位小数，且"价目"不能为负数，否则将报错。

（4）将"入住记录"表中的"客户编号"和"房号"设置为查阅字段，分别引用"客户资料"和"客房信息"表中对应的字段值。

（5）"入住记录"表中所有的账目字段均设置为货币格式，保留整数位数。

（6）其余未作说明的字段，请自己设置。

3．建立表间关系

将3张表分别按合适的字段建立起"实施参照完整性"的一对一或一对多的关系。

4．设计和制作查询

（1）创建查询"所有客户的信息"（包含"客户资料"和"入住记录"中的所有字段内容）。

（2）建立"2013年8月入住信息"查询，以查看所有2013年8月的入住记录。

（3）创建"查看入住天数"查询，以前面建立的"所有客户的信息"为数据源，建立新字段"入住天数"，以查看客户入住天数。

（4）创建"房价在280~380的标间"查询，查看所有指定价格区间房型为标准间客房信息。

（5）创建"多次入住的客户"查询，查看多次入住酒店的客户的客户编号和入住时间。

（6）建立"黄女士客户信息"查询，查看姓黄的女士信息。

（7）创建"根据客户姓名查询住宿信息"查询，实现输入客户姓名时，查看该客户的入住信息。

学习情境 2

商店管理系统

　　科源信息技术公司经过两年的经营管理，已达到了一定的销售规模，并建立了较为稳定的客户群。为了应对公司业务的快速增长，创建更加完善的数据管理系统，现准备对以前的商品管理系统进行升级改造，设计并开发一个实用的商店管理系统，除了能够实现对原有的商品类别、商品、供货商等信息的管理外，还要增加客户管理和订单管理功能，不仅能够实现通过用户界面进行信息的录入、增加和修改，而且能够实现多功能的查询和数据统计及分析操作。

PART 4

工作任务 4
创建和管理数据库

4.1　任务描述

在本任务中，我们将创建商店管理系统数据库，以实现对商品类别、商品、供货商、客户信息以及订单的管理和维护；同时，利用 Access 提供的压缩和修复功能对数据库进行维护。

4.2　业务咨询

4.2.1　数据模型

计算机不能直接处理现实世界中的具体事物，必须把具体事物转换成计算机可以处理的数据。为了反映事物本身及事物之间的各种联系，数据库中的数据必须有一定的结构，这种结构用数据模型来表示。数据模型是数据库的核心和基础。

数据模型应满足三方面的要求，一是能比较真实地模拟现实世界；二是容易被人们理解；三是便于在计算机上实现。

数据结构、数据操作和完整性约束是构成数据模型的三要素。数据模型主要包括层次模型、网状模型和关系模型等。

1．层次模型

层次模型是数据库系统最早使用的一种模型，它用树型结构表示实体及实体之间的联系，树的结点表示实体，树枝表示实体之间的联系，从上至下是一对多（包括一对一）的联系。根结点在最上端，层次最高，子结点在下，逐层排列。

图 2.1 表示为一个学校组织机构的树型结构（层次模型）。

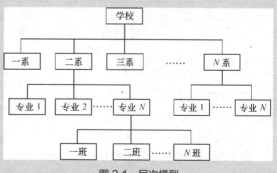

图 2.1　层次模型

层次数据模型必须满足以下两个条件。

① 有且仅有一个无父结点的根结点，它位于最高的层次，即顶端。

② 根结点以外的子结点，向上有且仅有一个父结点，向下可以有一个或多个子结点。同一双亲的子结点称为兄弟结点，没有子女的结点称为叶结点。

2．网状模型

用网状结构表示实体及实体之间联系的模型称为网状模型。网状模型是一个网络，是层次模型的拓展，如图2.2 所示。图中描述了一个学校的教学实体，其中老师、学生两个结点无父结点，课程、成绩结点有两个以上的父结点，它们交织在一起形成了网状关系，也就是说，一个结点可能对应多个结点。

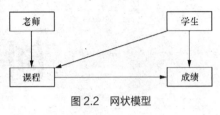

图 2.2　网状模型

满足以下两个条件的数据模型称为网状模型。

① 允许一个或一个以上的结点无父结点。

② 一个结点可以有多于一个的父结点。

层次模型与网状模型的主要区别在于，层次模型中从子结点到父结点的联系是唯一的；网状模型中从子结点到父结点的联系不是唯一的。在网状模型中，两结点间的联系可以是多对多的联系，且兄弟结点到父结点的联系不是唯一的。

3．关系模型

关系模型是以数学理论为基础而构造的数据模型，它把数据组织成满足一定条件的二维表形式，这个二维表就是关系。用二维表结构来表示实体及实体之间联系的模型称为关系模型，如表 2.1 所示。20 世纪 80 年代以来，计算机厂商推出的数据库管理系统大都支持关系模型，非关系模型的数据库管理系统也大都加上了关系接口。数据库领域当前的研究工作都是以关系方法为基础的。Access 就是一种典型的基于关系模型的数据库管理系统。

表 2.1　员工情况表

员 工 号	姓 名	性 别	出 生 日 期	部 门
01001	赵力	男	1962-10-23	人力资源部
01002	刘光利	女	1965-7-13	人力资源部
02001	周树家	女	1972-8-30	财务部
02003	李莫蕎	男	1982-11-17	财务部
03001	林帝	男	1968-10-12	行政部
03002	柯娜	女	1984-10-12	行政部
04002	慕容上	女	1980-11-3	物流部
04003	柏国力	男	1971-3-15	物流部

4.2.2　关系数据库

关系数据库是目前主流的数据库。在关系型数据库中，数据按表的形式加以组织，所有的数据库操作都是针对表进行的。关系数据模型是以集合论中的关系概念为基础发展起来的。

1．关系模型

关系数据模型是关系型数据库的基础，由关系数据结构、关系的完整性规则和关系操作三部分组成。

（1）关系数据结构。

一个关系模型的逻辑结构是一个二维表，它由行和列组成。表 2.1 所示的员工情况表就是一个关系数据表。

关系数据结构包括以下基本概念。

① 关系。

一个满足某些约束条件的二维表。

关系模型是关系的形式化描述。最简单的表示为关系名（属性名 1，属性名 2……属性名 n），员工关系可描述为员工（员工号，姓名，性别，出生日期，部门）。

② 属性。

关系中的一列称为一个属性。一个属性表示实体的一个特征，在 Access 数据库中称为字段。员工情况表有 5 个属性，即员工号、姓名、性别、出生日期和部门。

③ 元组。

表中的每一行称为一个元组，存放的是客观世界中的一个实体，在 Access 数据库中称为记录。

④ 域。

关系中的一个属性的取值范围称为域，如员工年龄的域为大于 18 小于 60 的整数，性别的域为男、女。

⑤ 关键字。

在 Access 中，能够唯一表示一个元组的属性或属性组合称为关键字。若表中某一列（或若干列的最小组合）的值能唯一标识一行，则称该列（或列组）为候选关键字。对于一个表，可能有多个候选关键字，候选关键字取决于应用范围。如果一个表有多个候选码（键），那么数据库设计者通常会选择其中一个候选关键字作为区分行的唯一性标识符，这个标识符称为主关键字（Primary Key，PK），简称主键。如果一个表只有一个候选关键字，那么这个候选关键字就是主关键字，如表 2.1 选择员工号作为员工情况表的主码（键）。

⑥ 外部关键字。

对于两个相互关联的表 A 和表 B，如果 A 表的主关键字被包含在 B 表中，那么这个主关键字就被称为 B 表的外部关键字（简称"外键"）。例如，"类别"表中的主关键字"类别编号"字段是"商品"表的外键。

（2）关系数据库的特点。

① 关系中的每个属性都是最小的。

每一个行与列的交叉点上只能存放一个单值。

② 关系中同一属性的所有属性值具有相同的数据类型。

表中同一列中的所有值都必须具有相同的数据类型。例如，员工情况表的姓名列的所有值都是字符串类型。

③ 关系中的属性名不能重复。

表中的每一列都有唯一的列名，不允许有相同的列名。例如，员工情况表中不允许有两个名为"姓名"的列。

④ 关系的属性从左到右出现的顺序无关紧要。

表中的列从左到右出现的顺序无关紧要，即列的次序可以任意交换。

⑤ 关系中任意两个元组不能完全相同。

表中任意两个行不能完全相同，即每一行都是唯一的，不能有重复的行。

⑥ 关系中的元组从上到下出现的顺序无关紧要。

表中的行从上到下出现的顺序无关紧要，即行的次序可以任意交换。

2．关系的运算

关系数据模型的理论基础是集合论，因此，关系操作是以集合运算为根据的集合操作，操作的对象和结果都是集合。关系模型中常用的关系操作包括选择（Select）、投影（Project）、连接（Join）等查询操作和插入（Insert）、修改（Update）及删除（Delete）操作两大部分。

（1）选择（Select）。

选择是在关系中选择满足条件的元组。选择操作是从行的角度进行的运算。

（2）投影（Project）。

关系 R 上的投影是指从 R 中选择若干属性，然后组成新的关系。投影操作是从列的角度进行的运算。

（3）连接（Join）。

连接是从两个关系的笛卡尔乘积中选取满足条件的元组。连接操作也是从行的角度进行的实体间的运算。

3．关系的完整性

关系的完整性由关系的完整性规则来定义，完整性规则是关系的某种约束条件。关系模型的完整性约束有 3 种，即实体完整性、参照完整性和用户定义完整性。

（1）实体完整性。

在关系数据库中，实体完整性通过主键来实现。主键的取值不能是空值。在数据库中，空值的含义为"未知"，而不是 0 或空字符串。由于主键是实体的唯一标识，因此如果主键取空值，那么关系中就存在某个不可标识的实体，这与实体的定义相矛盾。例如，员工情况表中，"员工号"为主键，因此"员工号"不能取空值，而不是整体不为空。

（2）参照完整性。

参照完整性是指两个相关联的表之间的约束，即定义外键与主键之间引用的规则，用来检查两个表中的相关数据是否一致。具体地说，就是表中每条记录的外键的值必须是主表中存在的。因此，如果两个表之间建立了关联关系，那么对一个表进行的操作将影响到另一个表中的记录。

例如，员工工资表中的"员工号"字段的每一个值必须是员工情况表的"员工号"字段的值之一。

（3）用户定义完整性。

关系数据库系统除了支持实体完整性和参照完整性之外，在具体的应用场合，往往还需要一些特殊的约束条件。用户定义完整性就是针对某些具体要求来定义的约束条件，它反映某一具体应用所涉及的数据必须满足的语义要求。例如，员工的身份证号属性必须取唯一值，职工的性别属性的取值只能是"男"或"女"等。关系模型必须提供定义和检验这类完整性的机制，以便用统一的方法处理它们，而不是由应用程序来承担这一任务。

4.2.3 压缩和修复数据库的原因

1．数据库文件在使用过程中不断变大

随着不断添加、更新数据以及更改数据库设计，数据库文件在使用过程中会变得越来越大。此外，Access 会创建临时的隐藏对象来完成各种任务，在不再需要这些临时对象后仍将它们保留在数据库中；删除数据库对象时，系统不会自动回收该对象所占用的磁盘空间，也就是说，尽管该对象已被删除，但数据库文件仍然使用该磁盘空间。随着数据库文件不断被遗留的临时对象和已删除对象所填充，其性能会逐渐降低，症状包括：对象打开得更慢，查询比正常情况下运行的时间更长，各种典型操作需要使用更长时间。

【提示】压缩数据库并不是压缩数据，而是通过清除未使用的空间来减小数据库文件。

2．数据库文件可能已损坏

在某些特定的情况下，数据库文件可能被损坏。如果数据库文件通过网络共享，且多个用户同时直接处理该文件，则该文件发生损坏的风险较大。如果这些用户频繁编辑"备注"字段中的数据，将在一定程度上增大数据库文件损坏的风险，并且该风险还会随着时间的推移而增大。可以使用"压缩和修复数据库"命令来降低此风险。

通常情况下，这种损坏是由 VBA 问题导致的，并不存在丢失数据的风险；但是，这种损坏却会导致数据库设计受损，如丢失 VBA 代码或无法使用窗体。

有时，数据库文件损坏也会导致数据丢失，但这种情况并不常见。在这种情况下，丢失的数据一般仅限于某位用户的最后一次操作，即对数据的单次更改。当用户开始更改数据而更改被中断时（如由于网络服务中断），Access 便会将该数据库文件标记为已损坏。此时可以修复该文件，但有些数据可能会在修复完成后丢失。

4.3 任务实施

4.3.1 创建"商店管理系统"数据库

（1）启动 Access 2010 程序，进入 Microsoft Office Backstage 视图。

（2）新建数据库文件。

①单击左侧窗格中的【新建】命令，在中间窗格中选择"空数据库"选项。

②在右侧的"文件名"文本框中输入新建文件的名称"商店管理系统"。

③单击"文件名"文本框右侧的【浏览到某个位置来存放数据库】按钮 📂，打开"文件新建数据库"对话框。

④设置数据库文件的保存位置为"D:\数据库"。

⑤设置保存类型。在"保存类型"下拉列表中选择"Microsoft Access 2007 数据库"类型，即扩展名为".Accdb"，单击【确定】按钮，返回 Backstage 视图。

⑥单击【创建】按钮，屏幕上显示"商店管理系统"数据库窗口。

4.3.2 维护数据库

数据库文件在使用过程中可能会迅速增大，有时会影响性能， 有时也可能被损坏。在 Microsoft Office Access 中，可以使用"压缩和修复数据库"命令来防止或修复这些问题。

> 【提示】用户既可以在数据库打开的状态下压缩和修复数据库，也可以在数据库没有打开的状态下压缩和修复数据库。

1．在数据库打开的状态下压缩和修复数据库

（1）启动 Access 程序，打开"商店管理系统"数据库。

（2）单击【数据库工具】→【工具】→【压缩和修复数据库】按钮，系统即可对打开的数据库进行压缩和修复，并在替代原数据库后，重新打开"商店管理系统"数据库。

2．在数据库未打开的状态下压缩和修复数据库

（1）启动 Access 程序，但不打开数据库。

（2）单击【数据库工具】→【工具】→【压缩和修复数据库】按钮，弹出如图 2.3 所示的

"压缩数据库来源"对话框。

图 2.3 "压缩数据库来源"对话框

（3）选择要压缩的数据库文件"商店管理系统"，单击【压缩】按钮，弹出"将数据库压缩为"对话框。

（4）在"将数据库压缩为"对话框中以原有的路径和文件名保存压缩后的数据库。

【提示】 在压缩和修复数据库时，要保证磁盘有足够的存储空间来存放数据库压缩时生成的文件。如果压缩后的数据库文件与源数据库文件同名，并且存放在同一个文件夹中，则压缩后的文件将替换源数据库文件。

3．关闭数据库时自动执行压缩和修复

如果要在数据库关闭时自动执行压缩和修复，可以选择"关闭时压缩"数据库选项。

（1）单击【文件】→【选项】命令，打开如图 2.4 所示的"Access 选项"对话框。

图 2.4 "Access 选项"对话框

（2）单击左侧的"当前数据库"选项。

（3）在右侧的"应用程序选项"下选中【关闭时压缩】复选框。

（4）单击【确定】按钮。

4.4 任务拓展

4.4.1 转换数据库

在创建新的空白数据库时，Access 2010 会要求为数据库文件命名。默认情况下，文件的扩展名为 ".accdb"，这种文件是采用 Access 2007—2010 文件格式创建的，且无法用早期版本的 Access 读取。

在某些情况下，如果更愿意用早期版本的 Access 格式来创建文件，在 Microsoft Access 2010 中，可以选择用 Access 2000 格式或 Access 2002—2003 格式（扩展名均为 ".mdb"）来创建文件，这样生成的文件将采用早期版本的 Access 格式，并且可以与使用该版本 Access 的其他用户共享。

1. 更改 Access 2010 数据库默认文件格式

（1）选择【文件】→【选项】命令，打开 "Access 选项" 对话框。

（2）在 "Access 选项" 对话框中，选择左侧窗格中的 "常规" 选项，在右侧的 "创建数据库" 下的 "空白数据库的默认文件格式" 下拉列表框中，选择要作为默认设置的文件格式。

（3）单击【确定】按钮。这样，新建的数据库文件格式将为指定的文件格式 。

2. 转换数据库的格式

如果要将现有的数据库格式转换为其他格式，可以在 "数据库另存为" 命令下选择格式。此命令除了保留数据库原来的格式之外，还会按照指定的格式创建一个数据库副本。随后，可以将该数据库副本用在所需的 Access 版本中。

> 【提示】如果原来的数据库格式为 Access 2007—2010 且包含用 Access 2007—2010 格式创建的复杂数据、脱机数据或附件，则无法用早期版本格式（如 Access 2000 或 Access 2002—2003）保存副本。

（1）打开要转换的数据库。

（2）单击【文件】→【保存并发布】命令，显示如图 2.5 所示的 Microsoft Office Backstage 视图。

图 2.5 Microsoft Office Backstage 视图

（3）在右侧的 "数据库文件类型" 下，单击所需文件类型。

（4）单击【另存为】按钮，将打开另存为对话框，确定转换后的数据库保存位置及文件名，单击【保存】按钮，Access 将创建指定类型的副本。

【提示】如果在尝试使用其他格式保存数据库时有任何数据库对象处于打开状态，则必须先关闭这些对象然后再创建副本。单击【是】让 Access 关闭这些对象（如果需要，Access 将提示您保存所有更改），或单击【否】以取消整个过程。

4.4.2 设置数据库属性

开发 Access 数据库应用程序时，常常需要设置数据库属性。

（1）打开"商店管理系统"数据库。

（2）选择【文件】→【信息】命令，显示如图 2.6 所示的信息设置界面。

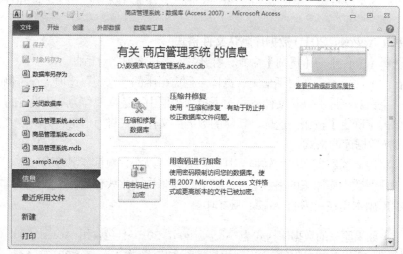

图 2.6 信息设置界面

（3）单击右侧的【查看和编辑数据库属性】，显示如图 2.7 所示的数据库属性对话框。

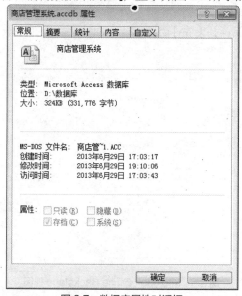

图 2.7 数据库属性对话框

（4）在"常规""摘要""统计""内容"和"自定义"选项卡中可对数据库属性进行设置。

4.5 任务检测

打开"计算机"窗口，查看"D:\数据库"文件夹中是否已创建好"商店管理系统"数据库。

4.6 任务总结

本任务通过创建和维护"商店管理系统"数据库，使用户能熟练创建 Access 数据库、进行数据库的压缩和修复、完成数据库不同版本之间的转换以及数据库属性的设置等，为以后使用和维护 Access 数据库打下了坚实的基础。

4.7 巩固练习

一、填空题

1. 数据库管理系统常见的数据模型有_____、_____和_____ 3 种。
2. 在关系模型中，把数据看成一个二维表，每一个二维表称为一个_____。
3. _____是数据库系统研究和处理的对象，本质上讲是描述事物的符号记录。
4. 表中的_____是不可再分的，它是最基本的数据单位。
5. 表中的记录的顺序可以_____。
6. 关系数据库是由若干个完成关系模型设计的_____组成的。
7. 数据操作包括对数据库数据的检索、_____、_____和删除等基本操作。
8. 二维表中垂直方向的列称为_____。

二、选择题

1. Access 数据库属于（　　）数据库系统。
   A. 树型　　　　　　B. 逻辑型　　　　　　C. 层次型　　　　　D. 关系型
2. 在 Access 中，参照完整性规则不包括（　　）。
   A. 更新规则　　　　B. 查询规则　　　　　C. 删除规则　　　　D. 插入规则
3. 表是由若干条（　　）组合而成的。
   A. 字段　　　　　　B. 数据访问页　　　　C. 记录　　　　　　D. 存储格
4. 用二维表来表示实体及实体之间联系的数据模型是（　　）
   A. 关系模型　　　　B. 层次模型　　　　　C. 网状模型　　　　D. 实体-联系模型
5. 如果要求主表中没有相关记录时就不能将记录添加到相关表中，则应该在表关系中设置
（　　）。
   A. 参照完整性　　　　　　　　　　　　　B. 有效性规则
   C. 输入掩码　　　　　　　　　　　　　　D. 级联更新相关字段
6. 数据模型所描述的内容包括 3 部分，它们是（　　）。
   A. 数据结构　　　　　　　　　　　　　　B. 数据操作
   C. 数据约束　　　　　　　　　　　　　　D. 以上答案都正确
7. 下列哪一个不是常用的数据模型（　　）。
   A. 层次模型　　　　B. 网状模型　　　　　C. 概念模型　　　　D. 关系模型
8. 下列不是关系数据库的术语的是（　　）。

A. 记录　　　　　　B. 字段　　　　　　C. 数据项　　　　D. 模型

9. 关系数据库的表不必具有的性质是（　　　）。

    A. 数据项不可再分

    B. 同一列的数据要具有相同的数据类型

    C. 记录的顺序可以任意排列

    D. 记录的顺序不可以任意排列

10. 在关系数据库中，用来表示实体之间联系的是（　　　）。

    A. 二维表　　　　　　　　　　　B. 线形表

    C. 网状结构　　　　　　　　　　D. 树型结构

11. 关系数据库管理系统能实现的专门关系运算包括（　　　）。

    A. 关联、更新、排序　　　　　　B. 显示、打印、制表

    C. 排序、索引、统计　　　　　　D. 选择、投影、连接

12. 层次模型采用（　　　）结构表示各类实体以及实体之间的联系。

    A. 树型　　　　　　　　　　　　B. 网状

    C. 星型　　　　　　　　　　　　D. 二维表

三、思考题

1. 层次模型、网状模型和关系模型的主要特征是什么？

2. 关系数据库的特点是什么？

PART 5

工作任务 5
创建和管理数据表

5.1　任务描述

在前面创建的商品管理系统中，我们曾经创建了"商品""类别"和"供应商"三张数据表。在商店管理系统中，我们将实现对商品管理系统的升级，原有商品管理系统中的数据可以继续使用。在本任务中，我们将采用"导入"方式，导入"商品管理系统"数据库中的"商品""类别"和"供应商"表，新建"客户"和"订单"表，并建立已有表和新表之间的联系。

5.2　业务咨询

5.2.1　设计表

在例建表之前，需要认真考虑以下问题。

（1）创建表的目的是什么？确定好表的名称，表的名称应与用途相符。

（2）表需要哪些列（字段）？确定表中字段及字段的名称。

（3）确定每个字段的数据类型。Access 针对字段提供了文本、备注、数字、日期/时间、货币、自动编号、是/否、OLE 对象、超链接、附件、计算、查阅向导等数据类型，以满足数据的不同用途。

（4）确定每个字段的属性，如字段大小、格式、默认值、必填字段、有效性规则、有效性文本和索引等。

（5）确定表中能够唯一标识记录的主关键字段，即主键。

5.2.2　子数据表

子数据表是指在一个数据表视图中显示的已与其建立关系的数据表视图，如图 2.8 所示。

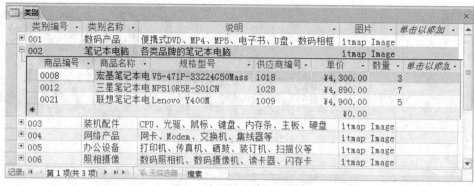

图 2.8 "类别"表的子数据表

在 Access 数据表中，如果数据表建立了关系，则在主数据表视图上，每条记录左侧都有一个关联标记 + 。单击该标记，可显示出该记录对应的子数据表的记录，并且关联标记变为 - 。

5.3 任务实施

5.3.1 导入"类别""供应商"和"商品"表

1．打开数据库

打开"D:\数据库"中要导入数据表的数据库"商店管理系统"。

2．导入"类别"表、"供应商"表和"商品"表

（1）单击【外部数据】→【导入并链接】→【Access】按钮，弹出"获取外部数据 Access 数据库"对话框，指定要导入文件为"D:\数据库\商品管理系统.accdb"，如图 2.9 所示。

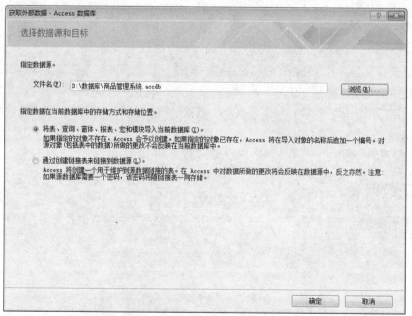

图 2.9 "获取外部数据 Access 数据库"对话框

（2）单击【确定】按钮，弹出如图 2.10 所示的"导入对象"对话框。

（3）在"表"选项卡中分别单击选中"供应商""类别"和"商品"表。

（4）单击【确定】按钮，完成表的导入。单击【关闭】按钮，返回"商店管理系统"数据库，导入表后的数据库如图 2.11 所示。

图 2.10 "导入对象"对话框

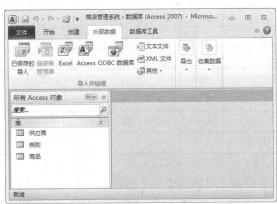

图 2.11 导入数据表后的"商店管理系统"数据库

5.3.2 创建"客户"表

在数据表的创建方法中，最常用的一种是使用设计器创建表。利用设计器不仅可以创建表，而且可以修改数据表的结构。使用设计器创建表包括使用表设计器在设计视图下创建表结构，在数据表视图下编辑表记录。

"客户"表是用于记录客户基本信息的，如图 2.12 所示。

客户编号	公司名称	联系人	职务	地址	城市	地区	邮政编码	电话
DB-1009	威航货运有限公司	刘先生	销售代理	经七纬二路13号	大连	东北	110412	(0411) 11355555
DB-1010	三捷实业	王先生	市场经理	英雄山路84号	沈阳	东北	110083	(024) 15553392
HB-1001	东南实业·	王先生	物主	承德西路80号	北京	华北	324575	(010) 35554729
HB-1016	三川实业有限公司	刘小姐	销售代表	大索明路50号	天津	华北	343567	(022) 30074321
HB-1039	志远有限公司	王小姐	物主/市场助理	光明北路211号	张家口	华北	075019	(0313) 9022458
HD-1006	通恒机械	黄小姐	采购员	东园西甲30号	南京	华东	210089	(025) 9123465
HD-1022	立日股份有限公司	李柏麟	物主	惠安大路38号	上海	华东	200229	(021) 42342267
HD-1027	学仁贸易	余小姐	助理销售代表	铺城路601号	温州	华东	325209	(0577) 5555939
HD-1032	椅天文化事业	方先生	物主	花园西路831号	常州	华东	213454	(0519) 5554112
HN-1002	国顶有限公司	方先生	销售代表	天府东街30号	深圳	华南	510546	(0755) 55577880
HN-1030	凯诚国际顾问公司	刘先生	销售经理	威刚街81号	南宁	华南	535600	(0771) 35558122
HZ-1020	宇欣实业	黄雅玲	助理销售代理	大崎口街702号	武汉	华中	431046	(027) 45553412
XB-1025	凯旋科技	方先生	销售代表	使馆路371号	兰州	西北	732400	(0931) 7100361
XN-1008	光明杂志	谢丽秋	销售代表	黄石路50号	重庆	西南	404109	(023) 45551212
XN-1012	嘉元实业	刘小姐	结算经理	东湖大街28号	昆明	西南	650965	(0871) 2559444
XN-1015	国银贸易	余小姐	市场经理	铺城街42号	成都	西南	610090	(028) 84322121

图 2.12 "客户"表的数据记录

1．创建"客户"表结构

通过分析"客户"表的记录中各字段的数据特点，结合生活和工作中的常识、规律及特殊要求，我们确定了表中各字段的基本属性，如表 2.2 所示。

表 2.2 "客户"表的结构

字段名称	数据类型	字段大小	其他设置	说　明
客户编号	文本	7	主键、必填字段、有（无重复）的索引，设置掩码格式为"LL\-0000"	由两位地区字母缩写和 4 位数字组成客户编号，形如 DB-0001
公司名称	文本	20	必填字段、有（有重复）的索引	
联系人	文本	5	有（有重复）的索引	

字段名称	数据类型	字段大小	其他设置	说 明
职务	文本	10	有（有重复）的索引	
地址	文本	20		
城市	文本	5	有（有重复）的索引	
地区	文本	6	有（有重复）的索引	
邮政编码	文本	6	输入掩码"邮政编码"	
电话	文本	15		

（1）打开"商店管理系统"数据库。

（2）单击【创建】→【表格】→【表设计】按钮，打开表设计视图。

（3）设计"客户编号"字段。

① 在"字段名称"中输入"客户编号"。

② 在"数据类型"下拉列表中选择"文本"。

③ 在"说明"列中输入说明文字"由两位地区字母缩写和 4 位数字组成客户编号，形如 DB-0001"。

④ 设置字段为"主键"。

⑤ 设置字段大小为"7"。

⑥ 设置"输入掩码"格式。

a.将光标置于输入掩码属性框中，单击"输入掩码"属性右侧的生成器按钮 [...]，弹出如图 2.13 所示的保存表提示框。

图 2.13 保存表提示框

b.单击【是】按钮，打开"另存为"对话框，输入表名称"客户"，单击【确定】按钮，打开如图 2.14 所示的"输入掩码向导"对话框。

图 2.14 "输入掩码向导"对话框

c."输入掩码"列表中列出了已经事先定义好的掩码，但这些都无法作为本字段的掩码。单击【编辑列表】按钮 [编辑列表(L)]，弹出自定义"输入掩码向导"对话框，输入如图 2.15 所示的掩码，单击 关闭 按钮，回到"输入掩码向导"对话框。可以看到，"输入掩码"列表中已经列出来了定义好的掩码，如图 2.16 所示。

图 2.15　自定义对话框　　　　　　　　　图 2.16　定义好的掩码

d. 单击【下一步】按钮，显示如图 2.17 所示的"请确定是否修改输入掩码"界面。这里不需要修改。

e. 单击【下一步】按钮，显示如图 2.18 所示的"请选择保存数据的方式"界面，选择【像这样使用掩码中的符号】选项。

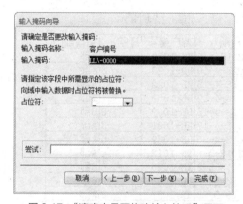

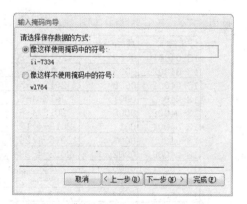

图 2.17　"请确定是否修改输入掩码"界面　　　　　图 2.18　"请选择保存数据的方式"界面

f. 单击【完成】按钮，回到表设计器，已为字段设置好了输入掩码，如图 2.19 所示。

图 2.19　设置好的输入掩码

⑦ 设置"必需"属性为"是"；索引为"有（无重复）"。

（4）按表 2.2 所示，创建"客户"表中的其余字段。

（5）单击快速访问工具栏上的【保存】按钮，保存"客户"表的结构。

2．编辑"客户"表数据

（1）单击窗口状态栏右边的【数据表视图】按钮，将"客户"表从设计视图切换到数据表视图，如图 2.20 所示。

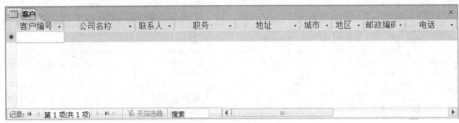

图 2.20　"客户"表的数据表视图

（2）按照图 2.12 所示，输入"客户"表的所有记录。

（3）关闭"客户"表，系统将自动保存表中的记录。

5.3.3　创建"订单"表

"订单"表用于记录商品在销售过程中的基本信息，如图 2.21 所示。

订单编号	商品编号	订购日期	发货日期	客户编号	订购量	销售部门
13-04001	0010	2013-4-2	2013-4-6	HN-1030	1	B部
13-04002	0005	2013-4-5	2013-4-10	HD-1022	3	A部
13-04002	0006	2013-4-5	2013-4-13	HD-1022	7	A部
13-04003	0001	2013-4-8	2013-4-12	DB-1009	4	B部
13-04003	0008	2013-4-8	2013-4-15	DB-1009	2	B部
13-04004	0011	2013-4-12	2013-4-17	HB-1001	3	A部
13-04005	0007	2013-4-26	2013-4-30	HB-1039	5	A部
13-04006	0002	2013-4-29	2013-5-2	XN-1012	14	A部
13-05001	0005	2013-5-5	2013-5-6	XB-1025	6	B部
13-05002	0010	2013-5-12	2013-5-15	HD-1006	2	B部
13-05003	0002	2013-5-16	2013-5-23	HD-1027	8	A部
13-05003	0006	2013-5-16	2013-5-17	HD-1027	3	A部
13-05003	0017	2013-5-16	2013-5-22	HD-1027	20	A部
13-05004	0001	2013-5-18	2013-5-25	HZ-1020	5	B部
13-05005	0022	2013-5-25	2013-5-27	HD-1032	8	B部
13-06001	0030	2013-6-3	2013-6-6	HD-1006	6	A部
13-06002	0021	2013-6-3	2013-6-11	XB-1025	1	B部
13-06003	0012	2013-6-4	2013-6-10	XN-1015	2	B部
13-06004	0008	2013-6-19	2013-6-20	DB-1010	3	A部
13-06005	0011	2013-6-21	2013-6-25	XN-1008	4	B部

图 2.21　"订单"表的数据记录

1．创建"订单"表结构

通过分析"订单"表的记录中各字段的数据特点，结合生活和工作中的常识、规律及特殊要求，我们确定了表中各字段的基本属性，如表 2.3 所示。

表 2.3　"订单"表的结构

字段名称	数据类型	字段大小	其他设置	说　明
订单编号	文本	8	主键、有(有重复)的索引、设置掩码格式为"00\-00000"	用掩码来构造格式,如"13-05001",表示 2013 年 5 月的 001 号订单
商品编号	文本/查阅向导	4	主键、有(有重复)的索引	与"商品"表中的项相同
订购日期	日期/时间			
发货日期	日期/时间			
客户编号	文本/查阅向导	7	有(有重复)	与"客户"表中的项相同
订购量	数字	整型	默认值为 0,必须输入>0 的整数,输入无效数据时的提示"订购量应为正整数!",必填字段	
销售部门	文本	3	查阅列,来源是"A 部"和"B 部"、有(有重复)	

(1)打开"商店管理系统"数据库。

(2)单击【创建】→【表格】→【表设计】按钮,打开表设计视图。

(3)设计"订单编号"字段。

① 按表 2.3 所示设置"字段名称""数据类型""说明""字段大小"。

② 设置"输入掩码"格式。

a.将光标置于输入掩码属性框中,单击"输入掩码"属性右侧的生成器按钮,弹出保存表提示框。

b.单击【是】按钮,打开"另存为"对话框,输入表名称"订单",单击【确定】按钮,打开如图 2.22 所示的定义主键提示框。单击【否】按钮,显示"输入掩码向导"对话框。按前面定义"客户编号"类似的方法定义"订单编号"的输入掩码为"00\-00000"。

图 2.22　定义主键提示框

③ 设置"索引"为"有(有重复)"。

(4)设计"商品编号"字段。

① 按表 2.3 所示定义商品编号的字段名称、字段大小和索引。

② 设置查阅向导。由于"商品编号"字段在"商品"表中已存在,因此这里的"商品编号"属性设置与"商品"表中的项相同。"订单"表在编辑时,其数据可以直接引用"商品"表中的数据,因此将该字段的数据类型修改为"查阅向导"。

当完成设置时,会弹出如图 2.23 所示的提示,这是因为表间数据的引用会自动创建两个表之间的关系。单击【是】按钮，保存"订单"表。

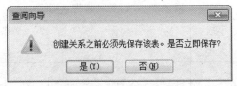

图 2.23　保存表的提示

（5）设置"订购日期"和"发货日期"字段，将"数据类型"设置为"日期/时间"型，其余属性为默认值。

（6）使用类似设置"商品编号"字段时的方法，设置"客户编号"字段，引用"客户"表中的"客户编号"。

（7）设置"订购量"字段，数据类型为"数字"，"字段大小"为"整型"，"默认值"为"0"，"有效性规则"为">0"，"有效性文本"为"订购量应为正整数!"，"必需"属性为"是"。

（8）设置"销售部门"字段。

① 设置"销售部门"字段的数据类型为"文本"，字段大小为"3"，索引为"有（有重复）"。

② 设置"销售部门"为查阅字段。将数据类型修改为"查阅向导"，弹出如图 2.24 所示的"查阅向导"对话框后，选择"自行键入所需的值"，单击【下一步】按钮，自行输入"销售部门"列的数据来源，如图 2.25 所示。其余选项不作设置，直接单击【完成】按钮。

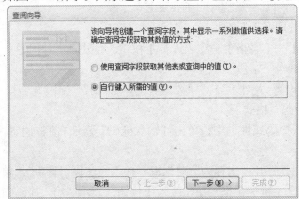

图 2.24　选择"自行键入所需的值"

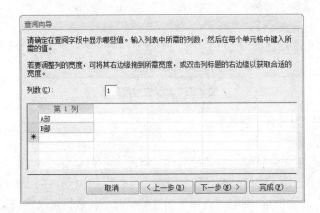

图 2.25　自行输入数据来源

【提示】完成查阅列的设置后，字段属性的"查阅"选项卡中的效果如图 2.26 所示。

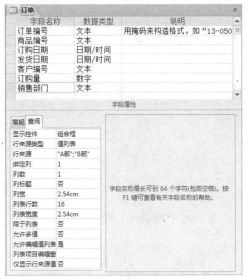

图 2.26 设置查阅列后的效果

（9）设置主键。同时选中"订单编号"和"商品编号"两个字段，单击【表格工具】→【设计】→【工具】→【主键】按钮，定义"订单编号"和"商品编号"两个字段为组合主键。

（10）保存"订单"表结构。

【提示】 在本表中，由于客户可以在同一个订单中订购多种商品，同样，同一种商品也可以被多次订购，因此为了确保"订单"表中记录的准确性和有效性，我们可将"订单编号"和"商品编号"两个字段作为组合主键，即本表中的主键为多字段主键。

2．编辑"订单"表数据

（1）单击状态栏右边的【数据表视图】按钮🔳，将"订单"表从设计视图切换到数据表视图，如图 2.27 所示。

图 2.27 "订单"表的数据表视图

（2）按照图 2.21 所示输入"订单"表的记录。

（3）关闭"订单"表，系统将自动保存表中的记录。

【提示】在输入"订单"表时，由于"商品编号""客户编号"和"销售部门"字段都设置了查阅列，因此，当输入这几个字段的数据时，会出现下拉列表，如图 2.28 所示。

当在"订单"表中引用"商品"表中的"商品编号"字段和"客户"表中的"客户编号"字段时，"商品"表和"客户"表中记录的前面将出现 + 符号，如图 2.29 和图 2.30 所示，表示"订单"表已成为"商品"表和"客户"表的子数据表。

图 2.28 "商品编号"查阅列的下拉列表

商品编号	商品名称	类别编号	规格型号	供应商编号	单价	数量
0001	爱国者月光宝	001	PM5902plus	1103	¥259.00	15

订单编号	订购日期	发货日期	客户编号	订购量	销售部门	单击以添加
13-04003	2013-4-8	2013-4-12	DB-1009	4	B部	
13-05004	2013-5-18	2013-5-25	HZ-1020	5	B部	
*				0		

商品编号	商品名称	类别编号	规格型号	供应商编号	单价	数量
0002	内存条	003	金士顿 DDR3 1600 8G	1006	¥399.00	26
0005	移动硬盘	003	希捷Backup Plus新睿品 1TB	1020	¥530.00	9
0006	无线网卡	004	DWA-182 1200M 11AC	1011	¥310.00	16
0007	惠普打印机	005	HP LaserJet Pro P1606dn	1205	¥1,850.00	5
0008	宏基笔记本电	002	V5-471P-33224G50Mass	1018	¥4,300.00	3
0010	Intel酷睿CPI	003	酷睿i7-3770	1006	¥1,999.00	10
0011	佳能数码相机	006	Power Shot G1 X	1001	¥4,188.00	6
0012	三星笔记本电	002	NP510R5E-S01CN	1028	¥4,890.00	7
0015	索尼数码摄像	002	SONY HDR-CX510E	1001	¥4,680.00	4
0017	U盘	001	hp v220w 32G	1020	¥175.00	30
0021	联想笔记本电	002	Lenovo Y400M	1009	¥4,900.00	5
0022	闪存卡	006	SanDisk 32G-Class4	1015	¥130.00	8
0025	硬盘	003	WD5000AVDS	1021	¥359.00	15
0030	无线路由器	004	TL-WR740N	1011	¥85.00	18

图 2.29 "商品"表的子数据表

客户编号	公司名称	联系人	职务	地址	城市	地区	邮政编码
DB-1009	威航货运有限	刘先生	销售代理	经七纬二路13	大连	东北	110412

订单编号	商品编号	订购日期	发货日期	订购量	销售部门	单击以添加
13-04003	0001	2013-4-8	2013-4-12	4	B部	
13-04003	0008	2013-4-8	2013-4-15	2	B部	
*						

客户编号	公司名称	联系人	职务	地址	城市	地区	邮政编码
DB-1010	三捷实业	王先生	市场经理	英雄山路84号	沈阳	东北	110083
HB-1001	东南实业	王先生	物主	承德西路80号	北京	华北	324575
HB-1016	三川实业有限	刘小姐	销售代表	大崇明路50号	天津	华北	343567
HB-1039	志远有限公司	王小姐	物主/市场助I	光明路211	张家口	华北	075019
HD-1006	通恒机械	黄小姐	采购员	东园西甲30号	南京	华东	210089
HD-1022	立日股份有限	李柏麟	物主	惠安西路38号	上海	华东	200229
HD-1027	学仁贸易	余小姐	助理销售代表	辅城路601号	温州	华东	325209
HD-1032	椅天文化事业	方先生	物主	花园西路831	常州	华东	213454
HN-1002	国顶有限公司	方先生	销售代表	天府东街30号	深圳	华南	510546
HN-1030	凯诚国际顾问	刘先生	销售经理	威刚街81号	南宁	华南	535600
HZ-1020	宇欣实业	黄雅玲	助理销售代理	大峪口街702号	武汉	华中	431046
XB-1025	凯旋科技	方先生	销售代表	使馆路371号	兰州	西北	732400
XN-1008	光明杂志	谢丽秋	销售代表	黄石路50号	重庆	西南	404109
XN-1012	嘉元实业	刘小姐	结算经理	东湖大街28号	昆明	西南	650965
XN-1015	国银贸易	余小姐	市场经理	辅城街42号	成都	西南	610090

图 2.30 "客户"表的子数据表

5.3.4 创建数据表的关系

为了更好地利用和管理商品管理数据库中各表中的数据，我们将进一步创建和编辑表之间的关系。

（1）打开"商店管理系统"数据库。

（2）单击【数据库工具】→【关系】→【关系】按钮 ，打开如图 2.31 所示的"商店管理系统"数据库的"关系"窗口。

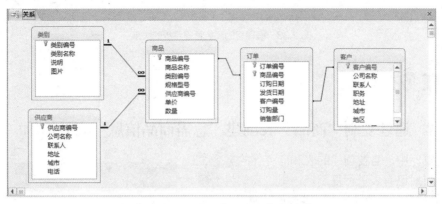

图 2.31 "商店管理系统"数据库的"关系"窗口

【提示】由于之前我们直接导入了"商品""订单"和"类别"表，因此，这 3 个表之间已经建立好了实施参照完整性的关系。在"订单"表的创建过程中，因为"商品编号""客户编号"字段分别采用查阅列的方式引用了"商品"表的"商品编号"字段和"客户"表的"客户编号"字段，所以已经建立起了这 3 个表之间的关系，这里我们只需对这 3 个表之间的关系进行编辑。

（3）编辑"商品"表和"订单"表的关系。

① 在"关系"窗口中双击"订单"表和"商品"表间的连线，弹出如图 2.32 所示的"编辑关系"对话框。

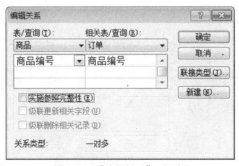

图 2.32 "编辑关系"对话框

② 勾选"实施参照完整性"复选框和"级联更新相关字段"复选框。

③ 单击【确定】按钮，关闭"编辑关系"对话框，建立起两个表之间的一对多关系。

（4）编辑"订单"表和"客户"表间的关系。编辑后的关系如图 2.33 所示。

（5）保存关系，关闭"关系"窗口。

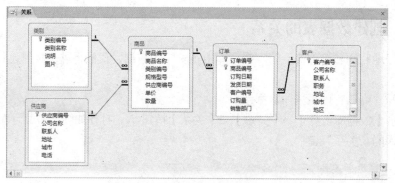

图 2.33　编辑后的商店管理系统的关系

5.4　任务拓展

5.4.1　通过复制"商品"表创建"急需商品信息"表的结构

在数据库中，当要创建的表和已存在的某个表相似时，可对已有表进行复制。这里，我们将创建"急需商品信息"表的结构，以备查询时使用。

（1）选中"商店管理系统"中的"商品"表。

（2）单击【开始】→【剪贴板】→【复制】按钮，再单击【开始】→【剪贴板】→【粘贴】按钮，弹出如图 2.34 所示的"粘贴表方式"对话框。

图 2.34　"粘贴表方式"对话框

（3）在"表名称"文本框中输入"急需商品信息"，再选择"粘贴选项"中的【仅结构】单选按钮。

（4）单击【确定】按钮，完成"急需商品信息"表结构的创建。

5.4.2　筛选"华东"地区客户信息

（1）打开"客户"数据表。

（2）单击【开始】→【排序和筛选】→【高级】按钮，打开如图 2.35 所示的"排序和筛选"下拉菜单。

（3）选择【按窗体筛选】命令，在如图 2.36 所示的"客户：按窗体筛选"窗口中单击"地区"字段右侧的下三角按钮，从下拉列表中选择"华东"。

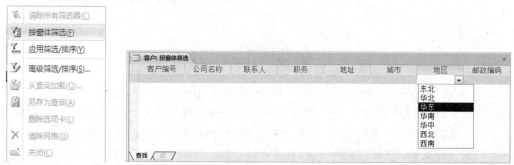

图 2.35　"排序和筛选"下拉菜单　　　　　　图 2.36　"客户：按窗体筛选"窗口

（4）单击【开始】→【排序和筛选】→【切换筛选】按钮，得到如图 2.37 所示的筛选结果。

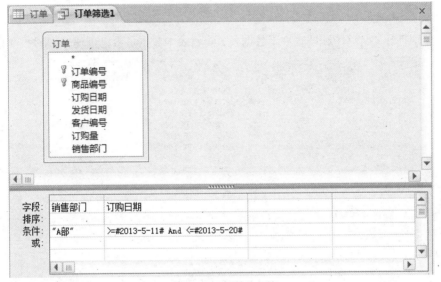

客户编号 ▾	公司名称 ▾	联系人 ▾	职务 ▾	地址 ▾	城市 ▾	地区 ▾	邮政编码 ▾	电话 ▾
HD-1006	通恒机械	黄小姐	采购员	东园西甲30号	南京	华东	210089	(025) 9123
HD-1022	立日股份有限公司	李柏麟	物主	惠安大路38号	上海	华东	200229	(021) 4234
HD-1027	学仁贸易	余小姐	助理销售代表	辅城路601号	温州	华东	325209	(0577) 555
HD-1032	椅天文化事业	方先生	物主	花园西路831号	常州	华东	213454	(0519) 555

记录: ◄ ◄ 第 1 项（共 4 项）► ►► ►* ▽ 已筛选 搜索

图 2.37 筛选出的"华东"地区客户的信息

5.4.3 筛选 A 部 5 月中旬的订单信息

（1）打开"订单"数据表。

（2）单击【开始】→【排序和筛选】→【高级】按钮，打开如图 2.35 所示的"排序和筛选"下拉菜单。选择【高级筛选/排序】命令。

（3）按图 2.38 所示的参数设置筛选条件。

订单 ／ 订单筛选1

订单
*
🔑 订单编号
🔑 商品编号
　订购日期
　发货日期
　客户编号
　订购量
　销售部门

字段:	销售部门	订购日期			
排序:					
条件:	"A部"	>=#2013-5-11# And <=#2013-5-20#			
或:					

图 2.38 设置筛选条件

（4）单击【开始】→【排序和筛选】→【切换筛选】按钮，得到如图 2.39 所示的筛选结果。

订单 ／ 订单筛选1

订单编号 ▾	商品编号 ▾	订购日期 ▾	发货日期 ▾	客户编号 ▾	订购量 ▾	销售部门 ▾
13-05003	0006	2013-5-16	2013-5-17	HD-1027	3	A部
13-05003	0017	2013-5-16	2013-5-22	HD-1027	20	A部
13-05003	0002	2013-5-16	2013-5-23	HD-1027	8	A部

记录: ◄ ◄ 第 1 项（共 3 项）► ►► ► ▽ 已筛选 搜索

图 2.39 筛选出的 A 部 5 月中旬的订单信息

5.5 任务检测

（1）打开"商店管理系统"数据库，查看数据库窗口中的数据表是否如图 2.40 所示，包含"订单""供应商""急需商品信息""客户""类别"和"商品"6 个表。

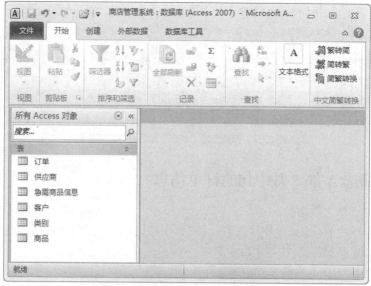

图 2.40 创建好 6 个表的商店管理系统

（2）分别打开"订单"和"客户"数据表，查看表中数据是否已创建，如图 2.41 所示。

图 2.41 "订单"和"客户"数据表

（3）打开"关系"窗口，查看表关系是否创建完好，如图 2.33 所示。

5.6　任务总结

本任务通过导入方式创建了"商品""供应商"和"类别"表，实现了数据库之间数据表的共享。通过新建"客户"和"订单"表，使用户进一步熟悉和掌握了使用设计器创建表的方法，特别是设置字段的数据类型、输入掩码、有效性规则以及索引等属性的方法。在此基础上，本任务中还编辑了表之间的关系，进行了数据表的复制、编辑和筛选等操作，为实现对数据库中其他数据库对象的操作奠定了坚实的基础。

5.7　巩固练习

一、填空题

1. Access 表由_____和_____两部分构成。

2. 用户在对相对简短的字符数据进行设置时，应尽可能地使用_____数据类型。

3. Access 的表有两种视图，_____视图一般用来浏览或编辑表中的数据，_____视图用来浏览或编辑表的结构。

4. _____规定数据的输入模式，具有控制数据输入的功能。

5. 在 Access 中，通过_____属性可以控制字段使用的空间大小。

6. _____的选择是由数据决定的，定义一个字段类型需要先分析输入的数据。

7. 记录的排序方式有_____和_____两种。

8. Access 的筛选方法有_____、_____和高级筛选。

9. Access 提供了两种字段数据类型，用于保存文本或文本和数字的组合，这两种数据类型是_____和_____。

10. 建立一对多关系时，一对应的表称为_____，多对应的表称为_____。

二、选择题

1. 创建新表时，（　　）来创建表的结构。

    A. 直接输入数据

    B. 使用表设计器

    C. 通过获取外部数据（导入表、链接表等）

    D. 使用向导

2. 创建表的结构时，一个字段由（　　）组成。

    A. 字段名称　　　　　B. 数据类型　　　　　C. 字段属性　　　　　D. 以上都是

3. Access 表的字段类型中不包括（　　）。

    A. 文本型　　　　　　B. 数字型　　　　　　C. 货币型　　　　　　D. 窗口

4. 如果一个数据表中含有照片，那么照片所在字段的数据类型通常为（　　）。

    A. OLE 对象型　　　　B. 超链接型　　　　　C. 查阅向导型　　　　D. 备注型

5. 在 Access 表中，（　　）不可以被定义为主键。

    A. 自动编号　　　　　B. 单字段　　　　　　C. 多字段　　　　　　D. OLE 对象

6. 一个书店的店主想将 Book 表中的书名设为主键，但存在相同书名、不同作者的情况。为满足店主的需求，可（　　）。

    A. 定义自动编号主键

    B. 将书名和作者组合定义多字段主键

    C. 不定义主键

    D. 再增加一个内容无重复的字段,并将其作为主键

7. 在"关系"窗口中,一对多关系连线上标记 1 对 ∞ 字样,表示在建立关系时启动了(　　　)。

    A. 实施参照完整性　　　　　　　　　B. 级联更新相关记录

    C. 级联删除相关记录　　　　　　　　　D. 以上都不是

8. 下列创建表的方法中,不正确的是(　　　)。

    A. 使用数据表视图创建表　　　　　　　B. 使用页视图创建表

    C. 使用设计视图创建表　　　　　　　　D. 使用导入方式创建表

9. (　　　)数据类型不适合字段大小属性。

    A. 文本型　　　　　　B. 数字型　　　　　　C. 自动编号型　　　　　　D. 日期/时间型

10. Access 提供了 12 种数据类型,其中多用于输入注释或说明的数据类型是(　　　)。

    A. 数字　　　　　　B. 货币　　　　　　C. 文本　　　　　　D. 备注

11. Access 中日期/时间类型最多可存储(　　　)个字节。

    A. 2　　　　　　B. 4　　　　　　C. 8　　　　　　D. 16

12. Access 提供了 12 种数据类型,其中用来存储多媒体对象的数据类型是(　　　)。

    A. 文本　　　　　　B. 查阅向导　　　　　　C. OLE 对象　　　　　　D. 备注

13. Access 提供了 12 种数据类型,其中,允许用户创建一个列表,并且可以在列表中选择内容作为添入字段的内容的数据类型是(　　　)。

    A. 数字　　　　　　B. 查阅向导　　　　　　C. 自动编号　　　　　　D. 备注

14. 必须输入 0 ~ 9 的数字的输入掩码是(　　　)。

    A. 0　　　　　　B. &　　　　　　C. A　　　　　　D. C

15. 如果想控制电话号码、邮政编码或日期数据的输入,则应使用(　　　)属性。

    A. 默认值　　　　　　B. 输入掩码　　　　　　C. 字段大小　　　　　　D. 标题

16. (　　　)能够唯一标识表中每条记录的字段,它可以是一个字段,也可以是多个字段。

    A. 索引　　　　　　B. 关键字　　　　　　C. 主关键字　　　　　　D. 次关键字

17. 备注数据类型最多为(　　　)个字符。

    A. 250　　　　　　B. 256　　　　　　C. 64 000　　　　　　D. 65 536

18. (　　　)类型的字段只包含两个值中的一个。

    A. 文本数据　　　　　　B. 数字数据　　　　　　C. 是/否数据　　　　　　D. 日期/时间数据

三、思考题

1. 表间创建关联关系的前提是什么?

2. 导入数据和链接数据对 Access 而言有什么不同?

四、设计题

1. 在"学生管理系统"数据库中创建"班级表",如表 2.4 所示的信息定义并设计合适的数据类型和字段属性,然后输入数据。

表2.4　班级表

班级编号	班级名称	系别
20130101	13 国际贸易 1 班	国际商务系
20130201	13 物流管理 1 班	经济管理系

班级编号	班级名称	系别
20130301	13 信息管理 1 班	计算机系
20130402	13 软件技术 2 班	计算机系
20130502	13 旅游 2 班	旅游系

2. 创建"学生信息表",如表 2.5 所示的信息定义并设计合适的数据类型和字段属性,然后输入数据。

表2.5 学生信息表

学号	姓名	性别	出生日期	生源地	政治面貌	入学成绩	班级编号	照片	简历
2013010101	陈琦	女	1994-6-16	四川成都	团员	478	20130101		
2013010102	王胜武	男	1993-12-23	四川绵阳	团员	440	20130101		
2013020101	张林云	男	1994-2-3	四川成都	党员	452	20130201		
2013020109	李维	男	1993-10-9	四川广元	团员	438	20130201		
2013030105	李富国	男	1994-5-25	四川自贡	群众	425	20130301		
2013030107	周玉新	男	1994-3-15	四川泸州	团员	440	20130301		
2013040201	陈玉立	女	1995-1-1	四川自贡	群众	502	20130402		
2013040204	罗洪域	男	1992-12-30	河南郑州	团员	486	20130402		
2013050202	张澜	女	1993-11-10	陕西西安	团员	467	20130502		
2013050206	佟敏	女	1994-8-12	四川成都	党员	520	20130502		

3. 创建"课程表",按表 2.6 所示的信息定义并设计合适的数据类型和字段属性,然后输入数据。

表2.6 课程表

课程号	课程名称	课程号	课程名称
101	大学英语	108	数据库技术
105	计算机应用基础	109	C 语言
106	会计学	110	旅游文化

4. 创建"学生成绩表",按表 2.7 所示的信息定义并设计合适的数据类型和字段属性,然后输入数据。

表2.7 学生成绩表

学号	课程号	成绩	学号	课程号	成绩
2013010101	101	86	2013030105	105	78
2013010101	105	90	2013030105	108	90
2013010101	106	87	2013030107	101	56
2013010102	101	88	2013030107	105	84
2013010102	105	76	2013030107	108	88

学号	课程号	成绩	学号	课程号	成绩
2013010102	106	92	2013040201	105	93
2013020101	101	78	2013040201	109	76
2013020101	105	68	2013050202	101	72
2013020101	106	88	2013050202	105	83
2013020109	101	78	2013010102	110	70
2013020109	105	80	2013050206	101	76
2013020109	106	73	2013050206	105	89
2013030105	101	85	2013050206	110	95

5. 复制"学生信息表"的表结构为"学生信息表-党员"。

6. 将"学生信息表"复制到表"学生信息表-川内"（包括结构和数据）。

7. 创建 4 个表之间的实施参照完整性、级联更新和级联删除的表关系。

PART 6

工作任务 6
设计和创建查询

6.1　任务描述

随着商店管理系统数据表的建成，为了使用户能够轻松、快捷地从数据库中检索有关商品、订单、客户和供应商的各种信息，在本任务中，我们将创建订单明细查询、客户信息的精确和模糊查询、显示每笔订单的备货期的计算型查询。通过操作查询来完成更新商品价格、追加急需商品信息、生成紧急订单表、删除备货期为 3 天的记录等操作。

6.2　业务咨询

6.2.1　表达式的书写规则

表达式是 Microsoft Access 运算的基本组成部分。表达式是算术或逻辑运算符、常数、函数和字段名称、控件以及属性的任意组合，计算结果为单个值。表达式可执行计算、操作字符或测试数据。在书写表达式时，要遵循以下规则。

（1）取值范围（>、<、>=、<=、<>或 Between...And），如表 2.8 所示。

表 2.8　取值范围示例

表　达　式	结　果
> 234	对于"数量"字段，大于 234 的数字
< 1200.45	对于"单价"字段，小于 1200.45 的数字
>= "Callahan"	对于"姓氏"字段，从 Callahan 直至字母表结尾的所有姓氏
Between #2/2/1999# And #12/1/1999#	对于"订货日期"字段，1999 年 2 月 2 日—1999 年 12 月 1 日之间的日期（ANSI−89）
Between '2/2/1999' And '12/1/1999'	对于"订货日期"字段，1999 年 2 月 2 日—1999 年 12 月 1 日之间的日期（ANSI−92）

（2）排除不匹配的值（Not），如表 2.9 所示。

表2.9　排除不匹配的值示例

表 达 式	结 果
Not "美国"	对于"货主国家/地区"字段，已发货给美国以外的国家/地区的订单
Not 2	对于 ID 字段，ID 不等于 2 的雇员
Not T*	对于"姓氏"字段，姓氏不以字母"T"开头的雇员（ANSI-89）
Not T%	对于"姓氏"字段，姓氏不以字母"T"开头的雇员（ANSI-92）

（3）列表值（In），如表 2.10 所示。

表2.10　列表值示例

表 达 式	结 果
In（"加拿大", "英国"）	对于"货主国家/地区"字段，已发货给加拿大或英国的订单
In（法国, 德国, 日本）	对于"国家/地区名称"字段，居住在法国或德国或日本的雇员

（4）全部或部分匹配的文本值，如表 2.11 所示。

表2.11　全部或部分匹配的文本值示例

表 达 式	结 果
"伦敦"	对于"发货城市"字段，已发货给伦敦的订单
"伦敦" Or "休斯敦"	对于"发货城市"字段，已发货给伦敦或休斯敦的订单
>="N"	对于"公司名称"字段，已发货给名称以字母 N～Z 开头的公司的订单
Like "S*"	对于"发货名称"字段，已发货给名称以字母 S 开头的客户的订单（ANSI-89）
Like "S%"	对于"发货名称"字段，已发货给名称以字母 S 开头的客户的订单（ANSI-92）
Right（[订单 ID], 2）= "99"	对于"订单 ID"字段，ID 值以 99 结尾的订单
Len（[公司名称]）> Val（30）	对于"公司名称"字段，名称超过 30 个字符的公司的订单

（5）匹配模式（Like），如表 2.12 所示。

表2.12　匹配模式示例

表 达 式	结 果
Like "S*"	对于"发货名称"字段，已发货给名称以字母 S 开头的客户的订单（ANSI-89）
Like "S%"	对于"发货名称"字段，已发货给名称以字母 S 开头的客户的订单（ANSI-92）
Like "*Imports"	对于"发货名称"字段，已发货给名称以词"Imports"结尾的客户的订单（ANSI-89）
Like "%Imports"	对于"发货名称"字段，已发货给名称以词"Imports"结尾的客户的订单（ANSI-92）

表 达 式	结 果
Like "[A-D]*"	对于"发货名称"字段,已发货给名称以 A~D 开头的客户的订单(ANSI-89)
Like "[A-D]%"	对于"发货名称"字段,已发货给名称以 A~D 开头的客户的订单(ANSI-92)
Like "*ar*"	对于"发货名称"字段,已发货给名称包括字母序列"ar"的客户的订单(ANSI-89)
Like "%ar%"	对于"发货名称"字段,已发货给名称包括字母序列"ar"的客户的订单(ANSI-92)
Like "Maison Dewe?"	对于"发货名称"字段,已发货给客户的订单,其客户名称以"Maison"作为名称的第一部分,并具有 5 个字母长的第二名称,且其中前 4 个字母是"Dewe",而最后的字母为未知的(ANSI-89)
Like "Maison Dewe_"	对于"发货名称"字段,已发货给客户的订单,其客户名称以"Maison"作为名称的第一部分,并具有 5 个字母长的第二名称,且其中前 4 个字母是"Dewe",而最后的字母为未知的(ANSI-92)

(6)日期值,如表 2.13 所示。

表 2.13　日期值示例

表 达 式	结 果
#2/2/2000#	对于"发货日期"字段,于 2000 年 2 月 2 日发货的订单(ANSI-89)
'2/2/2000'	对于"发货日期"字段,于 2000 年 2 月 2 日发货的订单(ANSI-92)
Date()	对于"规定日期"字段,日期为今天的订单
Between Date() And DateAdd("M", 3, Date())	对于"规定日期"字段,规定日期为今天至从今天起三个月之间的订单
< Date() -30	对于"订货日期"字段,已超过 30 天的订单
Year([订货日期]) = 1999	对于"订货日期"字段,订货日期在 1999 年内的订单
DatePart("q", [订货日期]) = 4	对于"订货日期"字段,日期为第四季度的订单
DateSerial(Year([订货日期]), Month([订货日期] + 1, 1) -1	对于"订货日期"字段,日期为每月最后一天的订单
Year([订货日期]) = Year(Now()) And Month([订货日期]) = Month(Now())	对于"订货日期"字段,日期为当年当月的订单

（7）空和零长度字符串，如表 2.14 所示。

表 2.14　空和零长度字符串示例

表　达　式	结　　　　果
Is Null	对于"发货地区"字段，客户的"发货地区"字段为 Null。Null 表示可以在字段中输入或用于表达式和查询，以标明丢失或未知的数据。在 Visual Basic 中，Null 关键字表示 Null 值。有些字段（如主键字段）不可以包含 Null 值（空）的订单
Is Not Null	对于"发货地区"字段，客户的"发货地区"字段包含值的订单
"　"	对于"传真"字段，显示没有传真机的客户的订单，用"传真"字段中的零长度字符串（零长度字符串是指不含字符的字符串。可以使用零长度字符串来表明你知道该字段没有值。输入零长度字符串的方法是输入两个彼此之间没有空格的双引号）值，而不是 Null（空）值来表明

6.2.2　表达式生成器

表达式通常由内置的或用户定义的函数、标识符、运算符和常量等组成。每个表达式的计算结果均为单个值。

在 Access 中，表达式在很多地方用于执行计算、操作字符或测试数据。表、查询、窗体、报表和宏都具有接受表达式的属性。例如，可以在控件的"控件来源"和"默认值"属性中使用表达式，还可以在表字段的"有效性规则"属性中使用表达式。此外，在为事件过程或模块编写 VBA 代码时，使用的表达式通常与在 Access 对象（如表或查询）中使用的表达式类似。

构建表达式时，可以直接输入表达式，也可以使用表达式生成器来构建表达式。

1．表达式生成器的结构

表达式生成器通常由上部的表达式框，下部的表达式元素、表达式类别和表达式值几部分组成，如图 2.42 所示。

用户可在其中创建表达式。使用生成器的下方区域可以创建表达式的各种元素，然后将这些元素粘贴到表达式框中以形成表达式；也可以直接在表达式框中输入表达式的组分部分。

当在不同的数据库对象中打开表达式生成器时，下部窗格的表达式元素窗格和表达式类别窗格中的显示信息会有所不同。

图 2.42　表达式生成器

2."表达式元素"窗格

在表达式元素窗格中，函数、常量和操作符是 3 个基本元素。当选择不同的对象时，该窗格中会出现不同的元素。在数据库对象下，列出了表、查询、Forms（窗体）和 Reports（报表）。单击某个对象前面的"⊞"号，将进一步展开下一级的对象。

3."表达式类别"窗格

该窗格是表达式元素窗格所选择的对象的子对象，如当选择某个表对象时，在表达式类别窗格中会显示选中表的字段。

4."表达式值"窗格

"表达式值"窗格和"表达式类别"窗格显示的信息是相关联的。当展开"内置函数"后，在"表达式类别"窗格中会显示所有内置函数，在"表达式值"窗格中会显示对应的函数。

6.3 任务实施

6.3.1 查询订单明细

在"订单"表中，为了便于输入数据、减少数据库的冗余度，我们将其中的商品信息和客户信息均采用编号形式进行输入。在查看订单时，我们可以通过表之间数据的关联性，采用多表查询显示订单明细信息，即增加商品名称、型号规格、单价、客户的公司名称以及地址等信息。

（1）打开"商店管理系统"数据库。

（2）单击【创建】→【查询】→【查询设计】按钮，打开查询设计器。

（3）在"显示表"对话框中选择"订单""商品"和"客户"表作为查询数据源。

（4）在查询设计器下方的字段行中添加如图 2.43 所示的字段。

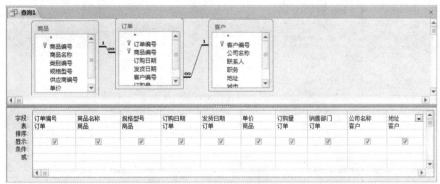

图 2.43　设计订单明细查询

（5）将查询保存为"订单明细查询"，运行查询的结果如图 2.44 所示。

订单编号	商品名称	规格型号	订购日期	发货日期	单价	订购量	销售部门	公司名称	地址
13-06001	无线路由器	TL-WR740N	2013-6-3	2013-6-6	¥85.00	6 A部		通恒机械	东园西甲30号
13-04002	移动硬盘	希捷Backup Plus新睿品 1TB	2013-4-5	2013-4-10	¥530.00	3 A部		立日股份有限公司	惠安大街38号
13-04003	爱国者月光宝盒	PM5902plus	2013-4-8	2013-4-12	¥259.00	4 B部		威航货运有限公司	经七纬二路13号
13-04003	宏基笔记本电脑	V5-471P-33224G50Mass	2013-4-8	2013-4-15	¥4,300.00	2 B部		威航货运有限公司	经七纬二路13号
13-04006	内存条	金士顿 DDR3 1600 8G	2013-4-29	2013-5-2	¥399.00	14 A部		嘉元实业	东湖大街28号
13-04002	Intel酷睿CPU	酷睿i7-3770	2013-4-2	2013-4-6	¥1,999.00	1 B部		凯诚国际顾问公司	威刚街81号
13-04002	无线网卡	DWA-182 1200M 11AC	2013-4-5	2013-4-13	¥310.00	7 A部		立日股份有限公司	惠安大街38号
13-05002	Intel酷睿CPU	酷睿i7-3770	2013-5-12	2013-5-15	¥1,999.00	2 A部		通恒机械	东园西甲30号
13-05002	无线网卡	DWA-182 1200M 11AC	2013-5-16	2013-5-17	¥310.00	3 A部		学仁贸易	辅城路601号
13-05003	U盘	hp v220w 32G	2013-5-16	2013-5-19	¥175.00	20 A部		学仁贸易	辅城路601号
13-05003	内存条	金士顿 DDR3 1600 8G	2013-5-16	2013-5-23	¥399.00	8 A部		学仁贸易	辅城路601号
13-05004	爱国者月光宝盒	PM5902plus	2013-5-18	2013-5-25	¥259.00	5 B部		宇欣实业	大崎口街702号
13-06004	佳能数码相机	Power Shot G1 X	2013-4-12	2013-4-17	¥4,188.00	3 A部		东南实业	承德西路80号
13-06004	宏基笔记本电脑	V5-471P-33224G50Mass	2013-6-19	2013-6-20	¥4,300.00	3 A部		三捷实业	英雄山路84号
13-05001	移动硬盘	希捷Backup Plus新睿品 1TB	2013-5-5	2013-5-8	¥530.00	9 B部		凯旋科技	使馆路371号
13-06002	联想笔记本电脑	Lenovo Y400M	2013-6-3	2013-6-11	¥4,900.00	1 B部		凯旋科技	使馆路371号
13-05005	三星笔记本电脑	NP510R5E-S01CN	2013-6-4	2013-6-10	¥4,890.00	2 B部		国银贸易	辅城街42号
13-05005	闪存卡	SanDisk 32G-Class4	2013-5-16	2013-5-19	¥175.00	8 B部		椅天文化事业	花园西路831号
13-04005	惠普打印机	HP LaserJet Pro P1606dn	2013-4-26	2013-4-30	¥1,850.00	5 A部		志远有限公司	光明北路211号
13-06005	佳能数码相机	Power Shot G1 X	2013-6-21	2013-6-25	¥4,188.00	4 B部		光明杂志	黄石路50号

图 2.44 运行"订单明细查询"的结果

6.3.2 查询北京和上海的客户信息

在进行信息查询时，往往会涉及多个条件，即需对多个字段设置条件或在一个字段上设置多个条件，我们可使用 And 和 Or 运算符来构造复合条件。这里，我们要查询北京和上海的客户信息，需在"客户"表的"城市"字段上设置条件"北京"或"上海"。

（1）打开"商店管理系统"数据库。

（2）单击【创建】→【查询】→【查询设计】按钮，打开查询设计器。

（3）在"显示表"对话框中选择"客户"表作为查询数据源。

（4）在查询设计器下方的字段行中添加"客户"表中的所有字段。这里，我们可直接将"客户"字段列表中的"*"拖曳到下方的"字段"行中。

（5）双击"城市"字段，将其添加到下方的设计区中。取消勾选其"显示"复选框，并在"条件"行中输入"北京"，在"或"行中输入"上海"，如图 2.45 所示。

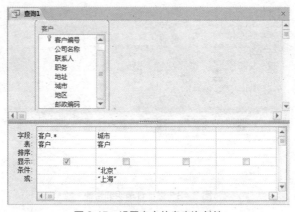

图 2.45 设置客户信息查询条件

【提示】由于前面已经选择了"客户"表的所有字段，这里如果不取消勾选"城市"字段的"显示"复选框，则会在最终的结果中显示两次该字段。因此要将其"显示"取消，它仅仅用来控制条件。此外，除了上述条件的表示方式外，也可在"条件"行中直接输入："北京" Or "上海"。

（6）将查询保存为"北京和上海的客户信息"，运行查询的结果如图 2.46 所示。

客户编号	公司名称	联系人	职务	地址	城市	地区	邮政编码	电话
HB-1001	东南实业	王先生	物主	承德西路80号	北京	华北	324575	(010) 35554729
HD-1022	立日股份有限公司	李柏麟	物主	惠安大路38号	上海	华东	200229	(021) 42342267

图 2.46 "北京和上海的客户信息"查询结果

6.3.3 查询客户地址含有"路"的客户信息

在进行信息查询时，除了能够按照条件进行精确查询外，Access 也提供了模糊条件查询，即用 Like 运算符来构造条件表达式。这里，我们将查询客户地址中含有"路"的客户信息。

（1）利用查询设计器新建查询。

（2）设置"客户"表作为查询数据源。

（3）将"客户"表中的所有字段添加到设计区中。

（4）在"地址"字段下方设置条件：Like "*路*"，如图 2.47 所示。

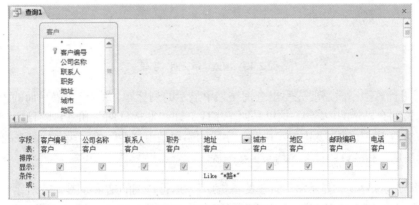

图 2.47 设置客户地址条件

（5）将查询保存为"客户地址中含有'路'的客户信息"，运行查询的结果如图 2.48 所示。

客户编号	公司名称	联系人	职务	地址	城市	地区	邮政编码	电话
HB-1016	三川实业有限公司	刘小姐	销售代表	大崇明路50号	天津	华北	343567	(022) 30074321
HB-1001	东南实业	王先生	物主	承德西路80号	北京	华北	324575	(010) 35554729
XN-1008	光明杂志	谢丽秋	销售代表	黄石路50号	重庆	西南	404109	(023) 45551212
DB-1009	威航货运有限公司	刘先生	销售代理	经七纬二路13号	大连	东北	110412	(0411) 11355555
DB-1010	三捷实业	王先生	市场经理	英雄山路84号	沈阳	东北	110083	(024) 15553392
HD-1022	立日股份有限公司	李柏麟	物主	惠安大路38号	上海	华东	200229	(021) 42342267
HD-1027	学仁贸易	余小姐	助理销售代表	辅城路601号	温州	华东	325209	(0577) 5555939
XB-1025	凯旋科技	方先生	销售代表	使馆路371号	兰州	西北	732400	(0931) 7100361
HD-1032	椅天文化事业	方先生	物主	花园西路831号	常州	华东	213454	(0519) 5554112
HB-1039	志远有限公司	王小姐	物主/市场助理	光明北路211号	张家口	华北	075019	(0313) 9022458

图 2.48 "客户地址中含有'路'的客户信息"查询结果

6.3.4 查询显示每笔订单的备货期

前面创建的查询仅仅是从数据源中获取符合条件的记录，并没有对符合条件的记录进行更深入的分析和计算。在实际应用中，常常需要对查询的结果进行计算。例如，在"订单"表中，我们需要查看每笔订单的备货期，以便及时提供所需商品。备货期可通过发货日期和订购日期计算得出。

（1）利用查询设计器新建查询，并将"订单"表作为数据源。

（2）双击"订单"表中的"*"，将表的全部字段加入到下方的设计区中。

（3）构造计算型字段"备货期"。在设计区后面的"字段"列中输入字段名称"备货期: [发货日期] – [订购日期]"，同时勾选其下方的"显示"复选框，如图 2.49 所示。

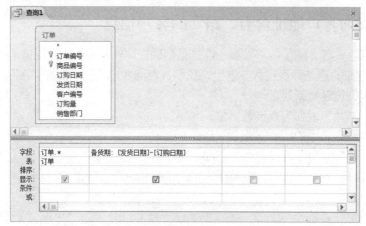

图 2.49　构造"备货期"字段

【提示】计算型字段需要先写出查询结果中显示的列标题，用":"分隔后面的表达式（表达式就是该列会显示的内容）。这里是两个字段，即"发货日期"和"订购日期"之差。

计算中需要使用数据源中的字段时，字段的引用是由"[]"将字段名括起来的，如这里的"发货日期"和"订购日期"均来自数据源。

（4）将查询保存为"显示每笔订单的备货期"，运行查询的结果如图 2.50 所示。

订单编号	商品编号	订购日期	发货日期	客户编号	订购量	销售部门	备货期
13-04001	0010	2013-4-2	2013-4-6	HN-1030	1	B部	4
13-04002	0005	2013-4-5	2013-4-10	HD-1022	3	A部	5
13-04002	0006	2013-4-5	2013-4-13	HD-1022	7	A部	8
13-04003	0001	2013-4-8	2013-4-12	DB-1009	4	B部	4
13-04003	0008	2013-4-8	2013-4-15	DB-1009	2	B部	7
13-04004	0011	2013-4-12	2013-4-17	HE-1001	3	A部	5
13-04005	0007	2013-4-26	2013-4-30	HB-1039	5	A部	4
13-04006	0002	2013-4-29	2013-5-2	XN-1012	14	A部	3
13-05001	0005	2013-5-5	2013-5-6	XB-1025	6	B部	1
13-05002	0010	2013-5-12	2013-5-15	HD-1006	2	B部	3
13-05003	0002	2013-5-16	2013-5-23	HD-1027	8	A部	7
13-05003	0006	2013-5-16	2013-5-17	HD-1027	3	A部	1
13-05003	0017	2013-5-16	2013-5-22	HD-1027	20	A部	6
13-05004	0001	2013-5-18	2013-5-23	HZ-1020	5	B部	7
13-05005	0022	2013-5-25	2013-5-27	HD-1032	8	B部	2
13-06001	0030	2013-6-3	2013-6-6	HD-1006	6	A部	3
13-06002	0021	2013-6-3	2013-6-11	XB-1025	1	B部	8
13-06003	0012	2013-6-4	2013-6-10	XN-1015	2	B部	6
13-06004	0008	2013-6-19	2013-6-20	DB-1010	3	A部	1
13-06005	0011	2013-6-21	2013-6-25	XN-1008	4	B部	4

记录: 第 1 项(共 20 项)　无筛选器　搜索

图 2.50　显示每笔订单的备货期

6.3.5　将"商品"表中"笔记本电脑"类的商品价格下调 5%

在创建和维护数据库的过程中，常常需要对表中的记录进行更新、修改和删除等操作。如果用户要通过数据表视图来更新表中记录，那么当需要更新的记录很多或更新的记录符合一定条件时，简单有效的方法是利用 Access 提供的更新查询。

这里，我们只需要查询所有类别为"笔记本电脑"的商品，然后将其单价更改为"单价*（1－0.05）"。

（1）打开查询设计器，将"商品"表和"类别"表添加到查询设计器中作为数据源。

（2）将"商品"表的"单价"字段和"类别"表的"类别名称"字段添加到查询设计器的设计区中。

（3）单击【查询工具】→【设计】→【查询类型】→【更新】按钮，将默认的查询类型由"选择查询"变为了"更新查询"。

（4）在"单价"字段的"更新到"网格内输入如图 2.51 所示的利用原来的"单价"字段的内容计算新单价的公式，即[单价]*(1－0.05)。

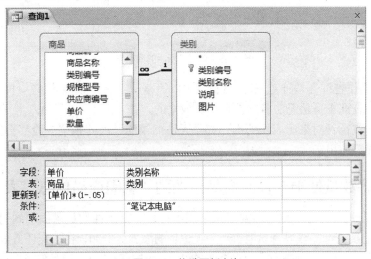

图 2.51 构造更新查询

（5）在"类别名称"字段的"条件"网格内输入"笔记本电脑"。

（6）将查询保存为"笔记本电脑单价下调 5%"。

（7）运行查询，弹出如图 2.52 所示的提示对话框，单击【是】按钮，执行更新操作。

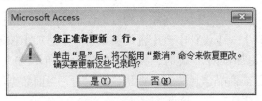

图 2.52 提示对话框

【提示】在执行更新查询时，若执行多次，那么满足条件的记录将被更新多次。

（8）从数据库窗口中选择"表"对象，打开"商品"表，可以看见查询结果，每种笔记本电脑的"单价"都下调了 5%，如图 2.53 所示。

商品							✕
商品编号 ▾	商品名称 ▾	类别编号 ▾	规格型号 ▾	供应商编号 ▾	单价 ▾	数量 ▾	
⊞ 0001	爱国者月光宝	001	PM5902plus	1103	¥259.00	15	
⊞ 0002	内存条	003	金士顿 DDR3 1600 8G	1006	¥399.00	26	
⊞ 0005	移动硬盘	003	希捷Backup Plus新睿品 1TB	1020	¥530.00	9	
⊞ 0006	无线网卡	004	DWA-182 1200M 11AC	1011	¥310.00	16	
⊞ 0007	惠普打印机	005	HP LaserJet Pro P1606dn	1205	¥1,850.00	5	
⊞ 0008	宏基笔记本电	002	V5-471P-33224G50Mass	1018	¥4,085.00	3	
⊞ 0010	Intel酷睿CPU	003	酷睿i7-3770	1006	¥1,999.00	10	
⊞ 0011	佳能数码相机	006	Power Shot G1 X	1001	¥4,188.00	6	
⊞ 0012	三星笔记本电	002	NP510R5E-S01CN	1028	¥4,645.50	7	
⊞ 0015	索尼数码摄像	006	SONY HDR-CX510E	1001	¥4,680.00	4	
⊞ 0017	U盘	001	hp v220w 32G	1020	¥175.00	30	
⊞ 0021	联想笔记本电	002	Lenovo Y400M	1009	¥4,655.00	5	
⊞ 0022	闪存卡	006	SanDisk 32G-Class4	1015	¥130.00	8	
⊞ 0025	硬盘	006	WD5000AVDS	1021	¥359.00	15	
⊞ 0030	无线路由器	004	TL-WR740N	1011	¥85.00	18	

记录: ◄ ◀ 第1项(共15项) ► ►► ✕ 无筛选器 搜索

图 2.53 单价更新后的商品表

【提示】操作查询都是针对来源表进行操作的，查询执行的结果都必须打开来源表来查看。这类操作查询本身是无法看到执行后的效果的。

由于操作查询针对来源表做的操作都是无法撤销的，因此系统一般都会弹出提示来确认操作，请谨慎使用。

6.3.6 将数量低于 5 件的商品追加到"急需商品信息"表中

在进行数据库维护时，常常需要将某个表中符合一定条件的记录添加到另外一个表中。Access 提供的追加查询能够很容易地实现一组记录的添加。例如，在工作任务 5 中，我们通过复制"商品"表创建了"急需商品信息"表的结构，但未在"急需商品信息"表中输入记录，即该表为空表。这里，我们将通过追加查询，将"商品"表中数量低于 5 件的商品信息添加到"急需商品信息"表中。

（1）单击【创建】→【查询】→【查询设计】按钮，打开查询设计器。添加"商品"表到查询设计器中作为数据源。

（2）将"商品"表中的所有字段依次添加到查询设计器的设计区中。

（3）单击【查询工具】→【设计】→【查询类型】→【追加】按钮，将默认的查询类型由"选择查询"变为"追加查询"。此时，将弹出如图 2.54 所示的"追加"对话框。在"表名称"下拉列表中选择"急需商品信息"表，默认数据库为"当前数据库"。

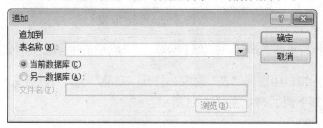

图 2.54 "追加"对话框

（4）单击【确定】按钮，返回查询设计器。在"数量"字段下方设置"条件"为"<=5"，如图 2.55 所示。

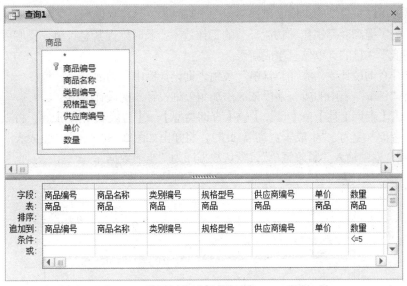

图 2.55　构造追加查询

（5）将查询保存为"将数量低于 5 件的商品信息追加到'急需商品信息'表"。

（6）运行查询，弹出如图 2.56 所示的提示对话框，单击【是】按钮，执行追加操作。

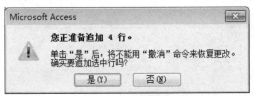

图 2.56　提示对话框

【提示】创建追加查询时，在追加查询与被追加记录的表中，只有匹配的字段才被追加，不匹配的字段不追加。不能使用追加查询来输入已有记录的空白字段，要执行此类任务，可使用更新查询。

（7）从数据库窗口中选择"表"对象，打开"急需商品信息"表，即可看见查询结果。该表中的所有商品的数量均小于等于 5，如图 2.57 所示。

商品编号	商品名称	类别编号	规格型号	供应商编号	单价	数量
0007	惠普打印机	005	HP LaserJet Pro P1606dn	1205	¥1,850.00	5
0008	宏基笔记本电	002	V5-471P-33224G50Mass	1018	¥4,085.00	3
0015	索尼数码摄像	006	SONY HDR-CX510E	1001	¥4,680.00	4
0021	联想笔记本电	002	Lenovo Y400M	1009	¥4,655.00	5

记录: ◄ 第 1 项(共 4 项) ► ►I ►* 　无筛选器　搜索

图 2.57　追加记录后的"急需商品信息"表

6.3.7　将"订单"表中备货期低于 3 日的订单生成新表"紧急订单"

在 Access 中，从表中访问数据要比从查询中访问数据快得多。如果经常要从几个表中提取数据，那么最好的方法是使用 Access 提供的生成表查询，从多个表中提取数据，然后组合起来生成一个新表并永久保存。

生成表查询是利用已有的数据创建一个新表，实际上就是将查询出的动态集合以表的形式保存。通常，可以将复杂的查询结果保存为一个临时表，这样可以提高工作效率。

这里，为了提高商品销售和物流环节的工作效率，及时处理紧急订单，我们可将"订单"表中备货期低于 3 日的订单信息生成新表。

（1）打开查询设计器，添加"订单"表到查询设计器中作为数据源。

（2）将"订单"表中的所有字段依次添加到查询设计器的设计区中。

（3）单击【查询工具】→【设计】→【查询类型】→【生成表】按钮，将默认的查询类型由"选择查询"变为 "生成表查询"。此时，将弹出如图 2.58 所示的"生成表"对话框。在"表名称"组合框中输入"紧急订单"，默认数据库为"当前数据库"。

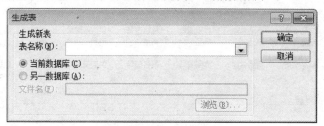

图 2.58 "生成表"对话框

（4）单击【确定】按钮，返回查询设计器。在"发货日期"字段下方设置"条件"为"<=[订购日期]+3"，如图 2.59 所示。

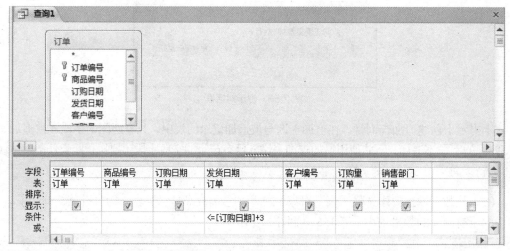

图 2.59 构造生成表查询

【提示】 在这里，也可将条件设置在"订购日期"字段下方，条件为">=[发货日期]-3"。

（5）将查询保存为"生成备货期低于 3 日的'紧急订单'表"。

（6）运行查询，弹出如图 2.60 所示的提示对话框，单击【是】按钮，执行生成表操作。

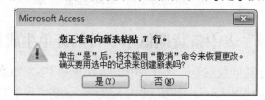

图 2.60 提示对话框

（7）在数据库窗口中选择"表"对象，即可看见新生成的"紧急订单"表。打开该表，即可看见查询结果，如图 2.61 所示。

紧急订单						
订单编号 ▾	商品编号 ▾	订购日期 ▾	发货日期 ▾	客户编号 ▾	订购量 ▾	销售部门 ▾
13-06001	0030	2013-6-3	2013-6-6	HD-1006	6	A部
13-04006	0002	2013-4-29	2013-5-2	XN-1012	14	A部
13-05002	0010	2013-5-12	2013-5-15	HD-1006	2	B部
13-05003	0006	2013-5-16	2013-5-17	HD-1027	3	A部
13-06004	0008	2013-6-19	2013-6-20	DB-1010	3	A部
13-05001	0005	2013-5-5	2013-5-6	XB-1025	6	B部
13-05005	0022	2013-5-25	2013-5-27	HD-1032	8	B部

记录：Ⅰ◀ 第 1 项(共 7 项) ▶ ▶Ⅰ ▶ 无筛选器 搜索

图 2.61 生成的"紧急订单"表

6.3.8 删除"紧急订单"表中备货期为 3 天的订单

在数据库的维护过程中，经常需要对表中的一些过时或无用的数据进行删除。尽管用户可以比较容易地从数据表中删除某条记录，但如果要删除满足某些条件的一组记录，可以使用 Access 提供的删除查询，利用该查询可以一次删除一组同类的记录。

这里，我们将通过删除查询，将生成的"紧急订单"表中备货期正好为 3 天的记录删除。

（1）打开查询设计器，添加"紧急订单"表到查询设计器中作为数据源。

（2）单击【查询工具】→【设计】→【查询类型】→【删除】按钮✕!，将默认的查询类型由"选择查询"变为"删除查询"。

（3）将作为控制条件的"发货日期"字段添加到查询设计器的设计区中，在"发货日期"的字段下方设置删除条件"[订购日期]+3"，如图 2.62 所示。

图 2.62 构造删除查询

【提示】 在这里，也可将"订购日期"字段设置为条件字段，条件为"[发货日期]-3"。

（4）将查询保存为"删除'紧急订单'表中备货期为 3 天的订单"。

（5）运行查询，弹出如图 2.63 所示的提示对话框，单击【是】按钮，执行删除操作。

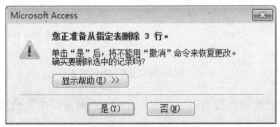

图 2.63 删除提示对话框

（6）从数据库窗口中选择"表"对象，打开"紧急订单"表即可看见查询结果，表中备货期正好为 3 天的订单已被删除，如图 2.64 所示。

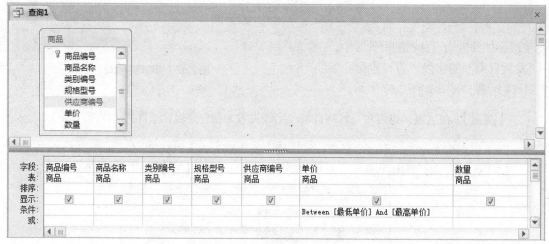

图 2.64　删除备货期为 3 天的订单后的"紧急订单"表

【提示】 使用删除查询可以从一个或多个数据表中删除符合指定条件的记录。注意所作的删除操作是无法撤销的，就像在表中直接删除记录一样，因此操作时一定要小心。

6.4　任务拓展

6.4.1　查询某价格区间内的商品信息

在"商店管理系统"数据库的实际应用中，有时客户需要查询的条件可能会不太确定，这时我们可以通过参数查询来帮助其找到满意的商品。例如，某客户需要购买某一价格区间内的商品，可将条件中的常量值以参数的方式进行取代。

（1）打开"商店管理系统"数据库。

（2）单击【创建】→【查询】→【查询设计】按钮，打开查询设计器。

（3）在"显示表"对话框中选择"商品"表作为查询数据源。

（4）在查询设计器下方的"字段"行中添加"商品"表的所有字段。

（5）在"单价"字段下方的"条件"行中输入条件"Between [最低单价] And [最高单价]"，如图 2.65 所示。

图 2.65　设置双参数查询

【提示】这里也可将条件写为">=[最低单价] And <=[最高单价]"，该条件表达式与"Between [最低单价] And [最高单价]"等价。

（6）将查询保存为"查询某价格区间的商品信息"。

（7）运行查询时，先后弹出两个"输入参数值"对话框，如图 2.66 所示。如果客户想查询 200～500 元的商品，则在第一个参数文本框中输入"200"，单击【确定】按钮后，在第二个参数文本框中输入"500"，再次单击【确定】按钮后，得到如图 2.67 所示的查询结果。

图 2.66 "输入参数值"对话框

商品编号	商品名称	类别编号	规格型号	供应商编号	单价	数量
0001	爱国者月光宝	001	PM5902plus	1103	¥259.00	15
0002	内存条	003	金士顿 DDR3 1600 8G	1006	¥399.00	26
0006	无线网卡	004	DWA-182 1200M 11AC	1011	¥310.00	16
0025	硬盘	003	WD5000AVDS	1021	¥359.00	15

记录: 第1项(共4项) 无筛选器 搜索

图 2.67 指定价格区间的商品信息查询

6.4.2 查看 B 部 6 月份的销售额

在公司的销售管理过程中，经常需要查看各部门的销售记录和销售额，以便了解各部门的销售情况。在这里，我们可综合利用计算查询和条件查询来实现部门销售业绩的查询。

（1）利用查询设计器新建查询，并将"订单"表和"商品"表作为数据源。

（2）将"订单"表中的全部字段加入到下方的设计区中。

（3）构造计算型字段"销售额"。鼠标右键单击"销售部门"字段右侧的空白网格，在弹出的快捷菜单中选择【生成器】命令，弹出"表达式生成器"对话框，然后在其中构造如图 2.68 所示的表达式。

图 2.68 利用表达式生成器构造销售额表达式

（4）单击【确定】按钮，返回查询设计器。在"订购日期"字段下方设置查询条件"Month

（[订购日期]）=6"，在"销售部门"字段下方设置查询条件"B 部"，如图 2.69 所示。

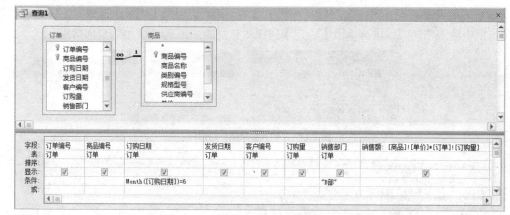

图 2.69　构造 B 部 6 月份销售额查询条件

（5）将查询保存为"查看 B 部 6 月份的销售额"。运行查询，得到如图 2.70 所示的查询结果。

订单编号	商品编号	订购日期	发货日期	客户编号	订购量	销售部门	销售额
13-06005	0011	2013-6-21	2013-6-25	XN-1008	4	B部	¥16,752.00
13-06003	0012	2013-6-4	2013-6-10	XN-1015	2	B部	¥9,291.00
13-06002	0021	2013-6-3	2013-6-11	XB-1025	1	B部	¥4,655.00

记录: 第 1 项(共 3 项)　无筛选器　搜索

图 2.70　B 部 6 月份的销售额查询结果

6.4.3　查询供应商地址中不含"路"的记录

前面我们使用 Like 运算符进行了模糊条件查询。在实际查询中，除了可以进行匹配条件的查询外，也可排除不匹配的记录。在这里，我们将查询供应商地址中不含"路"的记录。

（1）利用查询设计器新建查询，并将"供应商"表作为数据源。

（2）将"供应商"表的全部字段加入到下方的设计区中。

（3）在"地址"字段的下方设置条件 Not Like "*路*"。

（4）将查询保存为"查询供应商地址中不含'路'的信息"。运行查询，得到如图 2.71 所示的查询结果。

供应商编号	公司名称	联系人	地址	城市	电话
1008	科达电子	钟小姐	东直门大街500号	北京	(010)829530
1009	力锦科技	刘先生	北新桥98号	深圳	(0755)85559
1028	涵合科技	王先生	前门大街170号	北京	(010)655559
1021	宏仁电子	李先生	东直门大街153号	北京	(010)654766

记录: 第 1 项(共 4 项)　无筛选器　搜索

图 2.71　供应商地址中不含"路"的查询结果

6.5　任务检测

（1）打开商店管理系统，选择"查询"对象，查看数据库窗口中的查询是否如图 2.72 所示包含 11 个查询。

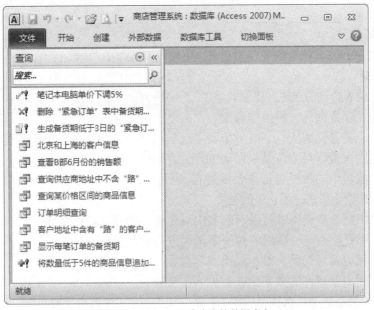

图 2.72 创建了 11 个查询的数据库窗口

（2）分别运行其中的 7 个选择查询，查看查询运行的结果是否如图 2.44、图 2.46、图 2.48、图 2.50、图 2.67、图 2.70 和图 2.71 所示。

（3）选择"表"对象，查看商品数据是否已更新、急需商品信息数据是否已追加、是否生成了"紧急订单"表、"紧急订单"表中是否包含备货期为 3 天的订单。

6.6 任务总结

本任务通过创建"订单明细查询""北京和上海的客户信息""客户地址中含有'路'的信息"等查询，介绍了多表查询、多条件复合查询、模糊条件查询以及计算型查询的设计和创建方法。通过更新查询、追加查询、生成表查询和删除查询完成了更新商品价格、追加急需商品信息、生成紧急订单表、删除备货期为 3 天的记录等操作。此外，在任务拓展中还进一步介绍了多参数查询、使用表达式生成器构建表达式等操作。

6.7 巩固练习

一、填空题

1. 在设置查询的准则时，可以直接输入表达式，也可以使用表达式_____来帮助创建表达式。

2. 如果需要运行操作查询，则先在设计视图中将其打开，对于每个操作查询，会有不同的显示。_____显示包括在新表中的字段；_____显示添加到另一个表中的记录。

3. 创建查询时，有些实际需要的内容（字段）在数据源的字段中并不存在，但可以通过在查询中增加_____来完成。

4. 以"图书馆管理系统"为例，当读者从图书馆借出一本书时（在"借出书籍"表中新增加一条记录），就可以运行_____来改变"书籍"表中该书的"已借本数"字段的值。

5. 操作查询有_____、_____、_____和_____4 种。

6. 在特殊运算符中，_____用于指定一个字段为空。

7. 若要查询 1993 年出生的职员的记录，可使用的准则是_____。

二、选择题

1. 关于生成表查询的叙述，错误的是（　　　）。

    A. 生成表查询是一种操作查询

    B. 生成表查询是从一个或多个表中选出满足一定条件的记录来创建一个新表

    C. 生成表查询将查询结果以表的形式存储

    D. 生成表中的数据是与原表相关的，不是独立的，每次都必须生成以后才能使用

2. 关于更新查询说法，不正确的是（　　　）。

    A. 使用更新查询可以将已有的表中满足条件的记录进行更新

    B. 使用更新查询一次只能对一条记录进行更改

    C. 使用更新查询后，就不能再恢复数据了

    D. 使用更新查询的效率比在数据表中更新数据的效率高

3. Access 的选择查询可以按照指定的准则，从（　　　）个表中获取数据，并按照所需的排列次序显示。

    A. 1   B. 2   C. 8   D. 多

4. "利用查询得到的结果可以创建一个新表"是查询的（　　　）功能。

    A. 选择字段   B. 创建新表   C. 选择记录   D. 编辑记录

5. 下列选项中不属于特殊运算符的是（　　　）。

    A. In   B. Like   C. Between   D. Int

6. 下列选项中不属于逻辑运算符的是（　　　）。

    A. Not   B. In   C. And   D. Or

7. 在 Access 中，Between 的含义是（　　　）。

    A. 用于指定一个字段值的列表，列表中的任意一个值都可与查询的字段相匹配

    B. 用于指定一个字段值的范围，指定的范围之间用 And 连接

    C. 用于指定查找文本字段的字符模式

    D. 用于指定一个字段为空

8. 在准则中，字段名必须用（　　　）括起来。

    A. 小括号   B. 方括号   C. 引号   D. 大括号

9. 创建单参数查询时，在设计网格区中输入"准则"单元格的内容为（　　　）。

    A. 查询字段的字段名   B. 用户任意指定的内容

    C. 查询的条件   D. 参数对话框中的提示文本

10. 下列查询中，（　　　）查询可以从多个表中提取数据，然后组合起来生成一个新表永久保存。

    A. 参数   B. 生成表   C. 追加   D. 更新

三、思考题

1. 操作查询有哪些类型？它们的功能各是什么？

2. 在查询中怎样构建计算字段？

四、设计题

1. 创建"全体学生综合信息"查询，用以查询"学生信息表"的所有字段和"班级表"的

"班级名称"字段以及"系别"字段的内容。

2. 创建"归属班级"查询，用以查询学生的"学号""姓名"和"班级名称"。

3. 查询"学生管理系统"中姓"张""王""李"的男生的基本信息。

4. 查询入学成绩低于 450 分和高于 500 分的学生的基本信息。

5. 创建查询，能在查看学生信息时显示学生的年龄。

6. 创建查询，为绵阳和广元的学生增加 10 分入学成绩。

7. 创建查询，生成"川外学生的基本信息表"。

8. 创建查询，将学生党员的基本信息添加到"学生信息表–党员"中。

9. 创建查询，删除"学生信息表–川内"表中不是四川的学生的记录。

工作任务 6　设计和创建查询

工作任务 7
设计和制作窗体

7.1　任务描述

在应用程序中，通常使用窗口作为用户界面的载体。Access 数据库管理系统支持面向对象的程序设计，用户可以使用窗体设计用户界面。在本任务中，我们将通过自动创建窗体、窗体向导、数据透视图、空白窗体、分割窗体以及多个项目窗体来创建订单信息、商品信息、商品数量、客户信息、供应商信息和类别信息窗体，创建用户与商店管理系统交互的界面，从而实现显示、输入和编辑数据等功能。

7.2　业务咨询

7.2.1　窗体的概念

窗体是 Access 数据库的重要对象之一。窗体既是管理数据库的窗口，又是用户和数据库之间的桥梁。通过窗体可以方便地输入数据、编辑数据，对数据进行排序、筛选和浏览等。Access 利用窗体将整个数据库组织起来，构成完整的数据库应用系统。窗体的主要功能可分为以下两类。

（1）用于编辑和显示数据。这一类窗体称为 "绑定窗体"。它是直接链接到数据源（如表或查询）的窗体，可用于输入、编辑或显示来自该数据源的数据。但窗体并不保存数据，数据只保存在表中，窗体运行时需从表或查询中获取数据。

（2）用作切换面板和自定义对话框。这一类窗体称为 "未绑定窗体"。该窗体没有直接链接到数据源，但仍然包含操作应用程序所需的命令按钮、标签或其他控件。自定义对话框可用来接受用户的输入及根据输入执行操作。切换面板窗体用来打开数据库中的其他窗体和报表等。用户可以使用切换面板窗体组织应用程序中的对象，实现类似于系统菜单的功能。

7.2.2　窗体的类型

Access 窗体通常可以按功能、数据的显示方式及显示关系等分类。按数据的显示方式分有4 种基本类型的窗体，分别为单页窗体、多页窗体、连续窗体和子窗体式窗体。下面介绍几种常见窗体。

1．单页窗体

图 2.73 所示为一个显示 "订单" 数据的单页窗体，其特点是一屏只显示一条记录。单页窗

体可用于输入数据，窗体中的文本框或组合框用于显示或输入数据，其左边是字段名称。

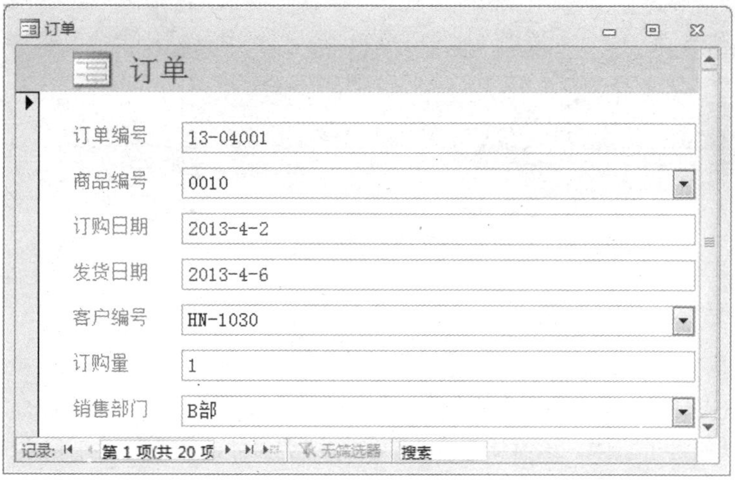

图 2.73　单页窗体

2.多页窗体

窗体中的记录信息显示在不同的页中，每一页只显示一条记录的部分信息，通过切换页选项卡来查看其他页的信息。这种窗体适合于每一条记录的字段很多，或者对记录中的信息进行分类查看的情况。图 2.74 所示为"订单信息"窗体，在不同的页中分别显示每笔订单的订单、商品和客户信息。

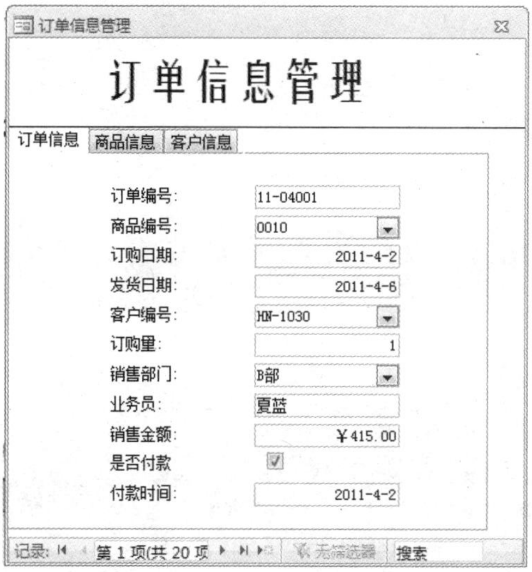

图 2.74　多页窗体

3.连续窗体

图 2.75 所示为一个显示"订单"数据的表格式窗体，其特点是一次可以显示多条记录。窗体显示的记录数视显示器的分辨率和窗体大小而定。虽然数据表也可以显示多条记录，但数据表的格式只能是定制的行、列方式，连续窗体可以按照自定义方式排列字段、对字段重新布局、按定制格式显示数据，具有纵栏式窗体和数据表式窗体的优点。

图 2.75　表格式窗体

4．子窗体式窗体

窗体中可以包含子窗体，该窗体称为主窗体。这类窗体适用于显示来自于多表中的具有一对多关系的数据。图 2.76 所示的主窗体为"商品"信息，窗体中还包含一个该商品被订购的相关数据信息的子窗体。

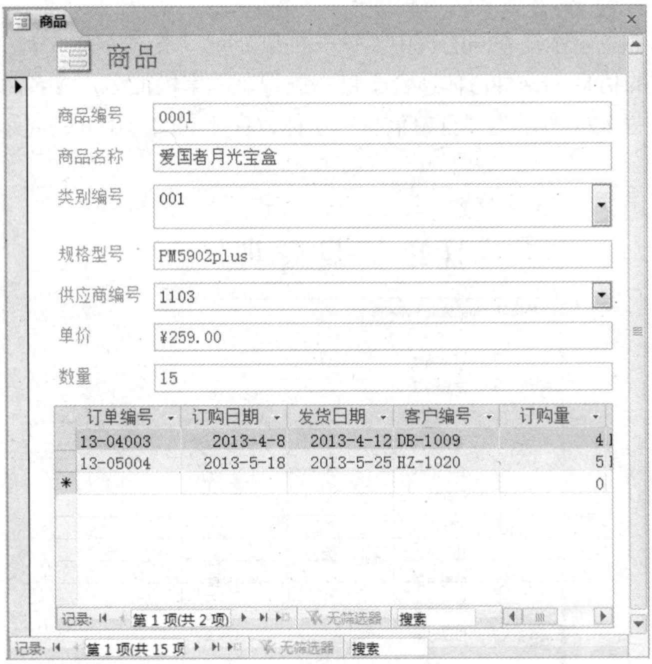

图 2.76　子窗体式窗体

7.2.3　窗体的视图

常用的窗体视图有 6 种，即窗体视图、设计视图、布局视图、数据表视图、数据透视表视图和数据透视图视图。不同类型的窗体具有不同的视图类型，最常用的是窗体视图、布局视图和设计视图。

1．窗体视图

窗体视图是窗体运行时的视图，如图 2.73 所示，在窗体视图下可以浏览窗体所绑定的数据源中的记录。在导航窗格的窗体对象列表中包含了当前数据库中的所有窗体，双击某个窗体对象可打开该窗体的窗体视图。

2．布局视图

布局视图是 Access 2010 新增的一种视图，是用于修改窗体的最直观的视图，可用于在 Access 中对窗体进行几乎所有需要的更改。在布局视图中，窗体实际正在运行，因此，看到的数据与使用该窗体时显示的外观非常相似。此外，还可以在此视图中对窗体设计进行更改。由于可以在修改窗体的同时看到数据，因此，它是非常有用的视图，可用于设置控件大小或执行几乎所有其他影响窗体的外观和可用性的任务，如图 2.77 所示。

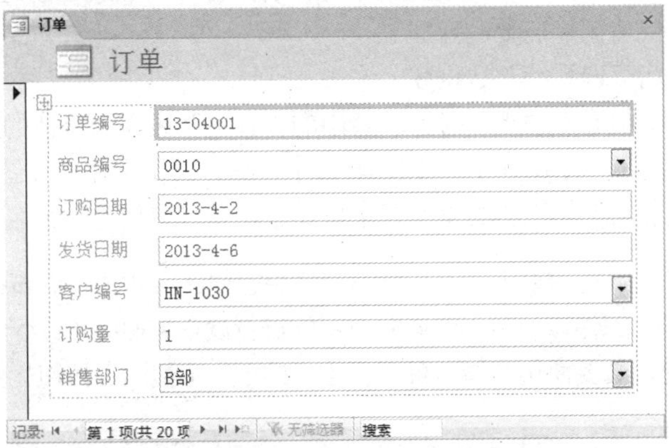

图 2.77　布局视图

3．设计视图

设计视图是 Access 数据库对象都具有的一种视图。在窗体的设计视图中，不仅可以创建窗体，还可以编辑和修改窗体，它显示了窗体的组成结构：窗体的页眉、主体和页脚等部分，如图 2.78 所示。窗体在设计视图中显示时实际并没有运行，因此，在进行设计方面的更改时，无法看到基础数据。不过，有些任务在设计视图中执行要比在布局视图中执行容易，如向窗体添加更多类型的控件，例如绑定对象框架、分页符和图表；在文本框中编辑文本框控件来源，而不使用属性表；调整窗体部分（如窗体页眉或细节部分）的大小；更改某些无法在布局视图中更改的窗体属性。

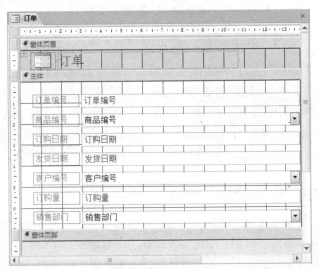

图 2.78　设计视图

7.3 任务实施

7.3.1 创建"订单信息"窗体

Access 提供的"窗体"按钮工具，可以帮助我们快速创建单项目窗体，这类窗体每次显示关于一条记录的信息。用户只需先选定创建窗体的数据源，然后在创建窗体的工具中单击【窗体】按钮，就可以快速创建需要的窗体了。

（1）打开"商店管理系统"数据库。

（2）在导航窗格中选择"表"对象列表中的"订单"表作为窗体的数据源。

（3）单击【创建】→【窗体】→【窗体▦】按钮，可快速创建如图 2.79 所示的窗体。

（4）单击快速访问工具栏中的【保存】按钮，以"订单信息"为名保存窗体。

【提示】采用"窗体"按钮工具，Access 将快速创建窗体，并以布局视图显示该窗体。在布局视图中，可以在窗体显示数据的同时对窗体进行设计方面的更改，如调整文本框的大小，使其与数据相适应。若要使用窗体，可单击【开始】→【视图】按钮，然后选择"窗体视图"。

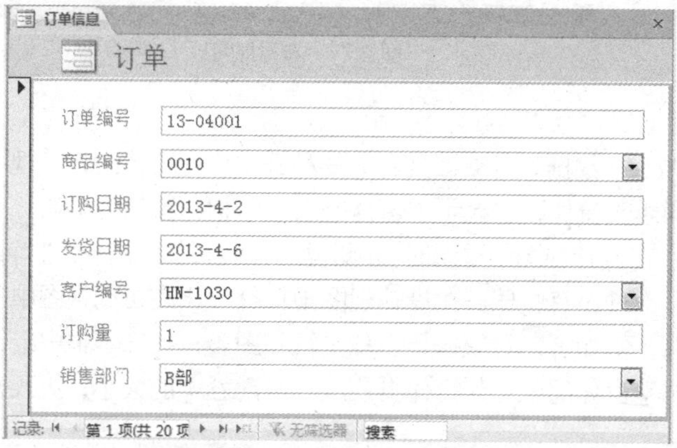

图 2.79 "订单信息"窗体

（5）单击窗体中的【关闭】按钮，关闭创建好的窗体。

【提示】使用"窗体"工具快速创建窗体时，如果 Access 发现某个表与用来创建窗体的表或查询之间有一对多关系，它将向基于相关表或查询的窗体添加一个子窗体。例如，如果创建了一个基于"客户"表的简单窗体，并且"客户"表与"订单"表之间定义了一对多关系，该子窗体就会显示"订单"表中与当前的客户记录有关的所有记录。如果不希望窗体上有子窗体，可以删除该子窗体，操作方法是切换到布局视图，选择要删除的子窗体，然后按【Delete】键。

7.3.2 创建"商品信息"窗体

Access 提供了"窗体向导"工具，可以创建纵栏式、表格式、数据表式和两端对齐式等布局的窗体。窗体向导可以引导用户完成创建窗体的所有操作。希望自己设计窗体的初学者，通常选择使用窗体向导来创建窗体。这种方法可以大大提高工作效率。

此外，在使用"窗体"按钮的方法创建"订单信息"窗体时，我们只能选择一个对象作为窗体的数据源，且创建的窗体包含数据源中的所有字段。在实际操作中，如果窗体的数据源有多个，那么使用自动创建窗体的方法时，一般需要先创建包含相关数据的查询。使用窗体向导创建窗体，则可从多个数据源中选择需要的字段创建窗体。例如，我们将要创建的"商品信息"窗体，需包含来自"商品"、"类别"和"供应商"表中的字段，因此这里我们使用窗体向导来创建窗体。

（1）打开"商店管理系统"数据库。

（2）单击【创建】→【窗体】→【窗体向导】按钮，打开"窗体向导"对话框。

（3）添加窗体需要的字段。

① 添加"商品"表的字段。在"窗体向导"对话框中，从 "表/查询"下拉列表中选择"商品"表，如图 2.80 所示。选中"可用字段"列表框中的字段，单击 > 按钮可以将"可用字段"列表框中选定的字段添加到右边的"选定字段"列表框中。将"商品"表中的"商品编号""商品名称""规格型号"和"单价"字段从"可用字段"列表框添加到"选定字段"列表框中。

② 添加"供应商"表的字段。在"表/查询"下拉列表中选择"供应商"表，如图 2.81 所示，将"供应商"表中的"公司名称"字段从"可用字段"列表框添加到"选定字段"列表框中。

工作任务 7　设计和制作窗体

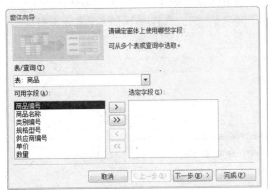

图 2.80　添加"商品"表的字段

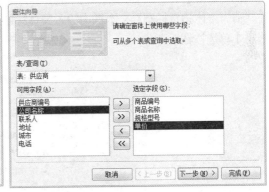

图 2.81　添加"供应商"表的字段

③ 添加"类别"表的字段。在"表/查询"下拉列表中选择"类别"表，将"类别"表中的"类别名称"和"图片"字段从"可用字段"列表框添加到"选定字段"列表框中，如图 2.82 所示。

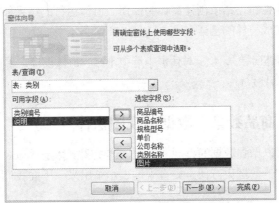

图 2.82　添加"类别"表的字段

（4）单击【下一步】按钮，弹出如图 2.83 所示的窗体向导第 2 步对话框。由于该窗体的数据源为 3 个表，因此需要选择查看数据的方式。这里选择"通过 商品"来查看。

（5）单击【下一步】按钮，弹出如图 2.84 所示的窗体向导第 3 步对话框，指定窗体布局。这里，我们选择"纵栏表"窗体布局。

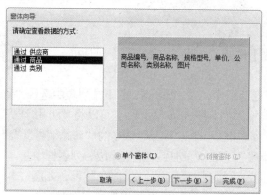 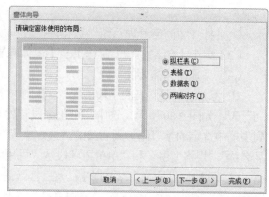

图 2.83 确定查看数据的方式　　　　　　图 2.84 指定窗体使用的布局

（6）单击【下一步】按钮，弹出如图 2.85 所示的窗体向导第 4 步对话框，为窗体指定标题。在"请为窗体指定标题"文本框中输入窗体标题"商品信息"，然后选中【打开窗体查看或输入信息】单选按钮。

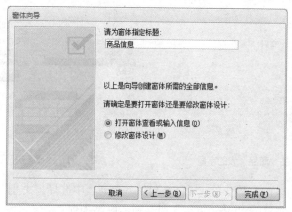

图 2.85 为窗体指定标题

（7）单击【完成】按钮，结束创建窗体的操作。窗体运行的结果如图 2.86 所示。

（8）关闭窗体，完成窗体的创建。

【提示】如果在窗体向导第 4 步对话框中选中【修改窗体设计】单选按钮，则可以打开窗体设计器进一步修改窗体设计。

7.3.3 创建"商品数量"数据透视图窗体

用图形表示数据可以增强数据的直观性。数据透视图窗体是 Access 中的一种窗体形式，它通过图表的形式将表中的数据更方便、更直观地表示了出来。下面我们将创建一个表示各种商品数量的三维柱形图。

（1）打开"商店管理系统"数据库。

（2）在导航窗格中选择"表"对象列表中的"商品"表作为窗体的数据源。

（3）单击【创建】→【窗体】→【其他窗体】按钮，打开如图 2.87 所示的下拉列表，单击【数据透视图】选项，打开如图 2.88 所示的"数据透视图"窗口和"图表字段列表"窗格。

图 2.86 使用向导创建的"商品信息"窗体

图 2.87 "其他窗体"下拉列表

图 2.88 "数据透视图"窗口和"图表字段列表"窗格

【提示】如果"图表字段列表"未显示，可单击【数据透视图工具】→【设计】→【显示/隐藏】→【字段列表】按钮进行显示，也可用鼠标右键单击图表区，在弹出的快捷菜单中选择【字段列表】命令。

（4）从"图表字段列表"中将"商品名称"字段拖至"将分类字段拖至此处"位置，将"数量"字段拖至"将数据字段拖至此处"位置，将"类别编号"字段拖至"将筛选字段拖至此处"位置，如图 2.89 所示。

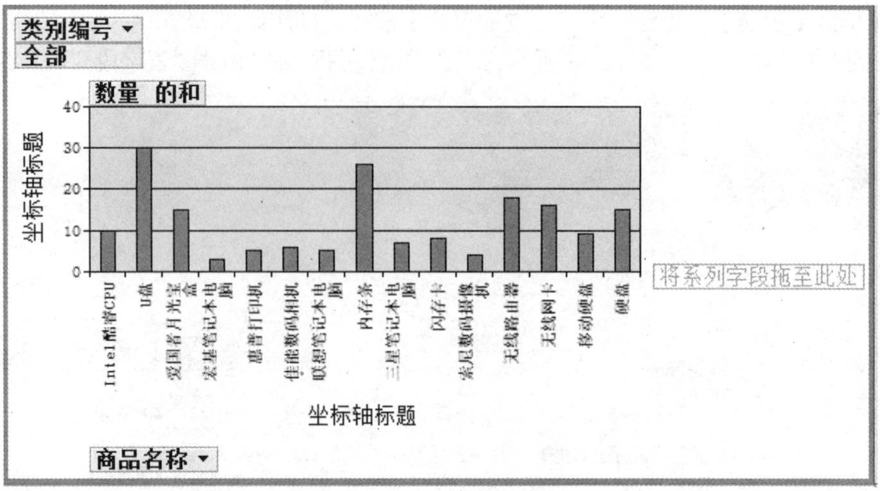

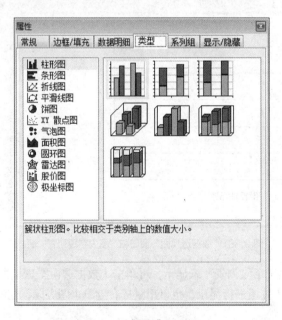

图 2.89　构建的数据透视图

（5）以"商品数量"为窗体名保存窗体，并关闭窗体。

【提示】从图 2.89 可以看出，构建的数据透视图类似于 Excel 中的数据透视图，可对"商品名称"和"类别编号"字段进行筛选，从而显示相关数据的数据透视图。此外，如果想要修改数据透视图的图表类型，可单击【数据透视图工具】→【设计】→【类型】→【更改图表类型】按钮，打开如图 2.90 所示的"属性"对话框，从"类型"选项卡中选择需要的图表类型。

图 2.90　"属性"对话框

7.3.4　创建"客户信息"窗体

使用"空白窗体"工具构建窗体，是一种非常方便、快捷的窗体构建方式，该方法创建窗体是在布局视图中。使用"空白窗体"创建窗体的同时，Access 打开用于窗体的数据源表，根据需要可以将表中的字段拖到窗体上，快速完成创建窗体的工作。

（1）打开"商店管理系统"数据库。

（2）单击【创建】→【窗体】→【空白窗体】按钮，打开如图 2.91 所示的空白窗体布局视图及字段列表窗格。

图 2.91　空白窗体布局视图

（3）单击"客户"表前面的"田"号，展开"客户"表所包含的字段，如图 2.92 所示。

图 2.92　展开字段列表窗格

（4）依次双击"客户"表中的"客户编号"等所有字段，这些字段被添加到空白窗体中。此时窗体中将显示"客户"表的第一条记录，如图 2.93 所示。

图 2.93　添加了字段的空白窗体和字段列表窗格

【提示】当双击第一个字段后，字段列表窗格中将显示如图 2.93 所示的"可用于此视图的字段"和"相关表中的可用字段"小窗格，可按住【Ctrl】键的同时单击所需的多个字段，然后将它们同时拖曳到窗体上。

（5）单击快速访问工具栏中的【保存】按钮，弹出"另存为"对话框，以"客户信息"为窗体名保存窗体。

（6）单击窗体的【关闭】按钮，关闭窗体。

【提示】空白窗体是在布局视图下的一种所见即所得的创建窗体的方式，当向空白窗体中添加字段后，可立即显示具体的记录信息，非常直观，不同视图切换也可以立即看到创建后的效果。在当前的布局视图中，还可以删除字段。

7.4 任务拓展

7.4.1 创建"供应商信息"窗体

"分割窗体"是一种用于创建具有窗体视图和数据表视图两种布局形式的窗体。在窗体的上半部分显示单一记录布局方式，在下半部分显示多条记录的数据表布局方式。可以使用窗体的数据表部分快速定位记录，然后使用窗体部分查看或编辑记录。这里，我们使用分割窗体方式创建"供应商信息"窗体。

（1）打开"商店管理系统"数据库。

（2）在导航窗格中选择"表"对象列表中的"供应商"表作为窗体的数据源。

（3）单击【创建】→【窗体】→【其他窗体】按钮，打开如图 2.87 所示的下拉列表，单击【分割窗体】选项，可快速创建如图 2.94 所示的窗体。

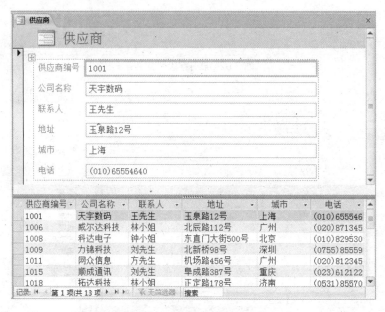

图 2.94　新建的供应商窗体

（4）以"供应商信息"为名保存窗体，然后关闭窗体。

7.4.2　创建"类别信息"多项目窗体

使用"窗体"工具创建窗体时，Access 创建的窗体一次显示一条记录。如果需要一个可显示多个记录的窗体，可以使用"多项目"工具创建多项目窗体。这里，我们将以"类别"表为数据源，创建"类别信息"窗体。

（1）打开"商店管理系统"数据库。

（2）在导航窗格中选择"表"对象列表中的"类别"表作为窗体的数据源。

（3）单击【创建】→【窗体】→【其他窗体】按钮，打开如图 2.87 所示的下拉列表，单击【多个项目】选项，可快速创建如图 2.95 所示的窗体。

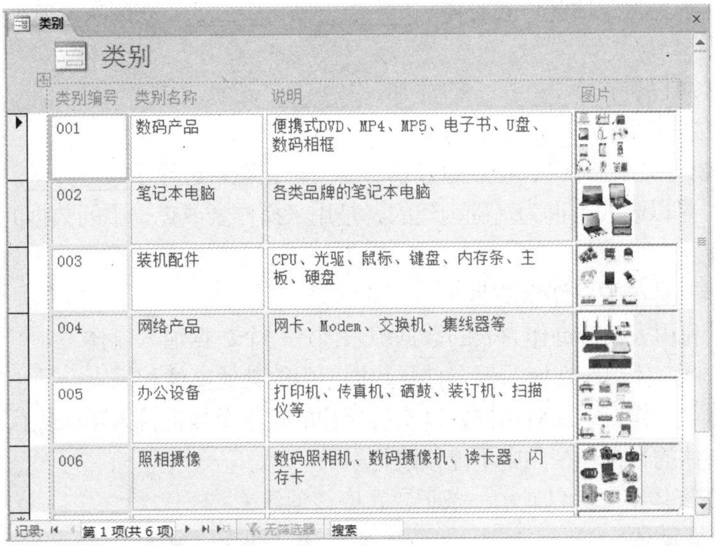

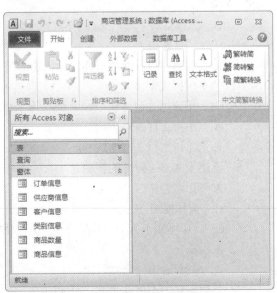

图 2.95　多项目窗体

（4）以"类别信息"为名保存窗体，然后关闭窗体。

7.5　任务检测

（1）打开商店管理系统，选择"窗体"对象，查看数据库窗口中的窗体是否如图 2.96 所示包含 6 个窗体。

（2）分别打开其中的 6 个窗体，查看结果是否如图 2.79、图 2.86、图 2.89、图 2.87、图 2.88、图 2.90、图 2.93、图 2.94 和图 2.95 所示。

7.6　任务总结

本任务采用自动创建窗体的方法创建了"订单信息"窗体；使用窗体向导创建了基于

图 2.96　创建了 6 个窗体的数据库窗口

"商品""供应商"和"类别"表的"商品信息"窗体；利用数据透视图创建了"商品数量"数据透视图窗体；使用空白窗体创建了"客户信息"窗体；使用分割窗体工具创建了"供应商信息"窗体，利用多个项目窗体工具创建了"类别信息"多项目窗体，为用户使用商店管理系统创建了交互界面。

7.7　巩固练习

一、填空题

1. Access 中的窗体是一种主要用于编辑和_____数据的数据库对象。

2. 窗体的基本类型包括纵栏式窗体、_____、_____、数据表窗体、_____和数据透视表窗体。

3. 通过窗体可以查看、_____、添加、_____记录。

4. 窗体的数据来源有_____、查询和_____。

5. 纵栏式窗体显示窗体时，在左边显示_____，在右边显示_____。

6. _____是以表或查询为基础创建的，是用来操作表或查询中的数据的界面。

二、选择题

1. 下列关于窗体的说法错误的是（　　　）。

   A. 可以利用表或查询作为表的数据源来创建一个数据输入窗体

   B. 可以将窗体用作切换面板，打开数据库中的其他窗体和报表

   C. 窗体可用作自定义对话框，以支持用户的输入及根据输入项来执行操作

   D. 在窗体的数据表视图中不能修改记录

2. 如果要在窗体上每次只显示一条记录，应该创建（　　　）。

   A. 纵栏式窗体　　　　　　　　　　　B. 图表式窗体

   C. 表格式窗体　　　　　　　　　　　D. 数据透视表式窗体

3. 用于显示窗体的标题和说明、打开相关窗体或运行某些命令的控件应该放在窗体的（　　　）节中。

   A. 窗体页眉　　　　　　　　　　　　B. 主体

   C. 页面页眉　　　　　　　　　　　　D. 页面页脚

4. 下列窗体中可以通过窗体向导创建的是（　　　）。

   （1）纵栏式窗体　　　　　（2）表格式窗体　　　　　　　　（3）数据表窗体

   （4）子窗体式窗体　　　　（5）图表式窗体　　　　　　　　（6）数据透视表窗体

   A.（1）（2）（3）　　　　　　　　　B.（1）（2）（3）（6）

   C.（1）（2）（3）（5）（6）　　　　 D.（1）（2）（3）（4）（5）（6）

5. 不属于 Access 窗体的视图是（　　　）。

   A. 设计视图　　　　　　　　　　　　B. 版面视图

   C. 窗体视图　　　　　　　　　　　　D. 布局视图

6. （　　　）不属于 Access 中窗体的数据来源。

   A. 表　　　　　　　　　　　　　　　B. 查询

   C. SQL 语句　　　　　　　　　　　　D. 信息

7. 下列窗体中不可以通过"窗体向导"创建的是（　　　）。

   A. 纵栏式窗体　　　　　　　　　　　B. 表格式窗体

C. 图表窗体   D. 数据表窗体

8. 用于创建和修改窗体的是（   ）。

    A. 设计视图   B. 窗体视图

    C. 数据表视图   D. 数据透视表视图

9. 在一个窗体中显示多条记录内容的窗体是（   ）。

    A. 纵栏式   B. 图表式

    C. 表格式   D. 数据透视表

10. 窗体有（   ）种视图方式。

    A. 2   B. 3

    C. 4   D. 6

三、思考题

1. 按照数据记录的显示方式可将窗体分为哪几类？

2. 常见的几种窗体各有什么特点？

四、设计题

1. 以"学生管理系统"中的"学生信息表"为数据源，使用【窗体】按钮工具创建"学生信息管理"纵栏式窗体。

2. 以"全体学生综合信息"查询中包含的字段为数据源，使用窗体向导创建窗体"学生基本情况"。

3. 以"学生信息表"查询为数据源，使用数据透视图工具创建窗体"学生入学成绩"数据透视图窗体。

4. 以"班级表"为数据源，使用"空白窗体"工具创建"编辑班级信息"窗体。

项目实战 2   图书管理系统

某校为了规范图书借阅管理，要设计和开发一个实用的图书管理系统，对读者、图书、图书借阅等信息进行管理。该系统需要实现通过用户界面进行信息的录入、增加和修改，而且能够实现多功能的查询、数据统计及分析操作。

1．创建数据库

创建一个名为 "图书管理系统" 的数据库文件，保存到 "D:\数据库" 文件夹中。

2．建立数据表

（1）在 "图书管理系统" 数据库中创建 "读者类型表"，如表 2.15 所示的信息定义并设计合适的数据类型和字段属性，然后输入数据。

表 2.15   读者类型表

类别名称	限借册数	可借天数
本科	6	10
博士	15	30
教职工	15	45
硕士	10	15

（2）在 "图书管理系统" 数据库中创建 "读者信息表"，如表 2.16 所示的信息定义并设计合适的数据类型和字段属性，然后输入数据。

表 2.16   读者信息表

读者编号	读者级别	姓名	性别	办证日期	有效日期	照片	备注
B20100908100	本科	邓国建	男	2010-9-8	2014-6-30		
B20110907012	本科	周佛霞	女	2011-9-7	2015-7-5		
B20120910032	本科	潘爱民	女	2012-9-10	2016-7-1		
B20121008003	本科	李陵明	男	2012-10-8	2016-7-1		
B20130915006	本科	张恒	男	2013-9-15	2017-6-30		
B20131103012	本科	叶劲峰	男	2013-11-3	2015-7-5		
D20080315005	博士	方天戟	男	2008-3-15	2013-6-30		
D20120905001	博士	陈刚	男	2012-9-5	2017-3-15		
D20131207010	博士	丁浩蓉	女	2013-12-7	2018-6-30		
M20090901015	硕士	王秋林	女	2009-9-1	2012-7-30		
M20110307006	硕士	刘欣雨	女	2011-3-7	2014-7-5		
M20130919025	硕士	张广泰	男	2013-9-19	2017-6-25		
T20050520112	教职工	苏秦	女	2005-5-20	2015-12-31		
T20071019003	教职工	方大国	男	2007-10-19	2017-12-31		
T20080526001	教职工	代雷	男	2008-5-26	2018-6-30		

（3）在 "图书管理系统" 数据库中创建 "图书类别表"，如表 2.17 所示的信息定义并设计合适的数据类型和字段属性，然后输入数据。

表 2.17　图书类别表

图书类别	限借天数	超期罚款/天
电子信息类	30	¥0.30
工具类	7	¥0.50
工科类	30	¥0.25
计算机类	20	¥0.30
经济管理类	25	¥0.20
语言类	35	¥0.15

（4）在"图书管理系统"数据库中创建"图书表"，如表 2.18 所示的信息定义并设计合适的数据类型和字段属性，然后输入数据。

表 2.18　图书表

图书编号	图书类别	书名	作者	出版社	出版日期	价格	入库时间	库存总数	在库数量	借出数量
A000001	电子信息类	模拟电路基础	冯文刚	电子工业出版社	2006-7-9	¥24.00	2006-8-30	6	5	
A000002	电子信息类	PLC 原理与应用	张国林等	清华大学出版社	2009-12-6	¥29.80	2010-3-6	5	2	
A000003	电子信息类	自动化控制原理与应用	赵鹏文	科学出版社	2007-6-10	¥30.50	2007-10-25	8	5	
A000004	电子信息类	电气控制与PLC 技术	杨丽渠	高等教育出版社	2010-10-20	¥28.80	2010-12-9	6	2	
B000001	工科类	理论力学	董云峰	清华大学出版社	2006-9-1	¥34.00	2006-12-1	5	4	
B000002	工科类	结构力学	李元梅	清华大学出版社	2006-6-1	¥32.50	2006-10-13	7	6	
B000003	工科类	建筑工程与项目管理	毛桂平等	科学出版社	2009-12-16	¥43.80	2010-5-1	4	4	
C000001	计算机类	C 语言程序设计	王丽达	电子工业出版社	2007-5-20	¥27.80	2007-10-15	8	6	
C000002	计算机类	网络系统安全与维护	童林	人民邮电出版社	2012-8-1	¥31.50	2012-9-20	6	2	
C000003	计算机类	Java 程序设计基础	赵红梅	高等教育出版社	2011-5-18	¥32.00	2011-9-1	5	3	
D000001	经济管理类	会计学基础	张国俊	人民邮电出版社	2013-6-1	¥29.90	2013-7-9	8	6	
D000002	经济管理类	财务管理	冯琳林	华夏出版社	2011-2-20	¥26.00	2011-5-10	6	6	
D000003	经济管理类	财政与金融	周业琴	西苑出版社	2012-8-1	¥30.00	2013-1-10	5	2	

图书编号	图书类别	书名	作者	出版社	出版日期	价格	入库时间	库存总数	在库数量	借出数量
E000001	语言类	大学英语	杨明生	高等教育出版社	2009－10－15	¥29.80	2009－12－5	7	5	
E000002	语言类	汉语言文学	游素兰	四川人民出版社	2008－5－1	¥25.60	2008－10－9	5	5	
F000001	工具类	现代汉语词典	张希等	商务出版社	2013－3－1	¥89.00	2013－5－18	4	3	

（5）在"图书管理系统"数据库中创建"图书借阅表"，如表 2.19 所示的信息定义并设计合适的数据类型和字段属性，然后输入数据。

表2.19　图书借阅表

借阅编号	图书编号	读者编号	借阅日期	还书日期	罚款已缴	备注
1	A000001	B20110907012	2012－4－17	2012－4－23		
2	A000003	B20121008003	2012－9－15	2012－10－5	是	
3	B000001	B20131103012	2012－10－20	2012－10－30		
4	A000002	D20131207010	2013－7－19	2013－8－10		
5	C000003	M20090901015	2013－7－25	2013－8－7		
6	E000002	B20100908100	2013－8－10	2013－11－15	是	
7	D000002	B20120910032	2013－8－25	2013－9－3		
8	A000002	T20050520112	2013－8－25	2013－9－19		
9	F000001	B20121008003	2013－9－1	2013－9－4		
10	D000002	M20090901015	2013－9－2			
11	E000001	B20131103012	2013－9－15	2013－9－23		
12	D000003	D20120905001	2013－9－5	2013－10－2		
13	A000004	T20071019003	2013－9－10	2013－11－30	是	
14	B000003	B20130915006	2013－9－12			
15	E000002	D20080315005	2013－9－23	2013－10－8		
16	A000003	M20130919025	2013－10－9	2013－10－30	是	
17	B000003	B20130915006	2013－10－12	2013－10－20		
18	F000001	M20130919025	2013－11－8			
19	C000001	B20100908100	2013－11－9	2013－12－28	是	
20	A000004	B20130915006	2013－11－25	2013－12－3		

3．建立表间关系

将 5 张表分别按合适的字段建立起"实施参照完整性"的一对一或一对多的关系。

4．设计和制作查询

（1）创建查询"读者基本信息和借阅情况"，查看读者的基本信息和借阅图书的情况，如图 2.97 所示；

图 2.97 "读者基本信息和借阅情况"查询

（2）建立"2 人民邮电出版社计算机类图书"查询，以查看查询人民邮电出版社出版的计算机类图书信息；

（3）创建"PLC 图书"查询，查询有关 PLC 的图书；

（4）创建参数"查询指定时间段的图书借阅信息"查询，查看某时间段内的借阅历史记录；

（5）建立"查看图书超期借阅应缴罚款金额"，如图 2.98 所示。

图 2.98 "图书超期借阅应缴罚款金额"查询

（6）创建查询，统计"图书表"中各种图书的借出数量；

（7）创建查询，生成所有超期借阅的读者信息表"超期借阅的读者信息"；

（8）先复制"超期借阅的读者信息"表的结构和数据，粘贴为"超期未还的读者"表，再创建查询，删除"超期未还的读者"表中已还书的读者信息；

（9）复制"读者信息表"表的结构，粘贴为"证件过期读者"表，再通过查询将"读者信息表"中已超过证件有效期的读者信息添加到"证件过期读者"表中。

5．设计和制作窗体

（1）以"读者信息表"为数据源，使用"窗体"按钮创建如图 2.99 所示的"读者基本信息"纵栏式窗体；

（2）以"读者类型表"为数据源，使用"窗体向导"创建创建如图 2.100 所示的"读者类型"表格式窗体；

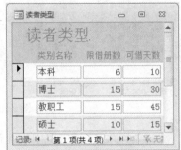

图 2.99 "读者基本信息"窗体

图 2.100 "读者类型"窗体

（3）以"图书借阅表"为数据源，使用"窗体"按钮创建如图 2.101 所示的"图书借阅"窗体；

（4）以"图书类别表"为数据源，使用"空白窗体"创建如图 2.102 所示的"图书类别"窗体；

图 2.101 "图书借阅"窗体

图 2.102 "图书类别"窗体

（5）以"图书表"为数据源，使用"窗体设计器"创建如图 2.103 所示的"图书信息"窗体；

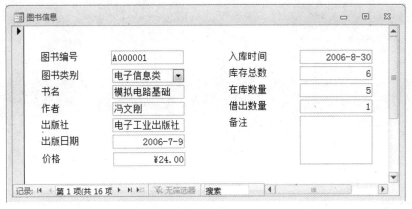

图 2.103 "图书信息"窗体

学习情境 3

商贸管理系统

　　科源信息技术公司又经过两年的发展之后，无论是员工人数、客户数量，还是业务领域以及经营规模都有了长足的发展。公司原有的商店管理系统已不能满足目前的业务需求，经公司管理层调研，决定对原有的商店管理系统进行升级，创建商贸管理系统。除了对原有的商品、供应商、客户、订单等基本信息进行管理，还要增加进销存的管理功能，实现进货管理和库存管理，对销售资料的查询、分类汇总和报表打印等功能，为公司以后的发展打下坚实的基础。

PART 8

工作任务 8
创建数据库和表

8.1 任务描述

在本任务中，我们将创建新的数据库——商贸管理系统。除对原有数据库中的供应商、类别、客户、商品、订单表进行导入外，还将对商品、订单表进行修改和维护，然后创建新的进货表和库存表，为数据库系统的升级做好准备。

8.2 业务咨询

8.2.1 数据库应用系统的设计流程

数据库应用系统的开发设计过程一般采用生命周期理论。生命周期理论是应用系统从提出需求、形成概念开始，经过分析论证、系统开发、使用维护，直到淘汰或被新的应用系统所取代的过程。其设计过程可以分为 6 个阶段，分别为需求分析、概念设计、逻辑设计、物理设计、数据库实施和运行、数据库的使用和维护。结合 Access 自身的特点，使用 Access 开发一个数据库应用系统的设计流程如下。

1．需求分析

（1）信息需求。

（2）处理需求。

（3）安全性和完整性需求。

2．确定需要的表

（1）对收集到的数据进行抽象。

（2）分析数据库的需求。

（3）得到数据所需要的表。

3．确定所需字段

（1）每个字段直接和表的实体相关。

（2）以最小的逻辑单位存储信息。

（3）表中的字段必须是原始数据。

（4）确定主键字段。

4．确定表之间的关系

（1）一对一关系。

（2）一对多关系。

（3）多对多关系。

5．优化设计

（1）是否遗忘了字段。

（2）是否包含了相同的字段表。

（3）是否对每个表都选择了合适的关键字。

6．设计其他数据库对象

（1）设计数据输入界面：窗体、数据访问页等。

（2）设计数据输出界面：报表、查询界面等。

（3）设计宏以及 VBA 程序。

（4）设计系统菜单。

7．测试和改进功能、交付用户

8.2.2　数据库安全

为了保证数据库系统安全可靠地运行，创建好的数据库必须考虑安全性的管理和保护。数据库的安全一般分为数据库系统的运行安全和数据库系统的数据安全。在 Access 数据库系统中可以通过多种方法来保存数据信息，进而强化数据库的安全性。

1．Access 安全性的新增功能

不启用数据库内容时也能查看数据的功能。

在 Microsoft Office Access 2003 中，如果将安全级别设置为"高"，则必须先对数据库进行代码签名并信任数据库，然后才能查看数据。使用 Access 2010 可以直接查看数据，而无需决定是否信任数据库。

（1）更高的易用性。

如果将数据库文件放在受信任位置（例如，指定为安全位置的文件夹或网络共享），那么这些文件将直接打开并运行，而不会显示警告消息或要求启用任何禁用的内容。此外，如果在 Access 2010 中打开由早期版本的 Access 创建的数据库（例如，.mdb 或 .mde 文件），并且这些数据库已进行了数字签名，而且已选择信任发布者，那么系统将运行这些文件而不需要决定是否信任它们。

（2）信任中心。

信任中心是一个对话框，它为设置和更改 Access 的安全设置提供了一个集中的位置。使用信任中心可以为 Access 创建或更改受信任位置并设置安全选项。在 Access 实例中打开新的和现有的数据库时，这些设置将影响它们的行为。信任中心包含的逻辑还可以评估数据库中的组件，确定打开数据库是否安全，或者信任中心是否应禁用数据库，并让用户判断是否启用它。

（3）更少的警告消息。

早期版本的 Access 强制您处理各种警报消息，宏安全性和沙盒模式就是其中的两个例子。默认情况下，如果打开一个非信任的 .accdb 文件，将看到一个称为"消息栏"的工具，如图 3.1 所示。当打开的数据库中包含一个或多个禁用的数据库内容、宏、ActiveX 控件、表达式以及 VBA 代码时，若要信任该数据库，可以使用消息栏来启用任何这样的数据库内容。

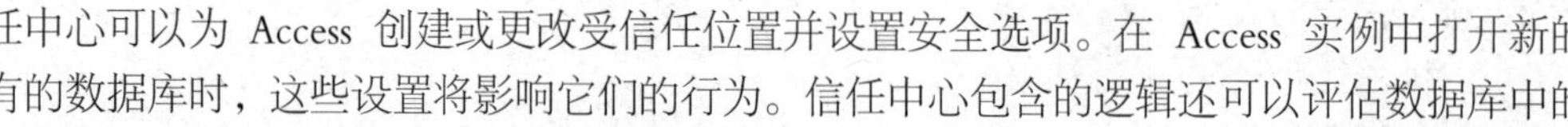

> ⚠ **安全警告**　部分活动内容已被禁用。单击此处了解详细信息。　　　启用内容　　　✕

图 3.1　安全警告消息栏

（4）使用更强的算法来加密那些使用数据库密码功能的 .accdb 文件格式的数据库。加密数据库将打乱表中的数据，有助于防止不请自来的用户读取数据。

（5）新增了一个在禁用数据库时运行的宏操作子类。

这些更安全的宏包含错误处理功能，可以直接将宏嵌入任何窗体、报表或控件属性。

2．数据库权限控制

数据库权限用于指定用户对数据库中的数据或对象所拥有的访问权限类型。一种简单的保护方法是为 Access 数据库设置密码。设置密码后，每次打开数据库时都将显示要求输入密码的对话框。只有输入正确密码的用户才可以打开数据库，数据库中所有对象对用户都是可用的。若要对数据库实施安全措施，那么最灵活、最广泛的方法是用户级安全机制，包括创建工作组管理员，设置用户和组权限、用户和组账户。

3．数据库的压缩和修复

为确保实现数据库的最佳性能，应该定期压缩和修复 Access 文件。用户可压缩和修复当前的 Access 数据库文件，也可选择【文件】→【选项】命令，打开 "Access 选项" 对话框。单击左侧的 "当前数据库" 选项，在右侧的 "应用程序选项" 下，选中【关闭时压缩】复选框，则每次关闭 Access 时都对其进行压缩和修复。

4．数据库备份

除可以对数据库采取一些策略来保存数据库以外，最重要、最直接的是可以对整个数据库进行备份操作。若遇到意外情况，则可用备份副本还原数据库。

5．生成 ACCDE 文件

为了保护 Access 数据库系统中所创建的各类对象不被他人擅自修改或查看，隐藏并保护数据库包含的 VBA 代码，可将设计好并完成测试的 Access 数据库保存为 ACCDE 文件格式，以保证数据库的安全。生成的 ACCDE 文件的操作也称为数据库打包。生成 ACCDE 文件的过程是对数据库系统进行编译，自动删除所有可编辑的 VBA 源代码并压缩数据库系统的过程。

8.3　任务实施

8.3.1　创建 "商贸管理系统" 数据库

（1）启动 Access 程序，进入 Access 工作界面。

（2）新建数据库文件。

①单击左侧窗格中的【新建】命令，在中间窗格中选择 "空数据库" 选项。

②在右侧的 "文件名" 文本框中输入新建文件的名称 "商贸管理系统"。

③单击 "文件名" 文本框右侧的【浏览到某个位置来存放数据库】按钮 📁，打开 "文件新建数据库" 对话框。

④设置数据库文件的保存位置为 "D:\数据库"。

⑤设置保存类型。在 "保存类型" 下拉列表中选择 "Microsoft Access 2007 数据库" 类型，即扩展名为 ".Accdb"，单击【确定】按钮，返回 Backstage 视图。

⑥单击【创建】按钮，屏幕上显示 "商贸管理系统" 数据库窗口。

8.3.2 创建数据表

1．导入"供应商""类别""客户""商品""订单"表

（1）打开"商贸管理系统"数据库。

（2）导入"商店管理系统"中的"供应商""类别""客户""商品""订单"表。

①单击【外部数据】→【导入并链接】→【Access】按钮，弹出"获取外部数据 Access 数据库"对话框，指定要导入文件为"D:\数据库\商店管理系统.accdb"，如图 3.2 所示。

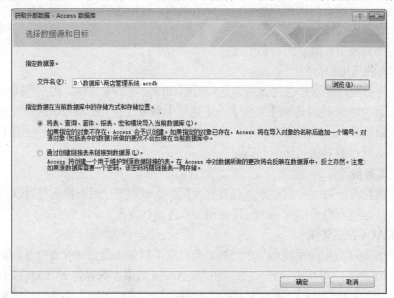

图 3.2 "获取外部数据 Access 数据库"对话框

②单击【确定】按钮，弹出如图 3.3 所示的"导入对象"对话框。

图 3.3 "导入对象"对话框

（3）在"表"选项卡中分别单击选中"订单""供应商""客户""类别""商品"表。

（4）单击【确定】按钮，完成表的导入。单击【关闭】按钮，返回"商店管理系统"数据库，导入表后的数据库如图 3.4 所示。

图 3.4 导入数据表后的"商贸管理系统"数据库

2．修改"商品"表

根据"商贸管理系统"数据库的应用需要，这里，我们将删除"商品"表中的"数量"字段，将"单价"字段名更改为"销售价"，并且新增"进货价"字段，字段属性同"销售价"。

（1）在导航窗格中用鼠标右键单击"商品"表，从快捷菜单中选择【设计视图】命令，打开表设计器。

（2）删除"数量"字段。

①选择"数量"字段。

②单击【表格工具】→【设计】→【工具】→【删除行】按钮 ，弹出如图 3.5 所示的删除字段提示框。

③单击【是】按钮，确认后删除该字段。

（3）选中"单价"字段，将其字段名称修改为"销售价"，并将有效性文本更改为"销售价应为正数！"。

（4）添加"进货价"字段。

① 选中"销售价"字段，单击【表格工具】→【设计】→【工具】→【插入行】按钮 ，在"销售价"字段上面插入一个空行。

② 输入字段名称"进货价"。

③ 设置数据类型为"货币"。

④ 设置字段属性。设置有效性规则为"＞0"，有效性文本为"进货价应为正数！"。

⑤ 单击快速访问工具栏中的【保存】按钮，弹出如图 3.6 所示的数据完整性规则更改的提示框。

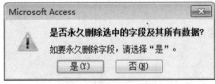

图 3.5 删除字段提示框

图 3.6 数据完整性规则已经更改的提示框

⑥ 单击【是】按钮确认。修改后的"商品"表的结构如图 3.7 所示，关闭表设计器。

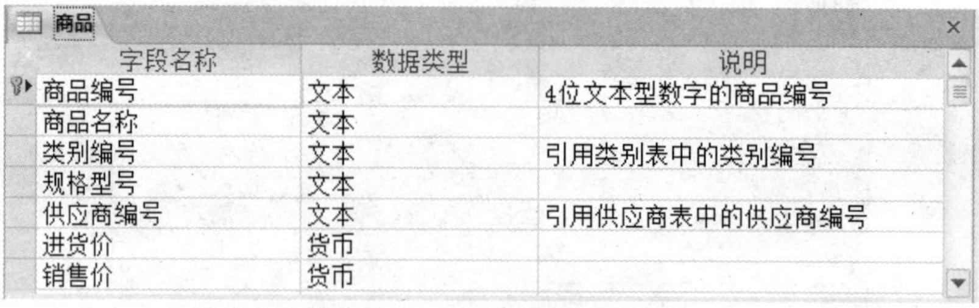

图 3.7 修改后的"商品"表设计器

3. 修改"订单"表

在"订单"表中，我们将在原表中增加"业务员""销售金额""是否付款"和"付款日期"字段，新增字段的属性如表 3.1 所示。

表 3.1 "订单"表新增字段的属性

字 段 名 称	数 据 类 型	字 段 大 小	其 他 设 置	说 明
业务员	文本	5	有（有重复）的索引	
销售金额	货币			销售价*订购量
是否付款	是/否			
付款日期	日期/时间			

（1）打开"订单"表的设计视图。

（2）在字段行最后添加"业务员"字段，设置数据类型为"文本"，字段大小为"5"，索引为"有（有重复）"。

（3）增加"销售金额"字段，设置数据类型为"货币"，输入字段说明"销售价*订购量"。

（4）增加"是否付款"字段，设置数据类型为"是/否"。

（5）增加"付款日期"字段，设置数据类型为"日期/时间"。

（6）修改后的"订单"表结构如图 3.8 所示，保存后关闭表设计器。

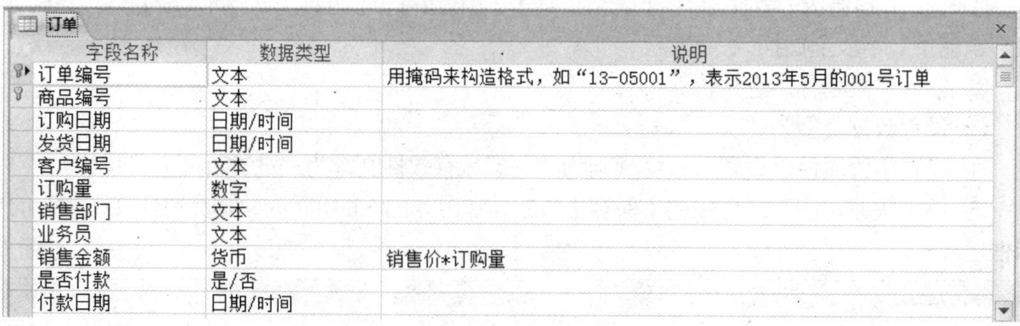

图 3.8 修改后的"订单"表设计器

4. 创建"进货表"

进货表的字段包括入库编号、商品编号、供应商编号、入库日期、数量和备注。

进货表主要用于记录入库的记录信息，结合实际工作的特点，我们确定了表中各字段的基本属性，如表 3.2 所示。

表 3.2 "进货表"的结构

字段名称	数据类型	字段大小	其他设置	说明
入库编号	文本	8	主键、有（无重复）的索引、设置掩码格式为"00\-00000"	用掩码来构造格式，如"13-09001"，表示 2013 年 9 月的 001 号进货单
商品编号	文本/查阅向导	4	有（有重复）的索引	与"商品"表中的项相同
供应商编号	文本/查阅向导	4	有（有重复）的索引	与"供应商"表中的项相同
入库日期	日期/时间			
数量	数字	整型	默认值为 0、必须输入>0 的整数、输入无效数据时提示"数量应为正整数！"、必填字段	
备注	备注			

（1）单击【创建】→【表格】→【表设计】按钮，打开表设计器。

（2）创建"入库编号"字段。如表 3.2 所示的属性设置"字段名称""数据类型""说明""字段大小""输入掩码"及"索引"，并将该字段设置为主键。

（3）创建"商品编号"字段。由于"商品编号"字段在"商品"表中已存在，因此这里的"商品编号"字段的属性设置与"商品"表中的项相同。将该字段设置为"查阅向导"，引用"商品"表中的"商品编号"。

（4）创建"供应商编号"字段。创建该字段的方法与创建"商品编号"字段的方法相同，该字段引用"供应商"表中的"供应商编号"。

（5）设置"入库日期"字段，将数据类型设置为"日期/时间"，其余属性为默认值。

（6）创建"数量"字段。设置数据类型为"数字"，字段大小为"整型"，默认值为"0"，有效性规则为">0"，有效性文本为"数量应为正整数!"，"必须"属性为"是"。

（7）设置"备注"字段，数据类型为"备注"，其余属性为默认值。

（8）保存"进货表"表结构。

5．创建"库存表"

根据实际工作情况，我们定义"库存表"的结构为以下字段：商品编号、商品名称、类别编号、规格型号、库存量。由于该表的字段类似于"商品"表，因此，该表的创建可通过复制"商品"表的结构后，稍作修改来完成。

（1）选中"商贸管理系统"数据库中的"商品"表。

（2）复制"商品"表的结构，生成新表"库存表"。

（3）修改"库存表"结构。

① 在数据库窗口中选择"库存表"，打开表设计器。

② 删除"供应商编号""进货价"和"销售价"字段。

③ 添加"库存量"字段。设置数据类型为"数字"，字段大小为"整型"，有效性规则为">=0"，

有效性文本为"库存不能为负数!"。

（4）保存后关闭表设计器。

8.3.3 维护数据表

1．修改"商品"表的数据

由于我们在"商品"表中新增了字段"进货价"，这里，需要为该列输入相应的数据。

（1）双击"商品"表，在数据表视图下打开表。

（2）为"进货价"一列添加如图3.9所示的数据值。

商品编号	商品名称	类别编号	规格型号	供应商编号	进货价	销售价
⊞ 0001	爱国者月光宝盒	001	PM5902plus	1103	¥195.00	¥259.00
⊞ 0002	内存条	003	金士顿 DDR3 1600 8G	1006	¥308.00	¥399.00
⊞ 0005	移动硬盘	003	希捷Backup Plus新睿品 1TB	1020	¥450.00	¥530.00
⊞ 0006	无线网卡	004	DWA-182 1200M 11AC	1011	¥226.00	¥310.00
⊞ 0007	惠普打印机	005	HP LaserJet Pro P1606dn	1205	¥1,350.00	¥1,850.00
⊞ 0008	宏基笔记本电脑	002	V5-471P-33224G50Mass	1018	¥3,350.00	¥4,085.00
⊞ 0010	Intel酷睿CPU	003	酷睿i7-3770	1006	¥1,579.00	¥1,999.00
⊞ 0011	佳能数码相机	006	Power Shot G1 X	1001	¥3,395.00	¥4,188.00
⊞ 0012	三星笔记本电脑	002	NP510R5E-S01CN	1028	¥3,768.00	¥4,645.50
⊞ 0015	索尼数码摄像机	006	SONY HDR-CX510E	1001	¥3,850.00	¥4,680.00
⊞ 0017	U盘	001	hp v220w 32G	1020	¥130.00	¥175.00
⊞ 0021	联想笔记本电脑	002	Lenovo Y400M	1009	¥3,860.00	¥4,655.00
⊞ 0022	闪存卡	006	SanDisk 32G-Class4	1015	¥95.00	¥130.00
⊞ 0025	硬盘	003	WD5000AVDS	1021	¥289.00	¥359.00
⊞ 0030	无线路由器	004	TL-WR740N	1011	¥60.00	¥85.00

记录: ◄ 第1项(共15项) ► ►► 无筛选器 搜索

图3.9 修改"商品"表的数据

2．修改"订单"表的数据

（1）打开"订单"表的数据表视图。

（2）为"订单"表中的"业务员""是否付款"和"付款时间"列添加如图3.10所示的数据。

订单编号	商品编号	订购日期	发货日期	客户编号	订购量	销售部门	业务员	销售金额	是否付款	付款日期
13-04001	0010	2013-4-2	2013-4-6	HN-1030	1	B部	夏蓝		✓	2013-4-2
13-04002	0005	2013-4-5	2013-4-10	HD-1022	3	A部	白瑞林		✓	2013-4-6
13-04002	0006	2013-4-5	2013-4-13	HD-1022	7	A部	杨立		✓	2013-4-8
13-04003	0001	2013-4-8	2013-4-12	DB-1009	4	B部	方艳芸		✓	2013-4-8
13-04003	0008	2013-4-8	2013-4-15	DB-1009	2	B部	李陵		☐	
13-04004	0011	2013-4-12	2013-4-17	HB-1001	3	A部	张勇		✓	2013-4-12
13-04005	0007	2013-4-26	2013-4-30	HB-1039	5	A部	张勇		☐	
13-04006	0002	2013-4-29	2013-5-2	XN-1012	14	A部	杨立		✓	2013-4-29
13-05001	0005	2013-5-5	2013-5-6	XB-1025	6	B部	夏蓝		✓	2013-5-5
13-05002	0010	2013-5-12	2013-5-15	HD-1006	2	B部	方艳芸		☐	
13-05003	0002	2013-5-16	2013-5-23	HD-1027	8	A部	白瑞林		✓	2013-5-18
13-05003	0006	2013-5-16	2013-5-17	HD-1027	3	A部	夏蓝		✓	2013-5-18
13-05003	0017	2013-5-16	2013-5-22	HD-1027	20	A部	李陵		✓	2013-5-18
13-05004	0001	2013-5-18	2013-5-25	HZ-1020	5	B部	方艳芸		✓	2013-5-20
13-05005	0022	2013-5-25	2013-5-28	HD-1027	8	B部	李陵		☐	
13-06001	0030	2013-6-3	2013-6-6	HD-1006	6	A部	张勇		✓	2013-6-4
13-06002	0021	2013-6-3	2013-6-11	XB-1025	1	B部	李陵		☐	
13-06003	0012	2013-6-4	2013-6-10	XN-1015	2	B部	杨立		✓	2013-6-4
13-06004	0008	2013-6-19	2013-6-21	DB-1010	3	A部	夏蓝		✓	2013-6-20
13-06005	0011	2013-6-21	2013-6-25	XN-1008	4	B部	白瑞林		✓	2013-6-22

记录: ◄ 第1项(共20项) ► ►► 无筛选器 搜索

图3.10 修改"订单"表的数据

3．输入"进货表"的数据

（1）打开"进货表"的数据表视图。

（2）为"进货表"输入数据，如图3.11所示。

进货表					
入库编号	商品编号	供应商编号	入库日期	数量	备注
13-06001	0002	1006	2013-6-5	25	
13-06002	0006	1001	2013-6-5	10	
13-06003	0011	1011	2013-6-6	8	
13-06004	0008	1020	2013-6-8	10	
13-06005	0007	1009	2013-6-10	5	
13-06006	0001	1018	2013-6-12	12	
13-06007	0022	1105	2013-6-15	6	
13-06008	0015	1103	2013-6-16	9	
13-06009	0005	1021	2013-6-17	15	
13-06010	0021	1205	2013-6-20	35	
13-06011	0030	1015	2013-6-23	20	
13-06012	0012	1028	2013-6-25	8	
13-06013	0017	1205	2013-6-26	11	
13-06014	0010	1103	2013-6-28	7	
13-06015	0025	1015	2013-6-29	38	

记录: ◄ 第1项(共15项) ► ►► ► 无筛选器　搜索

图3.11　输入"进货表"的数据

【提示】由于"商品编号"和"供应商编号"分别设置了查阅列引用"商品"表及"供应商"表中的相应字段，因此，输入时可直接从值列表中选择需要的数据值。

4．输入"库存表"的数据

（1）打开"库存表"的数据表视图。

（2）为"库存表"输入如图3.12所示的数据。

库存表				
商品编号	商品名称	类别编号	规格型号	库存量
⊞ 0001	爱国者月光宝盒	001	PM5902plus	10
⊞ 0002	内存条	003	金士顿 DDR3 1600 8G	32
⊞ 0005	移动硬盘	003	希捷Backup Plus新睿品 1TB	12
⊞ 0006	无线网卡	004	DWA-182 1200M 11AC	15
⊞ 0007	惠普打印机	005	HP LaserJet Pro P1606dn	10
⊞ 0008	宏基笔记本电脑	002	V5-471P-33224G50Mass	5
⊞ 0010	Intel酷睿CPU	003	酷睿i7-3770	8
⊞ 0011	佳能数码相机	006	Power Shot G1 X	12
⊞ 0012	三星笔记本电脑	002	NP510R5E-S01CN	6
⊞ 0015	索尼数码摄像机	006	SONY HDR-CX510E	7
⊞ 0017	U盘	001	hp v220w 32G	36
⊞ 0021	联想笔记本电脑	002	Lenovo Y400M	7
⊞ 0022	闪存卡	006	SanDisk 32G-Class4	19
⊞ 0025	硬盘	003	WD5000AVDS	12
⊞ 0030	无线路由器	004	TL-WR740N	16

记录: ◄ 第1项(共15项) ► ►► ► 无筛选器　搜索

图3.12　输入"库存表"的数据

8.3.4　建立表间关系

在商贸管理系统中，我们新增了"进货表"和"库存表"，因此，需要修改数据库中的表间关系。

（1）单击【数据库工具】→【关系】→【关系 】按钮，打开如图3.13所示的"关系"窗口。

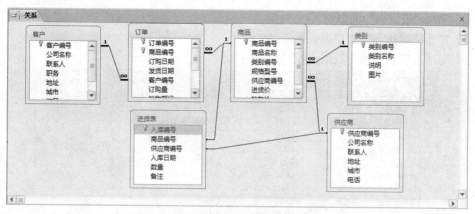

图 3.13　商贸管理系统中已有的数据表关系

（2）编辑"进货表"和"商品""供应商"表间的关系。

【提示】在"进货表"的创建过程中，由于"商品编号"和"供应商编号"分别设置了查阅列引用"商品"表及"供应商"表中的相应字段，因此已经建立了这三个表之间的关系。这里我们只需对这三个表之间的关系进行编辑。

① 编辑"进货表"和"商品"表之间的关系，勾选【实施参照完整性】复选框和【级联更新相关字段】复选框。

② 编辑"进货表"和"供应商"表之间的关系，勾选【实施参照完整性】复选框和【级联更新相关字段】复选框。

（3）在"关系"窗口中添加"库存表"。

① 鼠标右键单击"关系"窗口的空白位置，在弹出的快捷菜单中选择【显示表】命令，弹出如图 3.14 所示的"显示表"对话框。

② 选中"库存表"，单击【添加】按钮，将"库存表"添加到"关系"窗口中。

（4）建立"库存表"和"商品"表的关系。

① 将"商品"表中的"商品编号"字段拖曳到"库存表"中的"商品编号"字段处，释放鼠标，弹出如图 3.15 所示的"编辑关系"对话框。

图 3.14　"显示表"对话框

图 3.15　"编辑关系"对话框

② 勾选【实施参照完整性】复选框和【级联更新相关字段】复选框。

③ 单击【创建】按钮，即可建立"库存表"和"商品"表的一对一关系。

（5）编辑好的关系如图 3.16 所示，保存关系后关闭"关系"窗口。

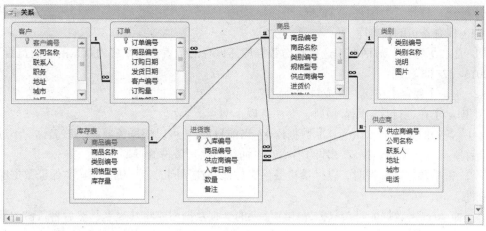

图 3.16　商贸管理系统的关系

8.4　任务拓展

8.4.1　备份数据库

Access 的数据库压缩和修复功能可以解决数据库损坏的一般问题，但如果数据库发生了严重的损坏，那么修复功能也不能修复所有受损的部分。增强数据库的安全性，保证数据库系统不会因为意外情况而遭到破坏的最有效的方法是经常备份数据库文件。如果 Access 数据库受到损坏，可以使用创建的备份来还原数据库。

备份数据库文件时，既可以使用 Windows 环境中复制文件的一般方法来备份，也可以在 Access 环境中备份。

备份数据库时，Access 首先会保存并关闭在"设计视图"中打开的对象，然后使用指定的名称和位置保存数据库文件的副本。在 Access 环境中备份数据库文件的一般操作步骤如下。

（1）启动 Access，打开指定的数据库，如"商贸管理系统"数据库。

（2）选择【文件】→【保存并发布】命令，显示如图 3.17 所示的 Microsoft Office Backstage 视图。

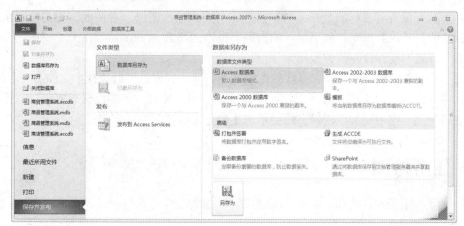

图 3.17　Microsoft Office Backstage 视图

（3）在右侧的"数据库另存为"区域中的"高级"下，选择【备份数据库】选项，单击【另存为】按钮，打开"另存为"对话框。

（4）保存备份的数据库。

① 在"另存为"对话框中选择备份数据库需保存的位置，文件名为默认的"商贸管理系统_2013-07-08"。

② 单击【保存】按钮，完成对"商贸管理系统"数据库的备份。

【提示】在进行数据库备份时，要注意以下两点。

① 备份的文件名默认为"原数据库名_当前日期"。可以根据需要更改该名称，不过默认名称既捕获了原始数据库文件的名称，也捕获了执行备份的日期。

② 备份数据库文件时，应尽量将备份文件保存在不同的计算机上，从而保证数据库的安全性。

还原 Access 数据库时，只需先删除原来的受损数据库或将其改名，然后将备份的数据库文件复制到原数据库文件所在的文件夹中，并将其改名为原数据库文件名。

8.4.2　设置数据库密码

为"商贸管理系统"数据库设置打开文件的密码。

（1）启动 Access，选择【文件】→【打开】命令，弹出"打开"对话框，选择"D:\数据库"文件夹中的"商贸管理系统"。

（2）单击【打开】按钮右侧的下三角按钮，选择【以独占方式打开】选项，然后以独占方式打开需设置密码的"商贸管理系统"数据库。

（3）选择【文件】→【信息】命令，在 Backstage 视图中单击【用密码进行加密】按钮，弹出如图 3.18 所示的"设置数据库密码"对话框。在"密码"文本框中输入密码"smglxt"，在"验证"文本框中再次输入"smglxt"以进行确认。

图 3.18　"设置数据库密码"对话框

（4）单击【确定】按钮，完成数据库密码的设置。

【提示】

（1）记住密码很重要。如果忘记了密码，Microsoft 将无法找回。最好将密码记录下来，保存在一个安全的地方，这个地方应该尽量远离密码所要保护的信息。

（2）打开设置有密码的数据库时，将弹出"要求输入密码"对话框。用户输入正确的密码，才能打开该数据库。如果输入的密码不正确，那么 Access 将弹出一个"密码无效"对话框，并且不允许打开该数据库。

（3）若要撤销数据库密码，可在独占模式下打开数据库，然后选择【文件】→【信息】命令，在 Backstage 视图中单击【解密数据库】按钮，弹出"撤销数据库密码"对话框，在"密码"文本框中输入原密码，然后单击【确定】按钮。

8.5　任务检测

（1）打开"计算机"窗口，查看"D:\数据库"文件夹中是否已创建好"商贸管理系统"数据库和备份数据库。

（2）打开"商贸管理系统"数据库，在导航窗格中选择"表"对象，查看数据库窗口中的表是否如图 3.19 所示包含 7 个表。

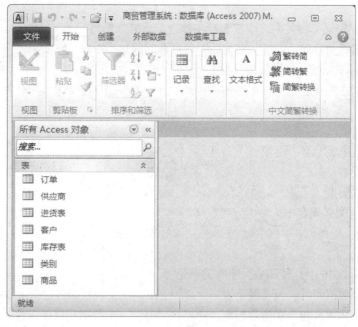

图 3.19　创建了 7 个表的数据库窗口

（3）打开"关系"窗口。检查数据库的关系是否如图 3.16 所示，是否存在孤立表。

8.6　任务总结

本任务通过创建和维护"商贸管理系统"数据库，使用户能更加熟练地创建 Access 数据库，并进行数据库的备份和安全设置等操作。在此基础上，通过导入"供应商""类别""客户""商品"和"订单"表，修改"商品"表和"订单"表，新建"进货表"和"库存表"，实现了对原有数据库的有效利用，为公司数据库系统的升级做好了准备。

8.7　巩固练习

一、填空题

1. 在关系数据库中，唯一标识一条记录的一个或多个字段为_____。

2. 如果在表中创建"基本工资额"字段，那么其数据类型应当是_____。

3. 将表中的某一字段定义为主键，其作用是保证字段中的每一个值都必须是_____（即不能重复），以便于索引。

4. _____就是修改和删除数据表之间已建立的关系。

5. 在 Access 数据库中设置_____，有助于快速查找和排序访问文本、数字、日期/时间、货币和自动编号数据类型的数据值。

6. "数字"数据类型可以被设置成_____、_____、"长整型""单精度型""双精度型""同步复制 ID"等。

7. 文本型用于控制字段输入的最大字符长度，这种类型允许最多包括_____个字符或数字，且所输入的文本内可包含数字、_____和符号，也可以输入一些不用于计算和排序的数值数据。

8. 如果用户定义了表关系，则在删除主键之前，必须先将_____删除。

9. 对记录进行排序时，若要从前往后对日期和时间进行排序，应使用_____排序；若要从后往前对日期和时间进行排序，应使用_____排序。

10. Access 用参照完整性来确定表中记录之间_____的有效性，并不会因意外而删除或更改相关数据。

二、选择题

1. 定义表结构时，不用定义（   ）。
    A. 字段名　　　　　　　　　　B. 数据库名
    C. 字段类型　　　　　　　　　D. 字段长度

2. 多个表之间必须有（   ）方有意义。
    A. 查询　　　　　　　　　　　B. 关联
    C. 字段　　　　　　　　　　　D. 以上皆是

3. 在 Access 2010 中，表和数据库的关系是（   ）。
    A. 一个数据库可以包含多个表　　B. 一个表只能包含两个数据库
    C. 一个表可以包含多个数据库　　D. 一个数据库只能包含一个表

4. 数据表中的"行"被称为（   ）。
    A. 字段　　　　　　　　　　　B. 数据
    C. 记录　　　　　　　　　　　D. 数据视图

5. 定义字段的默认值是指（   ）。
    A. 不得使字段为空
    B. 不允许字段的值超出某个范围
    C. 在输入数值之前，系统自动提供数值
    D. 系统自动把小写字母转换为大写字母

6. Access 表中的数据类型不包括（   ）。
    A. 文本　　　　　　　　　　　B. 备注
    C. 通用　　　　　　　　　　　D. 日期/时间

7. 下面选项中完全属于 Access 数据类型的是（   ）。
    A. OLE 对象、查阅向导、日期/时间型　B. 数值型、自动编号型、文字型
    C. 字母型、货币型、查阅向导　　D. 是/否型、OLE 对象、网络链接

8. 下列有关字段属性的叙述错误的是（   ）。
    A. 字段大小可用于设置文本、数字或自动编号等类型字段的最大容量
    B. 可对任意类型的字段设置默认值属性
    C. 有效性规则属性是用于限制此字段输入值的表达式
    D. 不同的字段类型，其字段属性有所不同

9. 如果要把数据表中的"英语精读"列名称更改为"英语一级"，它可在数据表视图中的"（   ）"中改动。
    A. 总计　　　　　　　　　　　B. 字段
    C. 准则　　　　　　　　　　　D. 显示

10. 把字段定义为（　　），其作用是使字段中的每一个记录都是唯一的以便于索引。

   A. 索引　　　　　　　　　　　　B. 主键

   C. 必填字段　　　　　　　　　　D. 有效性规则

三、思考题

1. 设置参照完整性的意义是什么？

2. 主关键字的作用是什么？

四、设计题

1. 新建一个名为"学籍管理.Accdb"的数据库文件。

2. 在"学籍管理.Accdb"数据库中新建 3 个表对象，并将其分别命名为"学生情况表"（见表 3.3）、"学生成绩表"（见表 3.4）和"学生学籍表"（见表 3.5）；然后根据以下要求设置合适的结构并输入相应的数据。

   （1）在 3 个表中均将"学号"字段设置为主键。

   （2）"学生情况表"要求将"性别"字段设置为值列表字段，输入时可从下拉列表中选择"男"或"女"；将"出生日期"字段设置为"长日期"格式；要求学号必须输入 6 个字符。

   （3）将"学生成绩表"和"学生学籍表"表中的"学号"字段设置为查阅字段，以引用"学生情况表"中相应字段的值。将"分数"字段长度设置为单精度型，并且不能超过 100 分，若超过，则报错。

   （4）其余未作说明的字段自己设置。

   （5）3 个表中的具体数据如表 3.3～表 3.5 所示，根据实际情况将数据输入到相应的表中。

   （6）复制"学生情况表"的表结构，复制后的表命名为"评语为'优'的学生名单"。

3. 为 3 个表分别按合适的字段创建"实施参照完整性"的一对一或一对多的关系。

表 3.3　学生情况表

学号	姓名	出生日期	年龄	性别	班级	评语	照片
10rj01	张小丽	1993-3-16		女	10 软件技术	优	
10rj02	林凯	1991-3-15		男	10 软件技术	良	
10wl01	李婷婷	1992-5-12		女	10 网络管理	中	
10wl02	刘志则	1991-2-26		男	10 网络管理	优	
10××01	刘哲	1992-4-16		男	10 计算机信息管理	良	
10××02	王一琳	1993-2-23		女	10 计算机信息管理	中	
10××03	王帅	1992-11-12		男	10 计算机信息管理	优	

表 3.4　学生成绩表

学　号	课程编号	分　数
10rj01	C#	86
10rj02	C#	60
10wl01	wljc	44
10wl02	wljc	91
10××01	sjkjs	87
10××02	sjkjs	40
10××03	sjkjs	95

表 3.5　学生学籍表

学　号	入 学 时 间	毕 业 时 间	毕 业 资 格
10rj01		2013-7-1	
10rj02		2013-7-1	
10wl01			
10wl02		2013-7-1	
10××01		2013-7-1	
10××02			
10××03		2013-7-1	

工作任务 9 设计和创建查询

9.1 任务描述

随着公司销售规模的不断扩大,在经营管理过程中,需要随时能够方便且快捷地查询商品、订单、客户、进货以及库存信息。同时需要进行商品的利润率统计,更新和统计商品的库存量,按月统计销售部门的销售额,结算客户的消费额度,统计业务员的销售业绩等,为公司的销售决策提供可靠的依据。在本任务中,我们将通过多参数查询、更新查询、计算查询、交叉表查询和 SQL 查询来实现以上查询功能。

9.2 业务咨询

9.2.1 交叉表查询

交叉表查询是 Access 支持的另一类查询对象。使用交叉表查询可以计算并重新组织数据的结构,这样可以更加方便地分析数据。

交叉表查询是将来源于某个表中的字段进行分组,一组放在交叉表最左端的行标题处,它将某一字段的相关数据放入指定的行中,一组放在交叉表最上面的列标题处,它将某一字段的相关数据放入指定的列中,并在交叉表行与列的交叉处显示表中某个字段的各种计算值,如总计、平均值及计数等。例如,在"商贸管理系统"数据库的"订单"表中,如果希望得到各个业务员的销售总金额一览表,就需要应用交叉表查询来实现。

在交叉表查询中,最多可以指定 3 个行标题,但只能指定一个列字段和一个总计类型的字段。

创建交叉表查询时,可以使用交叉表查询向导,也可以使用查询设计器。若使用交叉表查询向导,那么其查询的数据源只能有一个,否则,需要先创建包含查询字段的查询,然后利用该查询作为交叉表查询的数据源。

9.2.2 SQL 查询

SQL 查询是用户使用 SQL 语句创建的查询。可以用结构化查询语言(SQL)来查询、更新和管理 Access 关系数据库。

在查询设计视图中创建查询时,Access 将在后台构造等效的 SQL 语句。实际上,在查询设计视图的属性表中,大多数查询属性在 SQL 视图中都有等效的可用子句和选项。如果需要,可以在 SQL 视图中查看和编辑 SQL 语句。

1．SQL 查询语句的语法

SELECT [ALL | * | DISTINCT | TOP] 查询项 1 [查询项 2…]

FROM 数据源

[WHERE 条件]

[GROUP BY 分组表达式]

[HAVING 条件]

[ORDER BY 排序项 | [ASC | DESC]

2．常用选项的说明

在上面的语法格式中，[ ]外的语句是必须的，[ ]内的语句是可选的。对于以"|"分隔的操作符，语法必须从"|"分隔的操作符中选择一个。

查询项是指要输出的查询项目。通常是字段名或表达式，也可以是常数。

数据源可以是表，也可以是查询。

排序项指定排序的关键字，可以是一个字段，也可以是多个字段。

（1）SELECT 语句。

在 SELECT 语句中，SELECT 指定需要检索的字段，FROM 指定要查询的表，WHERE 指定选择记录的条件，另外还可以用 ORDER BY 语句来指定排序记录。

① ALL：返回查询到的所有记录，包括那些重复的记录，ALL 关键字可以省略。

② *：返回数据源中所有字段的信息，如 SELECT * FROM 商品。

③DISTINCT：如果多个记录的选择字段的数据相同，则只返回一个。

④ TOP：显示查询头尾若干记录，可返回记录的百分比，这里要用 TOP N PERCENT 子句（其中 N 表示百分比）。

（2）FROM 子句。

FROM 子句指定 SELECT 语句中的数据来源。FROM 子句后面可以是一个或多个表达式，它们之间用逗号分隔。其中的表达式可为单一表名称，也可为已保存的查询或由 INNER JOIN、LEFT JOIN、RIGHT JOIN 得到的复合结果。

（3）WHERE 子句。

WHERE 子句是一个行选择说明子句，用这个语句可以指定查询条件，然后对表中的记录进行限制。当 WHERE 后面的行选择说明为真的时候，才将这些行作为查询的行，而且在 WHERE 中还可以有多种约束条件，这些条件可以通过"AND""OR"这样的逻辑运算符连接起来。

（4）GROUP BY 子句。

GROUP BY 子句指明了按照哪几个字段来分组，而将记录分组后，用 HAVING 子句过滤这些记录。GROUP BY 子句的语法如下。

SELECT fieldlist

FROM table

WHERE criteria

[GROUP BY groupfieldlist [HAVING groupcriteria]]

（5）ORDER BY 子句。

ORDER BY 子句按一个或多个（最多 16 个）字段排序查询结果，可以是升序（ASC）也可以是降序（DESC），默认是升序。ORDER 子句通常放在 SQL 语句的最后。如果 ORDER

子句中定义了多个字段，则按照字段的先后顺序排列。

9.3　任务实施

9.3.1　统计订单的销售金额

在"订单"表中，"销售金额"字段的数据值可通过"订购量"与"商品"表中的"销售价"相乘计算出。因此，在编辑"订单"表时，该列数据可不用输入。这里，我们使用更新查询为其进行数据填充。

（1）打开"商贸管理系统"数据库。

（2）单击【创建】→【查询】→【查询设计】按钮，打开查询设计器。

（3）在"显示表"对话框中选择"订单"表和"商品"表作为查询数据源。

（4）单击【查询工具】→【设计】→【查询类型】→【更新】按钮 ，指定将默认的查询类型由"选择查询"变为"更新查询"。

（5）将"订单"表的"销售金额"字段添加到查询设计器的设计区中。

（6）在"销售金额"字段的"更新到"网格处单击鼠标右键，在弹出的快捷菜单中选择【生成器】命令，弹出"表达式生成器"对话框，然后构建如图3.20所示的销售金额计算表达式。

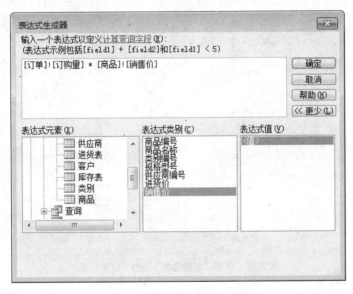

图 3.20　"表达式生成器"对话框

（7）单击【确定】按钮，返回查询设计器，构建出如图3.21所示的"销售金额"计算表达式。

154

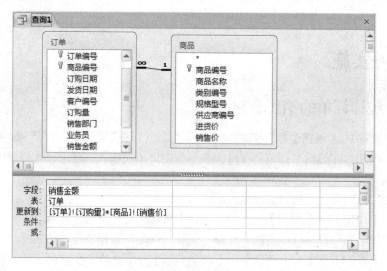

图 3.21　构造销售金额更新查询

（8）将查询保存为"统计订单的销售金额"。

（9）运行查询，执行更新操作。

（10）打开"订单"数据表，即可看见更新后的"订单"表如图 3.22 所示。

订单编号	商品编号	订购日期	发货日期	客户编号	订购量	销售部门	业务员	销售金额	是否付款	付款日期
13-04001	0010	2013-4-2	2013-4-6	HN-1030	1	B部	夏蓝	¥1,999.00	☑	2013-4-2
13-04002	0005	2013-4-5	2013-4-10	HD-1022	3	A部	白瑞林	¥1,590.00	☑	2013-4-6
13-04002	0006	2013-4-5	2013-4-13	HD-1022	7	A部	杨立	¥2,170.00	☑	2013-4-8
13-04003	0001	2013-4-8	2013-4-12	DB-1009	4	B部	方艳芸	¥1,036.00	☑	2013-4-8
13-04003	0008	2013-4-8	2013-4-15	DB-1009	2	B部	李陵	¥8,170.00	☐	
13-04004	0011	2013-4-12	2013-4-17	HB-1001	3	A部	张勇	¥12,564.00	☑	2013-4-12
13-04005	0007	2013-4-26	2013-4-30	HB-1039	5	A部	张勇	¥9,250.00	☐	
13-04006	0002	2013-4-29	2013-5-2	XN-1012	14	A部	杨立	¥5,586.00	☑	2013-4-29
13-05001	0005	2013-5-5	2013-5-6	XB-1025	6	B部	夏蓝	¥3,180.00	☑	2013-5-5
13-05002	0010	2013-5-12	2013-5-15	HD-1006	2	B部	方艳芸	¥3,998.00	☐	
13-05003	0002	2013-5-16	2013-5-23	HD-1027	8	A部	白瑞林	¥3,192.00	☑	2013-5-18
13-05003	0006	2013-5-16	2013-5-17	HD-1027	3	A部	夏蓝	¥930.00	☑	2013-5-18
13-05003	0017	2013-5-16	2013-5-22	HD-1027	20	A部	李陵	¥3,500.00	☑	2013-5-18
13-05004	0001	2013-5-18	2013-5-25	HZ-1020	5	B部	方艳芸	¥1,295.00	☑	2013-5-20
13-05005	0022	2013-5-18	2013-5-27	HD-1032	8	B部	李陵	¥1,040.00	☐	
13-06001	0030	2013-6-3	2013-6-6	HB-1006	6	A部	张勇	¥510.00	☑	2013-6-4
13-06002	0021	2013-6-3	2013-6-11	XB-1025	1	B部	李陵	¥4,655.00	☐	
13-06003	0012	2013-6-4	2013-6-10	XN-1015	2	B部	杨立	¥9,291.00	☑	2013-6-4
13-06004	0008	2013-6-19	2013-6-20	DB-1010	3	A部	夏蓝	¥12,255.00	☑	2013-6-20
13-06005	0011	2013-6-21	2013-6-25	XN-1008	4	B部	白瑞林	¥16,752.00	☑	2013-6-22

图 3.22　更新"销售金额"后的"订单"表

9.3.2　更新商品库存量

"库存表"中原有的"库存量"为期初库存量，当有了进货之后，该库存量会随之发生变化。我们可以通过更新查询来实现库存量的修改，即新的库存量=原库存量+进货数量。

（1）打开查询设计器，将"库存表"和"进货表"添加到查询设计器中作为数据源。

（2）单击【查询工具】→【设计】→【查询类型】→【更新】按钮，指定将默认的查询类型由"选择查询"变为 "更新查询"。

（3）将"库存表"的"库存量"字段添加到查询设计器的设计区中。

（4）在"库存量"字段的"更新到"网格处单击鼠标右键，在弹出的快捷菜单中选择【生成器】命令，弹出"表达式生成器"对话框，然后构建如图 3.23 所示的库存量计算表达式。

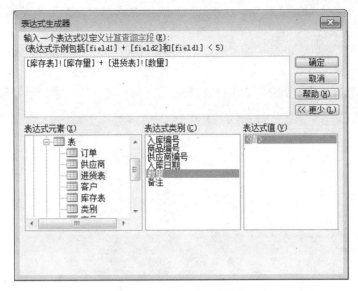

图 3.23　库存量计算表达式

（5）单击【确定】按钮，返回查询设计器，构建出库存量计算表达式。

（6）将查询保存为"更新库存量"。

（7）运行查询，执行更新操作。

（8）打开"库存表"数据表，即可看见更新后的"库存表"，如图 3.24 所示。

库存表					
商品编号 ·	商品名称 ·	类别编号 ·	规格型号 ·		库存量 ·
⊞ 0001	爱国者月光宝盒	001	PM5902plus		22
⊞ 0002	内存条	003	金士顿 DDR3 1600 8G		57
⊞ 0005	移动硬盘	003	希捷Backup Plus新睿品 1TB		27
⊞ 0006	无线网卡	004	DWA-182 1200M 11AC		25
⊞ 0007	惠普打印机	005	HP LaserJet Pro P1606dn		15
⊞ 0008	宏基笔记本电脑	002	V5-471P-33224G50Mass		15
⊞ 0010	Intel酷睿CPU	003	酷睿i7-3770		15
⊞ 0011	佳能数码相机	006	Power Shot G1 X		20
⊞ 0012	三星笔记本电脑	002	NP510R5E-S01CN		14
⊞ 0015	索尼数码摄像机	006	SONY HDR-CX510E		16
⊞ 0017	U盘	001	hp v220w 32G		47
⊞ 0021	联想笔记本电脑	002	Lenovo Y400M		42
⊞ 0022	闪存卡	006	SanDisk 32G-Class4		25
⊞ 0025	硬盘	003	WD5000AVDS		50
⊞ 0030	无线路由器	004	TL-WR740N		36

记录: ◄ 第 1 项(共 15 项) ► ►► ►✳ 无筛选器　搜索

图 3.24　更新"库存量"后的"库存表"

9.3.3　查看订单明细信息

为了查看到详细的订单信息，这里，我们将通过多表查询和字段别名，在订单明细查询中显示订单编号、商品名称、规格型号、销售价、订购日期、发货日期、订购量、销售金额、销售部门、业务员、公司名称以及客户地址等信息。

（1）打开查询设计器，将"订单""商品"和"客户"表添加到查询设计器中作为数据源。

（2）依次添加"订单编号""商品名称""规格型号""销售价""订购日期""发货日期"

"订购量""销售金额""销售部门""业务员""公司名称"和"地址"字段到查询设计器的设计区中。

（3）在"字段"行中，将最后的"地址"字段修改为"客户地址:地址"以作为"地址"字段的别名，如图 3.25 所示。

（4）以"查看订单明细信息"为名保存查询。运行查询后得到如图 3.26 所示的查询结果。

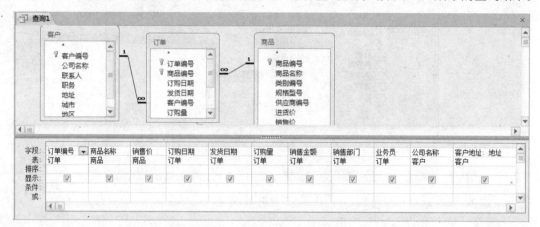

图 3.25　构建订单明细信息查询

图 3.26　"查看订单明细信息"查询结果

9.3.4　按时间段查询订单信息

在销售管理过程中，为了了解某一时段的销售情况，查看订单时，可根据给出的时间范围，使用双参数查询动态地显示指定时间段内的订单。

（1）打开查询设计器，将"订单"表添加到查询设计器中作为数据源。

（2）将"订单"表的所有字段添加到查询设计器的设计区中。

（3）在"订购日期"字段下方设置条件"Between[起始时间]And[结束时间]"，如图 3.27 所示。

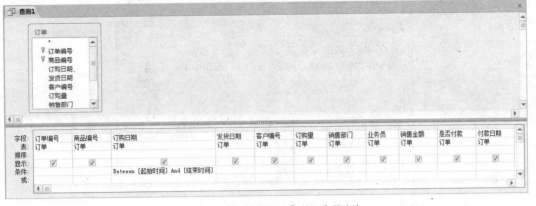

图 3.27　构建"订购日期"的双参数查询

【提示】上面的查询条件也可写为 ">=[起始时间]And<=[结束时间]"。

（4）以"按时间段查询订单信息"为名保存查询。运行查询时，将依次弹出如图 3.28 所示的两个"输入参数值"对话框。

图 3.28　"输入参数值"对话框

（5）如果想查询 2013-4-20 到 2013-5-20 之间的订单，则在第一个文本框中输入"2013-4-20"，单击【确定】按钮后，在第二个文本框中输入"2013-5-20"，再次单击【确定】按钮后，得到如图 3.29 所示的查询结果。

订单编号	商品编号	订购日期	发货日期	客户编号	订购量	销售部门	业务员	销售金额	是否付款	付款日期
13-04006	0002	2013-4-29	2013-5-2	XN-1012	14	A部	杨立	¥5,586.00	☑	2013-4-29
13-05002	0010	2013-5-12	2013-5-15	HD-1006	2	B部	方艳芸	¥3,998.00	☐	
13-05003	0006	2013-5-16	2013-5-17	HD-1027	3	A部	夏蓝	¥930.00	☑	2013-5-18
13-05003	0017	2013-5-16	2013-5-22	HD-1027	20	A部	李陵	¥3,500.00	☑	2013-5-18
13-05003	0002	2013-5-16	2013-5-23	HD-1027	8	A部	白瑞林	¥3,192.00	☑	2013-5-18
13-05004	0001	2013-5-18	2013-5-25	HZ-1020	5	B部	方艳芸	¥1,295.00	☑	2013-5-20
13-05001	0005	2013-5-5	2013-5-6	XB-1025	6	B部	夏蓝	¥3,180.00	☐	2013-5-5
13-04005	0007	2013-4-26	2013-4-30	HB-1039	5	A部	张勇	¥9,250.00	☐	

记录：第1项(共8项)　无筛选器　搜索

图 3.29　按时间段查询订单信息

9.3.5　查看各种商品的销售毛利率

在商品的销售管理过程中，为了分析商品的销售利润率，我们可利用表中已有字段的数据，通过添加计算字段"销售毛利率"，并构建"销售毛利率"的表达式，即销售毛利率＝（销售价－进货价）/销售价×100%，然后运行查询来实现。

（1）打开查询设计器，将"商品"表添加到查询设计器中作为数据源。

（2）将"商品"表的所有字段添加到查询设计器的设计区中。

（3）构建"销售毛利率"字段。

① 鼠标右键单击"字段"行右边的空白网格，从快捷菜单中选择【生成器】命令，弹出"表达式生成器"对话框。

② 构建如图 3.30 所示的"销售毛利率"的计算表达式。

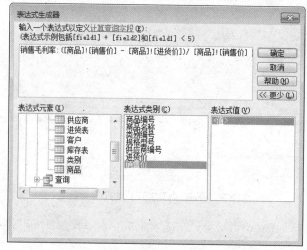

图 3.30 "销售毛利率"的计算表达式

【提示】在 Access 中,"%"作为通配符使用,与任何个数的字符匹配。因此,不能将上面的表达式写作"销售毛利率:([商品]![销售价]−[商品]![进货价])/[商品]![销售价]*100%"。作为销售毛利率,需要显示为百分比格式时,可通过设置该网格的数据格式来实现。

③ 单击【确定】按钮,返回查询设计器。

④ 设置"销售毛利率"字段为百分比格式。

a. 鼠标右键单击新建的计算字段"销售毛利率",从快捷菜单中选择【属性】命令,弹出"属性表"对话框。

b. 选择"常规"选项卡,从"格式"下拉列表中选择"百分比",然后设置"小数位数"为1,如图 3.31 所示。

c. 关闭"字段属性"对话框,返回查询设计器。

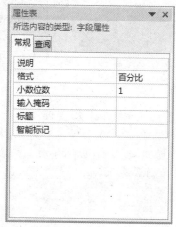

图 3.31 "属性表"对话框

(4)以"查看各种商品的销售毛利率"为名保存查询。运行查询,得到如图 3.32 所示的查询结果。

商品编号	商品名称	类别编号	规格型号	供应商编号	进货价	销售价	销售毛利率
0001	爱国者月光宝盒	001	PM5902plus	1103	¥195.00	¥259.00	24.7%
0002	内存条	003	金士顿 DDR3 1600 8G	1006	¥308.00	¥399.00	22.8%
0005	移动硬盘	003	希捷Backup Plus新睿品 1TB	1020	¥450.00	¥530.00	15.1%
0006	无线网卡	004	DWA-182 1200M 11AC	1011	¥226.00	¥310.00	27.1%
0007	惠普打印机	005	HP LaserJet Pro P1606dn	1205	¥1,350.00	¥1,850.00	27.0%
0008	宏基笔记本电脑	002	V5-471P-33224G50Mass	1018	¥3,350.00	¥4,085.00	18.0%
0010	Intel酷睿CPU	003	酷睿i7-3770	1006	¥1,579.00	¥1,999.00	21.0%
0011	佳能数码相机	006	Power Shot G1 X	1001	¥3,395.00	¥4,188.00	18.9%
0012	三星笔记本电脑	002	NP510R5E-S01CN	1028	¥3,768.00	¥4,645.50	18.9%
0015	索尼数码摄像机	006	SONY HDR-CX510E	1001	¥3,850.00	¥4,680.00	17.7%
0017	U盘	001	hp v220w 32G	1020	¥130.00	¥175.00	25.7%
0021	联想笔记本电脑	009	Lenovo Y400M	1009	¥3,860.00	¥4,655.00	17.1%
0022	闪存卡	006	SanDisk 32G-Class4	1015	¥95.00	¥130.00	26.9%
0025	硬盘	003	WD5000AVDS	1021	¥289.00	¥359.00	19.5%
0030	无线路由器	004	TL-WR740N	1011	¥60.00	¥85.00	29.4%

记录: ◄ ◄ 第1项(共 15 项) ► ►◄   无筛选器   搜索

图 3.32 "查看各种商品的销售毛利率"查询结果

9.3.6 汇总各部门各业务员的销售业绩

在前面创建的选择查询中，查询的结果是从数据表中显示满足条件的记录或显示部分字段的明细数据。如果想得到汇总结果，那么可通过交叉表查询实现数据的分类汇总。这里，我们将利用交叉表查询汇总各部门各业务员的销售业绩。

（1）单击【创建】→【查询】→【查询向导】按钮，打开如图 3.33 所示的"新建查询"对话框。

（2）选择【交叉表查询向导】后，单击【确定】按钮，弹出如图 3.34 所示的"交叉表查询向导"第 1 步对话框。

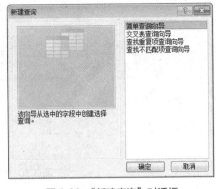

图 3.33 "新建查询"对话框

（3）指定交叉表查询的数据源为"订单"表，单击【下一步】按钮，弹出如图 3.35 所示的"交叉表查询向导"第 2 步对话框，确定交叉表查询中的行标题字段。

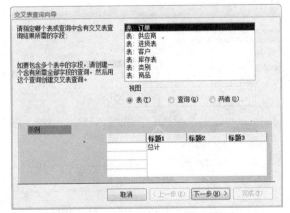

图 3.34 "交叉表查询向导"对话框

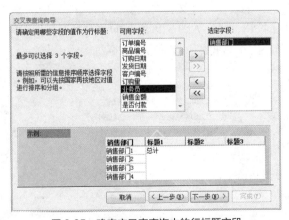

图 3.35 确定交叉表查询中的行标题字段

（4）将行标题"销售部门"字段添加到"选定字段"列表框中，单击【下一步】按钮，弹出如图 3.36 所示的"交叉表查询向导"第 3 步对话框，然后确定交叉表查询中的列标题字段。

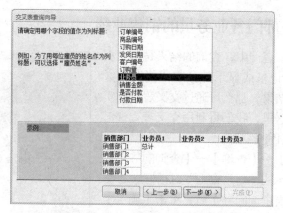

图 3.36 确定交叉表查询中的列标题字段

（5）将"业务员"字段作为列标题，单击【下一步】按钮，弹出如图 3.37 所示的"交叉表查询向导"第 4 步对话框，然后确定行列交叉点的值字段及函数。

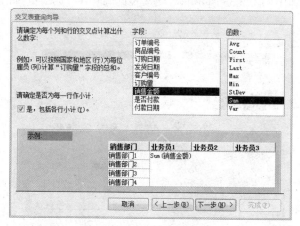

图 3.37 确定行列交叉点的值字段和函数

（6）选择"销售金额"字段作为交叉表中的值，并设置"函数"为"求和"。

（7）单击【下一步】按钮，弹出如图 3.38 所示的"交叉表查询向导"第 5 步对话框。输入"汇总统计各部门各业务员的销售业绩"作为查询的名称。

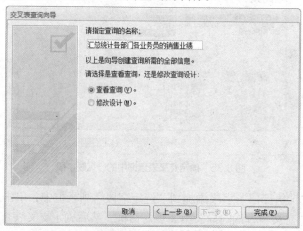

图 3.38 指定查询名称

（8）选中【查看查询】单选按钮，单击【完成】按钮，显示如图 3.39 所示的查询结果。

（9）关闭查询，完成交叉表查询的创建。

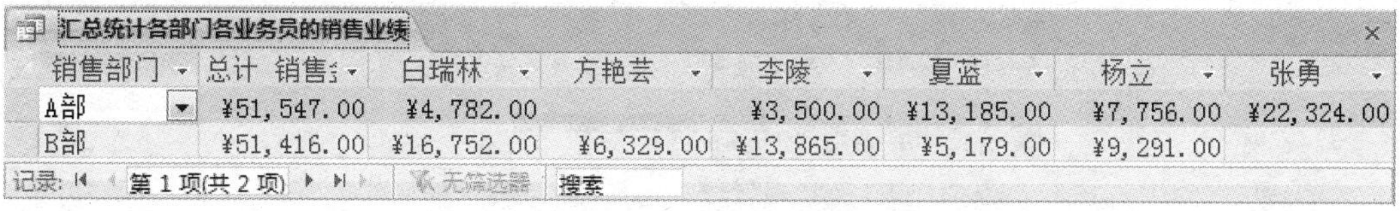

汇总统计各部门各业务员的销售业绩							
销售部门	总计 销售	白瑞林	方艳芸	李陵	夏蓝	杨立	张勇
A部	¥51,547.00	¥4,782.00		¥3,500.00	¥13,185.00	¥7,756.00	¥22,324.00
B部	¥51,416.00	¥16,752.00	¥6,329.00	¥13,865.00	¥5,179.00	¥9,291.00	

记录：第 1 项(共 2 项)　无筛选器　搜索

图 3.39　汇总统计各部门各业务员的销售业绩的结果

9.3.7　汇总统计各部门每月的销售金额

为了查看各部门每月销售金额的完成情况，这里，我们使用交叉表查询汇总统计各部门每月的销售金额。

（1）单击【创建】→【查询】→【查询向导】按钮，打开"新建查询"对话框。

（2）选择【交叉表查询向导】后，单击【确定】按钮，弹出"交叉表查询向导"第 1 步对话框。

（3）在对话框中选中"视图"中的【查询】单选按钮，从列表中指定交叉表查询数据源为"查看订单明细信息"查询，如图 3.40 所示。

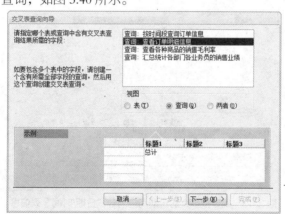

图 3.40　指定"查询"为数据源

（4）单击【下一步】按钮，弹出如图 3.41 所示的"交叉表查询向导"第 2 步对话框，确定交叉表查询中的行标题字段。

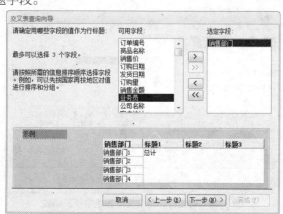

图 3.41　确定交叉表查询中的行标题字段

（5）将行标题"销售部门"字段添加到"选定字段"列表中，单击【下一步】按钮，弹出如图 3.42 所示的"交叉表查询向导"第 3 步对话框，确定交叉表查询中的列标题字段。

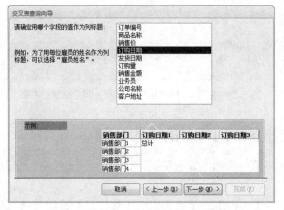

图 3.42　确定交叉表查询中的列标题字段

（6）将"订购日期"字段作为列标题，单击【下一步】按钮，弹出如图 3.43 所示的"交叉表查询向导"第 4 步对话框，确定按多大的日期间隔划分"日期/时间"列信息。

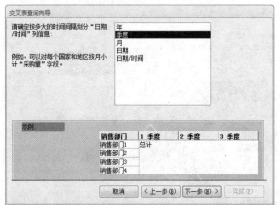

图 3.43　确定按多大的日期间隔划分"日期/时间"列信息

（7）选择按"季度"划分，单击【下一步】按钮，弹出如图 3.44 所示的"交叉表查询向导"第 5 步对话框，确定行和列交叉点的值字段及函数。

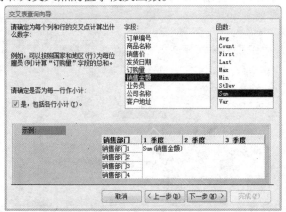

图 3.44　确定行和列交叉点的值字段及函数

（8）选择"销售金额"字段作为交叉表中的值，并设置"函数"为"求和"。

（9）单击【下一步】按钮，弹出"交叉表查询向导"第6步对话框，指定查询名称，这里输入"汇总统计各部门每月的销售金额"。

（10）选择【修改设计】单选按钮，单击【完成】按钮，显示如图3.45所示的查询设计器。

（11）将列标题的字段修改为"Format([订购日期],"m") & "月""，如图3.46所示。

图3.45　查询设计器

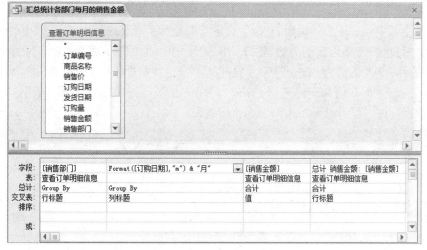

图3.46　修改查询的列标题字段

（12）运行查询，显示如图3.47所示的查询结果。

图3.47　汇总统计各部门每月的销售金额

（13）保存查询，关闭查询窗口。

9.3.8 查询 "订单" 表中未付款的订单

除了选择查询、参数查询、操作查询及交叉表查询外，Access 还支持用 SQL 语言（结构化查询语言）进行查询，从而使查询更方便、快捷。在查询中使用 SQL 语句可以完成查询向导或设计视图难以完成的查询，如传递查询、数据定义查询等。

这里，我们使用 SQL 的 Select 语句，查询 "订单" 表中未付款的订单。

（1）单击【创建】→【查询】→【查询设计】按钮，打开查询设计器，不添加查询源，直接关闭 "显示表" 对话框。

（2）单击【查询工具】→【设计】→【查询类型】→【联合】按钮 ∞ 联合，指定将默认的查询类型由 "选择查询" 变为 "联合查询"，如图 3.48 所示。

（3）在窗口编辑器中输入如图 3.49 所示的语句。

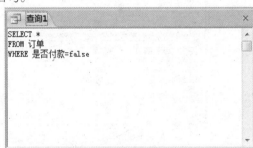

图 3.48　SQL 联合查询窗口　　　　图 3.49　"订单" 表中未付款订单的 SQL 查询语句

【提示】其中 select 子句后面的 "*" 表示查询显示所有字段；from 子句中的 "订单" 表示引用 "订单" 表作为查询的数据源；where 子句中的 "是否付款=false" 表示查询条件为字段 "是否付款" 的值为 "false"。对于是/否型数据，在数据表中，是/否型用 □ 表示 "否"，用 ☑ 表示 "是"，而在语句中，则用 "true" 表示 "是"，用 "false" 表示 "否"。

（4）运行查询，得到如图 3.50 所示的查询结果。

订单编号	商品编号	订购日期	发货日期	客户编号	订购量	销售部门	业务员	销售金额	是否付款	付款日期
13-04003	0008	2013-4-8	2013-4-15	DB-1009	2	B部	李陵	¥8,170.00	□	
13-05002	0010	2013-5-12	2013-5-15	HD-1006	2	B部	方艳芸	¥3,998.00	□	
13-06002	0021	2013-6-3	2013-6-11	XB-1025	1	B部	李陵	¥4,655.00	□	
13-05005	0022	2013-5-25	2013-5-27	HD-1032	8	B部	李陵	¥1,040.00	□	
13-04005	0007	2013-4-26	2013-4-30	HB-1039	5	A部	张勇	¥9,250.00	□	

记录: ◄ ◄ 第1项(共5项) ► ►► ►* 无筛选器　搜索

图 3.50　未付款的订单

（5）以 "查询 '订单' 表中未付款的订单" 为名保存查询，关闭查询窗口。

9.3.9 查询 A 部 2013 年 5 月份的销售记录

在 SQL 查询中，当进行复合条件查询时，查询条件有多个，条件表达式之间可以通过 And 和 Or 来连接。这里我们要查询 A 部 2013 年 5 月份的销售记录，涉及的条件有两个，分别为销售部门= "A 部"、订购日期 Between #2013-5-1# And #2013-5-31#。

（1）单击【创建】→【查询】→【查询设计】按钮，打开查询设计器，不添加查询源，直接关闭 "显示表" 对话框。

（2）单击【查询工具】→【设计】→【查询类型】→【联合】按钮 ∞ 联合，指定将默认的查询类型由"选择查询"变为"联合查询"。

（3）在窗口编辑器中输入如图3.51所示的语句。

【提示】在SQL语句中，当引用日期型常量时，需使用"#"符号；使用文本型常量时，需使用英文状态下的双引号""。

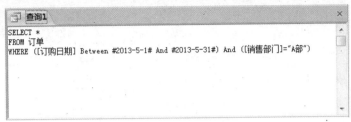

图3.51　SQL查询语句

（4）运行查询，得到如图3.52所示的查询结果。

订单编号	商品编号	订购日期	发货日期	客户编号	订购量	销售部门	业务员	销售金额	是否付款	付款日期
13-05003	0006	2013-5-16	2013-5-17	HD-1027	3	A部	夏蓝	¥930.00	✓	2013-5-18
13-05003	0017	2013-5-16	2013-5-22	HD-1027	20	A部	李陵	¥3,500.00	✓	2013-5-18
13-05003	0002	2013-5-16	2013-5-23	HD-1027	8	A部	白瑞林	¥3,192.00	✓	2013-5-18

记录: Ⅰ◀ 第1项(共3项) ▶ ▶Ⅰ ▶※ 无筛选器 搜索

图3.52　A部2013年5月份销售记录SQL查询结果

（5）以"查询A部2013年5月份销售记录"为名保存查询，关闭查询窗口。

9.4　任务拓展

9.4.1　统计各地区的客户数

在Access中，系统提供了用于对查询中的记录组或全部记录进行的"总计"计算功能，即预定义计算，包括总计、平均值、计数、最大值、最小值、标准偏差或方差等。这里，我们使用"计数"来统计各地区的客户数。

（1）打开查询设计器，将"客户"表添加到查询设计器中作为数据源。

（2）将"客户"表的"地区"和"客户编号"字段添加到查询设计器的设计区中。

（3）单击【查询工具】→【设计】→【显示/隐藏】→【汇总】按钮Σ，查询设计器中出现"总计"行，在"客户编号"字段下方的【总计】下拉列表中选择"计数"，如图3.53所示。

（4）为"客户编号"字段设置别名。将"客户编号"字段名改为"客户数:客户编号"。

（5）运行查询，得到如图3.54所示的查询结果。

（6）以"统计各地区的客户数"为名保存查询，关闭查询窗口。

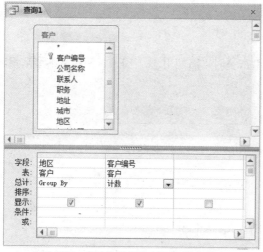

图 3.53　在查询设计器中添加"总计"行

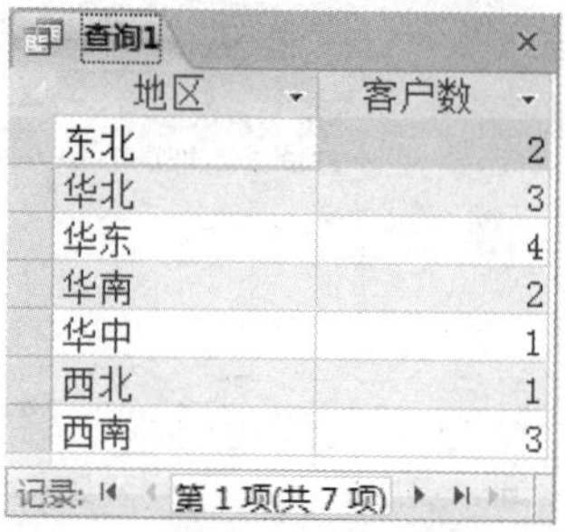

图 3.54　统计各地区的客户数结果

9.4.2　统计不同部门在各地区的销售业绩

在创建交叉表查询时，可以使用交叉表查询向导和设计视图。当数据源字段不在同一个表或查询中时，采用设计视图来创建会更加快捷。这里我们要统计不同部门在各地区的销售业绩，需要"订单"表中的"销售部门"和"销售金额"字段，"客户"表中的"地区"字段。

（1）打开查询设计器，将"订单"和"客户"表添加到查询设计器中作为数据源。

（2）单击【查询工具】→【设计】→【查询类型】→【交叉表】按钮，指定将默认的查询类型由"选择查询"变为"交叉表查询"。

（3）将"订单"表中的"销售部门"和"销售金额"字段，"客户"表中的"地区"字段添加到查询设计器的设计区中。

（4）在"交叉表"行中将"销售部门"设置为"列标题""销售金额"设置为"值""地区"设置为"行标题"，在"总计"行中将"销售金额"设置为"合计"，如图 3.55 所示。

（5）以"统计不同部门在各地区的销售业绩"为名保存查询。运行查询，得到如图 3.56 所示的查询结果。

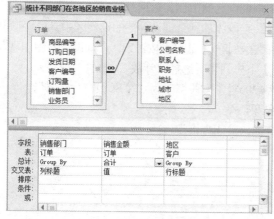

图 3.55　构建交叉表查询

图 3.56　"统计不同部门在各地区的销售业绩"结果

9.4.3 查询销售金额最高的 5 笔订单

在 SQL 的 SELECT 语句中，使用 TOP 显示查询头尾若干条记录。这里，我们要查询销售金额最高的 5 笔订单，可使用 Top 5 子句，且用 ORDER BY 子句对记录进行降序排列。

（1）单击【创建】→【查询】→【查询设计】按钮，打开查询设计器，不添加查询源，直接关闭"显示表"对话框。

（2）单击【查询工具】→【设计】→【查询类型】→【联合】按钮 ◯◯ 联合，指定将默认的查询类型由"选择查询"变为"联合查询"。

（3）在窗口编辑器中输入如图 3.57 所示的语句。

图 3.57 查询销售金额最高的 5 笔订单

（4）运行查询，得到如图 3.58 所示的查询结果。

订单编号	商品编号	订购日期	发货日期	客户编号	订购量	销售部门	业务员	销售金额	是否付款	付款日期
13-06005	0011	2013-6-21	2013-6-25	XN-1008	4	B部	白瑞林	¥16,752.00	✓	2013-6-22
13-04004	0011	2013-4-12	2013-4-17	HB-1001	3	A部	张勇	¥12,564.00	✓	2013-4-12
13-06004	0008	2013-6-19	2013-6-20	DB-1010	3	A部	夏蓝	¥12,255.00	✓	2013-6-20
13-06003	0012	2013-6-4	2013-6-10	XN-1015	2	B部	杨立	¥9,291.00	✓	2013-6-4
13-04005	0007	2013-4-26	2013-4-30	HB-1039	5	A部	张勇	¥9,250.00	☐	

记录：第1项(共5项) 无筛选器 搜索

图 3.58 查询销售金额前最高 5 笔订单的 SQL 查询结果

（5）以"查询销售金额前最高的 5 笔订单"为名保存查询，关闭查询窗口。

9.4.4 按商品名称查询进货信息

在 SQL 查询中，当查询的数据源来源于多个表时，可使用连接关系实现多表查询。这里要实现按输入的"商品名称"模糊查询进货信息，数据源来自于进货表和商品表。这样，在 From 子句中要使用连接运算指明数据源。From 子句的语法格式为，FROM table1 INNER JOIN table2 ON table1.field1 Comparision table2.field2，此处的 FROM 语句为 FROM 商品 INNER JOIN 进货表 ON 商品.商品编号=进货表.商品编号。使用 SQL 查询，也可实现动态条件的查询，即在条件表达式中使用"[]"符号为用户预留输入参数框。

（1）单击【创建】→【查询】→【查询设计】按钮，打开查询设计器，不添加查询源，直接关闭"显示表"对话框。

（2）单击【查询工具】→【设计】→【查询类型】→【联合】按钮 ◯◯ 联合，指定将默认的查询类型由"选择查询"变为 "联合查询"。

（3）在窗口编辑器中输入如图 3.59 所示的语句。

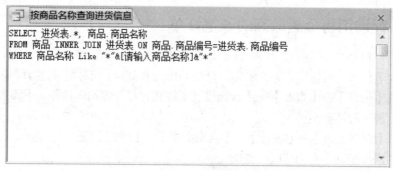

图 3.59　SQL 查询语句

【提示】在 SQL 语句中，通常情况下使用 like 进行模糊匹配查询时，常用的通配符中包含"[]"，其作用是指定范围或集合中的任何单个字符。例如，[a–f]或[abcdef]表示 a ~ f 中任何一个字符。显然，符号"[]"的作用表示一个集合或范围，已不等同于参数查询时使用的"[]"。如果要在 like 运算符中使用参数查询，那么其格式应为 Like "*"&[参数]&"*"。这里要使用按输入的商品名称进行模糊查询，其条件语句为 where 商品名称 Like "*"&[请输入商品名称]&"*"。

（4）运行查询，弹出"输入参数值"对话框，根据需要输入要查询的商品名称，这里 我们查询所有"笔记本电脑"的进货信息，单击【确定】按钮后，得到如图 3.60 所示的查询结果。

入库编号	商品编号	供应商编号	入库日期	数量	备注	商品名称
13-06004	0008	1020	2013-6-8	10		宏基笔记本电脑
13-06010	0021	1205	2013-6-20	35		联想笔记本电脑
13-06012	0012	1028	2013-6-25	8		三星笔记本电脑

记录: ⊮ 第 1 项(共 3 项) ▶ ▶⊧ ▽ 无筛选器　搜索

图 3.60　查询笔记本电脑的进货信息

（5）以"按商品名称查询进货信息"为名保存查询，关闭查询窗口。

【提示】在数据库管理的实际操作中，除了一般的带条件查询外，为了满足更多用户不同的查询需求、增强系统的查询功能，更多的时候我们将会根据查询内容的不同使用参数查询。因此，我们可以类似地创建按商品名称查询商品信息、按类别名称查询商品信息、按公司名称查询客户信息、按地区查询客户信息、按公司名称查询供应商信息、按商品名称查询库存信息、按客户的公司名称查询客户订单信息以及按业务员姓名查询订单信息等查询。

9.5　任务检测

（1）打开商贸管理系统，在导航窗格中选择"查询"对象，查看数据库窗口中的查询是否如图 3.61 所示包含 13 个查询。

图 3.61　创建了 13 个查询的数据库窗口

（2）分别运行其中的 8 个选择查询和 3 个交叉表查询，查看查询运行结果是否如图 3.26、图 3.29、图 3.32、图 3.39、图 3.47、图 3.50、图 3.52、图 3.54、图 3.56、图 3.58 和图 3.60 所示。

（3）选择"表"对象，查看"库存表"中的"库存量"以及"订单"表中的"销售金额"是否已更新。

9.6　任务总结

本任务通过统计订单的销售金额和更新商品的库存量，使用户进一步掌握了更新查询在数据库维护中的操作。通过查看订单明细信息和按时间段查询订单信息，实现了多表查询和多参数查询。通过查看各种商品的销售毛利率和统计各地区的客户数，使用户进一步熟悉了预定义计算和自定义计算在查询中的使用。通过统计各部门业务员的销售业绩、统计各部门每月销售金额、统计不同部门各地区销售业绩，介绍了运用交叉表查询向导和设计视图创建交叉表查询，实现数据的分类汇总统计的方法。通过查询"订单"表中的未付款订单、A 部 2013 年 5 月的销售记录、销售金额最高的 5 笔订单及 6 月份笔记本电脑的进货信息，使用户初步了解了 SQL 查询语句的构成和使用，为以后使用 SQL 语言进行数据库管理及开发奠定了基础。

9.7　巩固练习

一、填空题

1. 若要获得今天的日期，可使用＿＿＿＿＿函数；若要获得当前的日期及时间，可使用＿＿＿＿＿函数。

2. 假设某个表中有 10 条记录，若要筛选前 5 条记录，那么可在查询属性"上限值"中输入＿＿＿＿或＿＿＿＿。

3. 交叉表查询中只能有一个＿＿＿＿和值，但＿＿＿＿可以是一个或多个。

4. 创建交叉表查询有两种方法，一种是使用简单＿＿＿＿创建交叉表查询，另一种是使用＿＿＿＿创建交叉表查询。

二、选择题

1. SQL 的含义是（   ）。

    A. 结构化查询语言   B. 数据定义语言

    C. 数据库查询语言   D. 数据库操纵与控制语言

2. 在 SQL 查询中，使用 From 子句指出的是（   ）。

    A. 查询数据源   B. 查询结果

    C. 查询视图   D. 查询条件

3. 在 SQL 查询中使用 WHERE 子句指出的是（   ）。

    A. 查询目标   B. 查询结果

    C. 查询视图   D. 查询条件

4. 在 SQL 查询中，若要取得"学生"数据表中的所有记录和字段，SQL 语句应为（   ）。

    A. SELECT 姓名 FROM 学生

    B. SELECT * FROM 学生

    C. SELECT 姓名 FROM 学生 WHILE 学号=02650

    D. SELECT * FROM 学生 WHILE 学号=02650

5. （   ）是交叉表查询必须搭配的功能。

    A. 总计   B. 上限值

    C. 参数   D. 以上都不是

6. （   ）是交叉表查询的必要组件。

    A. 行标题   B. 列标题

    C. 值   D. 以上都是

7. 如果要在某数据表中查找文本型字段中内容以"S"开头、以"L"结尾的所有记录，则应该使用的查询条件是（   ）。

    A. Like "S*L"   B. Like "S#L"

    C. Like "S?L"   D. Like "S$L"

8. （   ）是利用表中的行和列来统计数据的。

    A. 选择查询   B. 交叉表查询

    C. 参数查询   D. SQL 查询

9. （   ）是利用 SQL 语句来创建的。

    A. 选择查询   B. 交叉表查询

    C. 参数查询   D. SQL 查询

10. 下列选项中，不属于 SQL 查询的是（   ）。

    A. 联合查询   B. 传递查询

    C. 操作查询   D. 定义查询

11. 下列函数中，表示"返回字符表达式中值的最大值"的函数是（   ）。

    A. Sum   B. Count

    C. Max   D. Min

12. 总计项中的 Group By 表示的意义是（   ）。

    A. 定义要执行计算的组

    B. 求在表或查询中第一条记录的字段值

    C. 指定不用于分组的字段准则

　　D.　创建表达式中包含统计函数的计算字段

13.　若要统计员工人数，需在"总计"下拉列表中选择函数（　　　）。

　　A.　Sum　　　　　　　　　　　　　　B.　Count

　　C.　Min　　　　　　　　　　　　　　D.　Average

14.　（　　　）是指根据一个或多个表中的一个或多个字段，使用表达式创建新字段。

　　A.　总计　　　　　　　　　　　　　　B.　计算字段

　　C.　查询　　　　　　　　　　　　　　D.　添加字段

15.　创建交叉表查询时，行标题最多可以选择（　　　）字段。

　　A.　1个　　　　　　　　　　　　　　B.　2个

　　C.　3个　　　　　　　　　　　　　　D.　多个

16.　如果创建交叉表的数据源来自多个表，那么可以先创建（　　　）。

　　A.　一个表　　　　　　　　　　　　　B.　查询

　　C.　窗体　　　　　　　　　　　　　　D.　以上都不对

17.　下列关于 SQL 查询的说法不正确的是（　　　）。

　　A.　SQL 查询是用户使用 SQL 语句直接创建的一种查询

　　B.　Access 的所有查询都可以认为是一个 SQL 查询

　　C.　使用 SQL 可以修改查询中的准则

　　D.　使用 SQL 不能修改查询中的准则

18.　若要计算各类职称的教师人数，需要设置"职称"和（　　　）字段，对记录进行分组统计。

　　A.　工作职称　　　　　　　　　　　　B.　性别

　　C.　姓名　　　　　　　　　　　　　　D.　以上都不是

三、思考题

1.　举例说明在什么情况下需要设计生成表查询。

2.　举例说明在什么情况下需要设计追加查询。

3.　阅读下面的 SQL 语句，思考查询的运行结果是什么。

```
SELECT　姓名，性别，期中成绩，期末成绩，总分
FROM　　学生信息
WHERE　姓名　LIKE "刘*"
```

四、设计题

打开"学籍管理"数据库，创建以下查询。

1.　创建名为"多表查询"，只要求显示"学号""姓名""课程编号"和"分数"字段的查询。

2.　创建查询"所有人的信息"（包含三个表中的所有字段内容）。

3.　创建"按输入班级查询"，根据输入的班级字段值，查询该班同学的"姓名""课程编号""分数"字段。

4.　创建查询"1992 年出生的学生记录"（数据源为学生全部信息，包括所有字段）。

5.　创建查询"计算学生年龄"，将"年龄"字段的值计算出来并填入"学生情况表"中。

6.　创建查询"填列入学时间"，将"入学时间"字段填列为"2010-9-1"。

7.　创建查询"填列毕业资格"，根据分数填列"毕业资格"字段，若分数大于等于 60，则可取得毕业资格，填入"是"。

8. 创建查询"取得毕业资格学生名单"，将"学生学籍表"表中可以取得毕业资格的学生的"学号"和"姓名"放入新表"可毕业学生名单"中。

9. 创建查询"查看在校时间"，以前面创建的"所有人的信息"为数据源，在一个新的字段"在校时间"中查看学生在校学习的时间，即毕业时间–入学时间。

10. 创建查询"查看毕业年龄"，以前面创建的"所有人的信息"为数据源，在一个新的字段"毕业年龄"中查看学生毕业时是几岁。

11. 创建查询"删除无毕业时间的记录"，将"学生学籍表"中毕业时间未填列的人的记录删除掉。

12. 创建查询"追加评语为优的学生名单"，将"学生情况表"中评语为"优"的学生记录追加到"评语为'优'的学生表"中。

13. 创建交叉表查询"查看各班级不同性别的学生人数"，以学生的"性别"字段作为分行的标志，以"班级"字段作为分列的标志，统计查看各班不同性别学生的人数。

14. 创建交叉表查询"查看不同班级的学生各评语等级的人数"，以学生的"班级"字段作为分行的标志，以"评语"字段作为分列的标志，统计查看各班学生取得不同评语的人数。

PART 10

工作任务 10
设计和制作报表

10.1 任务描述

在公司的经营管理过程中，制作和打印报表是数据管理的日常工作这一 。除需要进行简单的表格式报表打印外，常常需要对公司的经营情况进行统计、汇总和分析，最后将这些以一种美观、实用的格式打印出来。在本任务中，我们将通过自动方式和设计视图制作有关库存、进货、商品和订单等一系列满足经营管理需求的报表。

10.2 业务咨询

10.2.1 报表的定义

报表是将信息用打印机以打印形式输出、将数据以打印形式展示的一种有效形式。报表的数据源大多数是表、查询或 SQL 语句。使用报表可以控制报表上所有内容的外观，可以按照所需方式显示要查看的信息。有了报表，用户就可以控制数据格式，获取数据汇总，并以所需的任意顺序对信息进行排序了。报表是打印和复制数据库管理信息的最佳方式，可以帮助用户以更好的方式表示数据。报表既可以在屏幕上输出，也可以被传送到打印设备中打印输出。

10.2.2 报表的功能

报表是打印数据的最好方式。与直接从表、查询或窗体中打印数据相比，报表打印可以提供更多的控制数据格式的方法，包括对记录进行排序、分组，对数据进行比较、总结和小计，以及控制报表的布局和外观，如定义页面的页眉、页脚及报表的页眉和页脚等。

报表是查阅和打印数据的较好方式，与其他打印数据的方法相比，它具有以下两个优点。首先，报表不仅可以对简单的数据执行浏览和打印功能，还可以对大量原始数据进行比较、汇总和小计。其次，报表可生成清单、订单及其他所需的输出内容。报表作为 Access 2010 数据库的一个重要组成部分，不仅可用于数据分组，单独提供各项数据并执行计算，还提供了以下功能。

（1）可以制成各种丰富的格式，从而使用户的报表更易于阅读和理解。

（2）可以插入图片、图表以及其他 OLE 对象美化报表的设计。

（3）可以在每页的顶部和底部打印标识信息的页眉及页脚。

（4）可以利用图表和图形帮助说明数据的含义。

（5）可包含子窗体和子报表。

（6）能按特殊格式排版，例如，可生成发票、电话和标签等。

（7）能打印所有表达式的值。

报表与窗体在设计与使用上有许多类似之处，它们的数据源都是表、查询或 SQL 语句，两者之间可以相互转换。窗体的设计方法、技巧可作为报表设计的一面镜子。窗体设计中所提到的控件的添加、复制、移动、删除及布局等操作，都可以应用在报表的设计过程中。两者不同的是，在窗体中可以输入数据，而报表则侧重于按指定格式来输出数据。

10.2.3 报表的组成

报表的结构和窗体的结构相似，也具有 5 个节，只是名称不同。报表一般由"报表页眉""页面页眉""主体""页面页脚"和"报表页脚"组成，如图 3.62 所示。分组报表中还有组页眉和组页脚两个节，它们是报表所特有的。报表中的内容以节来划分，每一个节都有特定的目的，并按照一定的顺序打印在页面和报表上。

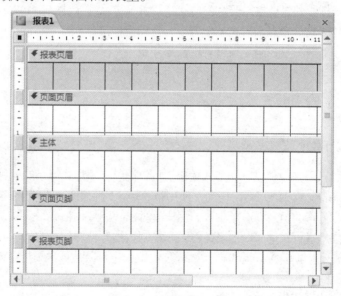

图 3.62　报表的组成

1．报表页眉

报表页眉出现在整个报表的开头处，而且只出现一次。报表页眉显示整个报表的一般性说明文字，以及报表的标题、图标等，让用户一眼就能看出报表所包括的主要内容。报表页眉一般和页面页眉一起显示在首页。报表页眉打印在第一页的页眉之前。但如果报表很大，则有必要把报表页眉单独设置成一页来作为封面。

要向报表中添加报表页眉/页脚，可用鼠标右键单击报表设计器的任意一节，在弹出的快捷菜单中选择【报表页眉/页脚】命令。当报表中已经具有报表页眉和页脚时，执行上述命令，将同时删除报表页眉、页脚以及其中的控件。

2．页面页眉

页面页眉将显示在报表中每一页的最上方，其信息包括报表的标题、图标、日期及字段的名称等。如果要向报表中添加页面页眉/页脚，则可以按照前面介绍的方法，用鼠标右键单击报表设计器的任意一节，在弹出的快捷菜单中选择【页面页眉/页脚】命令。

3．组页眉

组页眉出现在报表每一个分组字段的开始，用于显示该组的标题及相关信息，还可以显示分组字段的名称等。如果报表有多个层次性的分组，则对应的组页眉也有多个，而且从上到下按分组级别高低依次排列。

4．主体

主体节包含了报表数据的主体，报表的基表记录源中的每一条记录都放置在主体节中。该部分显示报表的详细记录。

5．组页脚

在报表中，页眉和页脚总是对应出现的。组页脚对应着组页眉。组页脚出现在报表每一个分组的末尾，用于显示该组的总结性信息。

6．页面页脚

页面页脚和页面页眉对应，出现在报表每一页的末尾，其信息包括报表页码、日期等。值得注意的是，页面页脚和页面页眉显示在同一页，因此要避免两者信息的重复。页面页脚与页面页眉使用同样的命令，成对地添加或删除。

7．报表页脚

报表页脚用于在报表的底部放置信息，如报表总结和总计数等。

10.2.4　报表的视图

报表有 4 种视图，分别为设计视图、布局视图、报表视图和打印预览视图。

1．设计视图

报表的设计视图用于报表的创建和修改。在设计视图中编辑报表时，可显示报表的各种控件布局、字段列表和工具箱等。

要在设计视图中打开报表，可在导航窗格中用鼠标右键单击要打开的报表，在弹出的快捷菜单中选择【设计视图】命令。若已在打印预览视图中打开了报表，则可以单击状态栏右侧的【设计视图】按钮 ，切换到报表的设计视图中。

2．布局视图

布局视图可以在预览方式下调整报表的设计，可以根据报表数据的实际情况调整列宽、格式，将列重新排列并添加分组级别和汇总等。报表的布局视图和窗体的布局视图的功能和操作方法十分相似。

3．打印预览视图

在打印预览视图中可以预览报表的版式，查看报表中的每一页数据。若要显示报表的打印预览视图，则在导航窗格中用鼠标右键单击报表，在弹出的快捷菜单中选择【打印预览】命令。当查看由多个页面组成的报表时，可以使用窗口左下方的浏览按钮在不同的页面之间切换，从而同时查看多个页面。

4．报表视图

报表视图是报表设计完成后，最终被打印的视图。在报表视图中可以对报表中的记录进行筛选、查找，也可方便地对格式进行设置。

10.2.5　报表的分类

常见的报表类型有纵栏式报表、表格式报表、图表报表和标签报表。

1．纵栏式报表

纵栏式报表是在每页中从上到下按字段打印一条或多条记录的一种报表，其中每个字段占一行。这类似于纵栏式窗体，只不过纵栏式报表可以显示多条记录，记录与记录之间用一条横线隔开。

2．表格式报表

表格式报表以表格（即行和列）的形式显示和打印表或查询中的数据。与普通表格不同的是，表格式报表还可以对数据记录进行分组，对分组结果进行汇总等。因此，这类报表很常用。

3．图表报表

图表报表是 Access 中的一种特殊格式的报表，它通过图表的形式输出数据源中两组数据之间的关系。图表可以更方便、更直观地表示数据间的关系。

4．标签报表

标签报表一般很小，类似于一个标签。一张纸往往可以打印几个到几十个标签报表。

10.2.6 编辑报表的操作

编辑报表的布局时常用的操作是选择控件、移动控件、对齐控件、改变控件大小、复制控件、删除控件、撤销操作、保存编辑结果等。

1．选择控件

要对报表设计器中的控件进行对齐、移动和删除等编辑操作，通常需要先选择它。用户可以选择一个控件，也可以选择多个控件。

（1）选择一个控件。

单击控件即可选择该控件。选定的控件的边框将出现控制柄（橙色的小矩形）。

【提示】如果某个控件有与之关联的标签控件，则选择该控件时，与之关联的标签控件的左上角也将出现控制柄。选择一个控件后，如果使用相同的方法选择下一个控件，那么将取消对上一个控件的选择。如果单击报表的其他位置，则将取消对控件的选择。

（2）选择多个控件。

① 与 Windows 环境中选择多个文件图标的方法相同，在报表设计器中拖曳以画一个矩形的选择框，选择框内部的控件和选择框边框所经过的控件将全部被选中。这种方法常用于选择连续的多个控件。

② 先按住【Shift】键，再单击需要选择的控件。这种方法常用于选择不连续的多个控件。

③ 按【Ctrl】+【A】组合键，可以选择全部控件。

【提示】选择多个控件后，如果单击报表设计器中被选定的控件以外的其他位置，那么将取消对所有控件的选择。选择多个控件后，如果在按住【Shift】键的同时单击选中的控件，那么将取消对该控件的选择。

2．移动控件

设计报表的布局时，经常需要移动控件。用户可以利用鼠标快速地移动控件，也可以利用键盘细微地移动控件，还可以利用属性窗口精确地设置控件的位置。

（1）利用鼠标移动控件。

先选择需要移动的一个或多个控件，再将鼠标指针指向选定的控件。当鼠标指针变成"✥"

形状时，按下鼠标左键进行拖曳，可以移动所有选定控件的位置。

【提示】如果只移动一个控件，则直接拖曳该控件即可快速移动该控件。有的控件有与之关联的标签控件，默认情况下这两个控件将同时被移动。选择控件后，将鼠标指针指向控件左上角的控件控制柄，当鼠标指针变成"✥"形状时，拖动鼠标可以移动鼠标指针指向的一个控件的位置。

（2）利用键盘移动控件。

先选择需要移动位置的一个或多个控件，再按【Ctrl】+方向键即可细微地移动选定的控件。

3．对齐控件

设计报表时，常常需要使控件按行或列对齐。因为使用鼠标和键盘移动控件时很难精确地对齐控件，所以用户通常使用菜单命令来对齐控件。

先选择需要对齐的控件，再单击【报表设计工具】→【排列】→【调整大小和排序】→【对齐】按钮，打开如图3.63所示的"对齐"下拉菜单，选择相应的命令，即可精确地对齐控件。

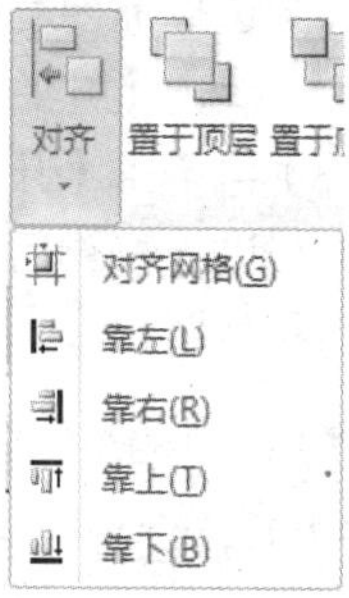

图3.63 "对齐"下拉菜单

4．设置多个控件大小相同

设计报表时，常常需要使一组控件具有相同的宽度或高度。因为使用鼠标和键盘很难精确设置控件的大小，所以用户通常使用菜单命令设置多个控件的大小，从而使它们大小相同。

先选择需要设置相同大小的控件，然后单击【报表设计工具】→【排列】→【调整大小和排序】→【大小/空格】按钮，打开如图3.64所示的"大小/空格"下拉菜单，再选择"大小"中相应的【至最高】、【至最短】、【至最宽】和【至最窄】命令，即可设置多个控件具有相同的高度和宽度。

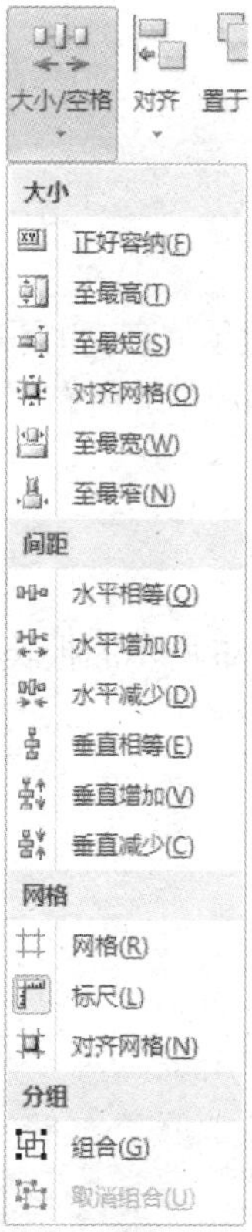

5．设置控件的间距

设计报表时，常常需要调整控件的水平间距或垂直间距。用户只要先选择需要使水平间距或垂直间距相等的多个控件，然后单击【报表设计工具】→【排列】→【调整大小和排序】→【大小/空格】按钮，打开如图3.64所示的"大小/空格"下拉菜单，再选择"间距"中的相应命令，即可设置控件的水平间距或垂直间距。

6．改变控件的大小

在报表设计器中可以利用鼠标快速改变控件的大小，也可以利用键盘细微地改变控件的大小，还可以利用属性窗口精确地设置控件的大小。

（1）利用鼠标改变控件的大小。

利用鼠标改变控件的大小时，先选择需要改变大小的控件，再将鼠标指针指向选定的控件的控制柄。当鼠标指针变成"↕"或"↔"形状时，拖曳选定的控件的控制柄，即可方便地改变所有选定的控件的大小。

如果控件有与之关联的标签控件，默认情况下将改变其中某个控件的大小，而不改变另一个控件的大小。

图3.64 "大小/空格"下拉菜单

（2）利用键盘改变控件的大小。

利用键盘改变控件的大小时，只需先选择需要改变大小的控件，再按【Shift】+方向键，即可细微地改变选定的控件的大小。

7．复制控件

如果报表中有多个相同的控件，则创建了其中一个控件后，可以使用复制的方法创建其他控件，以提高工作效率。复制报表控件的操作步骤如下。

（1）选择需要复制的控件。

（2）单击【开始】→【剪贴板】→【复制】按钮，把控件复制到剪贴板上。

（3）再单击【开始】→【剪贴板】→【粘贴】按钮。

完成以上操作后，复制出的报表控件将出现在选定控件附近。用户可以把复制出的控件移动到目标位置。

【提示】使用相似的方法还可以在报表之间复制控件。在完成第（2）步操作后，先选择目标报表，再进行"粘贴"操作，即可在不同报表之间复制控件。

8．删除控件

报表中不需要的控件必须删除。先选择需要删除的控件，再按【Delete】键，即可删除所选定的控件。

9．控件外观设置

控件的外观包括前景色、背景色、字体、字形、边框、特殊效果等格式属性。在属性表中，设置格式属性就可以修改控件的外观。

10.3　任务实施

10.3.1　创建库存报表

"报表"按钮提供了最快创建报表的一种快捷方式，它既不用向用户提示信息，也不需要用户做任何其他操作就能快速生成报表。在创建的报表中将显示选中的数据源中的所有字段。这里，我们将使用"报表"按钮创建表格式库存报表。

（1）打开"商贸管理系统"数据库。

（2）在导航窗格中选择"库存表"数据表作为报表的数据源。

（3）单击【创建】→【报表】→【报表▦】按钮，可快速创建如图 3.65 所示的报表，并且显示布局视图。

库存表				
库存表				
商品编号	商品名称	类别编号	规格型号	库存量
0001	爱国者月光宝盒	001	PM5902plus	22
0002	内存条	003	金士顿 DDR3 1600 8G	57
0006	无线网卡	004	DWA-182 1200M 11AC	25
0005	移动硬盘	003	希捷Backup Plus 新睿品 1TB	27
0007	惠普打印机	005	HP LaserJet Pro P1606dn	15
0008	宏基笔记本电脑	002	V5-471P-33224G50Mass	15
0010	Intel酷睿CPU	003	酷睿i7-3770	15
0011	佳能数码相机	006	Power Shot G1 X	20
0012	三星笔记本电脑	002	NP510R5E-S01CN	14
0015	索尼数码摄像机	006	SONY HDR-CX510E	16
0017	U盘	001	hp v220w 32G	47
0021	联想笔记本电脑	002	Lenovo Y400M	42
0022	闪存卡	006	SanDisk 32G-	25

图 3.65　新建的库存报表图

（4）单击快速访问工具栏中的【保存】命令，弹出如图 3.66 所示的"另存为"对话框。在"报表名称"文本框中输入"库存报表"，单击【确定】按钮保存报表。

（5）单击报表中的【关闭】按钮，关闭创建好的报表。

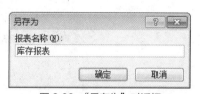

图 3.66　"另存为"对话框

10.3.2　制作商品详细清单

在使用"报表"按钮的方法创建"库存报表"时，只能选择一个对象作为报表的数据源，且创建的报表包含数据源中所有的字段。在实际操作中，如果报表的数据源有多个，要想使用自动创建报表的方法，则一般需要先创建包含相关数据的查询。使用报表向导创建报表，可从多个数据源中选择需要的字段创建报表。例如，我们将要创建的"商品详细清单"报表中包含来自"商品""类别"和"供应商"表中的字段，因此在这里我们使用报表向导来创建报表。

（1）打开"商贸管理系统"数据库。

（2）单击【创建】→【报表】→【报表向导】按钮，打开"报表向导"对话框。

（3）添加报表需要的字段。

①添加"商品"表的字段。在"报表向导"对话框中，从"表/查询"下拉列表中选择"商品"表，如图 3.67 所示。选中"可用字段"列表框中的字段，单击 按钮可以将"可用字段"列表框中选定的字段添加到右边的"选定字段"列表框中。将"商品"表中的"商品编号""商品名称""规格型号""进货价"和"销售价"字段从"可用字段"列表框添加到"选定字段"列表框中。

图 3.67 "报表向导"对话框

② 添加"供应商"表中的字段。在"表/查询"下拉列表中选择"供应商"表，将"供应商"表中的"公司名称"字段从"可用字段"列表框添加到"选定字段"列表框中。

③ 添加"类别"表中的字段。在"表/查询"下拉列表中选择"类别"表，将"类别"表中的"类别名称"字段从"可用字段"列表框添加到"选定字段"列表框中；添加字段后的结果如图 3.68 所示。

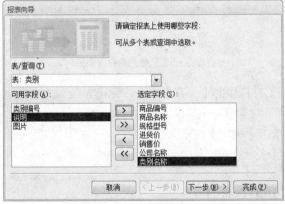

图 3.68 添加报表字段

（4）单击【下一步】按钮，弹出如图 3.69 所示的"报表向导"第 2 步对话框。由于该报表的数据源为 3 个表，因此需要选择查看数据的方式。这里选择"通过类别"来查看。

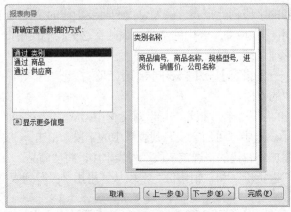

图 3.69 确定查看数据的方式

（5）单击【下一步】按钮，弹出如图 3.70 所示的"报表向导"第 3 步对话框，确定是否添加分组级别。这里，我们保持默认设置，即不添加分组级别。

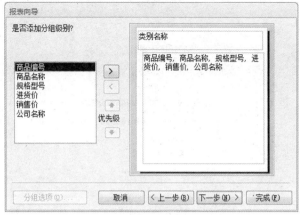

图 3.70　确定是否添加分组级别

（6）单击【下一步】按钮，弹出如图 3.71 所示的"报表向导"第 4 步对话框，确定明细信息使用的排序次序和汇总信息。这里，我们选择按"商品编号"升序排列报表记录，并且不指定"汇总选项"。

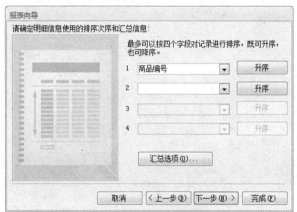

图 3.71　确定明细信息使用的排序次序和汇总信息

（7）单击【下一步】按钮，弹出如图 3.72 所示的"报表向导"第 5 步对话框，确定报表的布局方式。这里，我们选中"布局"中的【递阶】单选按钮，并且设置页面方向为【纵向】。

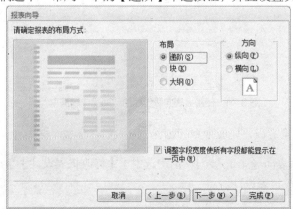

图 3.72　确定报表的布局方式

（8）单击【下一步】按钮，弹出如图 3.73 所示的"报表向导"第 6 步对话框，为报表指定标题。在"请为报表指定标题"文本框中输入报表标题"商品详细清单"，然后选中【预览报表】单选按钮。

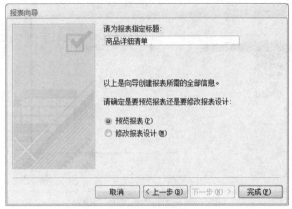

图 3.73　为报表指定标题

（9）单击【完成】按钮，报表的打印预览结果如图 3.74 所示。

商品详细清单					
类别名称	商品	商品名	规格型号	进货价	销售价 公
数码产品					
	0001	爱国者	PM5902plus	¥195.00	¥259.00 义
	0017	U盘	hp v220w 32G	¥130.00	¥175.00 天
笔记本电脑					
	0008	宏基笔	V5-471P-33224G50Mass	¥3,350.00	¥4,085.00 拓
	0012	三星笔	NP510R5E-S01CN	¥3,768.00	¥4,645.50 湿
	0021	联想笔	Lenovo Y400M	¥3,860.00	¥4,655.00 力
装机配件					
	0002	内存条	金士顿 DDR3 1600 8G	¥308.00	¥399.00 威
	0005	移动硬	希捷Backup Plus新睿	¥450.00	¥530.00 天
	0010	Intel酷	酷睿i7-3770	¥1,579.00	¥1,999.00 威
	0025	硬盘	WD5000AVDS	¥289.00	¥359.00 宏
网络产品					
	0006	无线网	DWA-182 1200M 11AC	¥226.00	¥310.00 网
	0030	无线路	TL-WR740N	¥60.00	¥85.00 网
办公设备					
	0007	惠普打	HP LaserJet Pro P160	¥1,350.00	¥1,850.00 百
照相摄像					
	0011	佳能数	Power Shot G1 X	¥3,395.00	¥4,188.00 天
	0015	索尼数	SONY HDR-CX510E	¥3,850.00	¥4,680.00 天
	0022	闪存卡	SanDisk 32G-Class4	¥95.00	¥130.00 顺

页：◄ ◄ 1 ► ►► ▼无筛选器 ◄

图 3.74　使用报表向导创建的"商品详细清单"

（10）关闭报表预览窗口，完成报表的创建。

【提示】如果在报表向导第 6 步对话框中选中了【修改报表设计】单选按钮，则可以打开报表设计器进一步修改报表设计。

10.3.3　制作商品标签

标签是 Access 报表的一种特殊类型。在日常的工作中经常需要制作一些标签式的短信息，如商品的标签、客户的邮件地址等。利用"标签向导"可以快速地创建各种规格的标签式报表。

（1）打开"商贸管理系统"数据库。

（2）在导航窗格中选择"商品"数据表作为报表的数据源。

（3）单击【创建】→【报表】→【标签】按钮 📄 标签，弹出如图 3.75 所示的"标签向导"对话框。

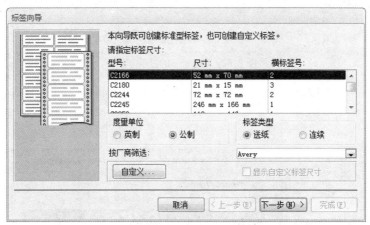

图 3.75　"标签向导"对话框

（4）指定标签的尺寸及类型，也可以单击【自定义】按钮自行设计，这里我们设置尺寸为"52mm×90mm"。

（5）单击【下一步】按钮，弹出如图 3.76 所示的"标签向导"第 2 步对话框，设置标签文本的字体、字号、粗细和颜色等。

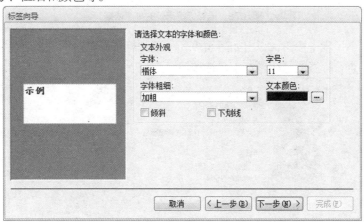

图 3.76　设置标签文本的字体、字号、粗细和颜色

（6）单击【下一步】按钮，弹出如图 3.77 所示的"标签向导"第 3 步对话框，确定标签的显示内容。可以从左边选择需要的字段，也可以直接在原型标签上输入所需的文本。

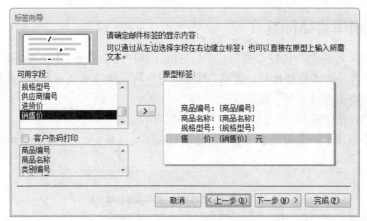

图 3.77 确定标签的显示内容

（7）单击【下一步】按钮，弹出如图 3.78 所示的"标签向导"第 4 步对话框，选择标签记录的排序依据。

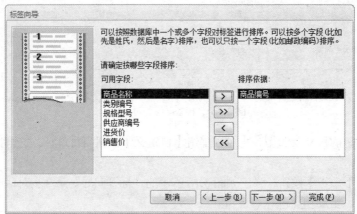

图 3.78 选择标签记录的排序依据

（8）单击【下一步】按钮，弹出如图 3.79 所示的"标签向导"第 5 步对话框。指定报表的名称，再选中【查看标签的打印预览】单选按钮。

图 3.79 指定报表的名称

（9）单击【完成】按钮，标签报表的打印预览结果如图 3.80 所示。

（10）关闭报表预览窗口，完成报表的创建。

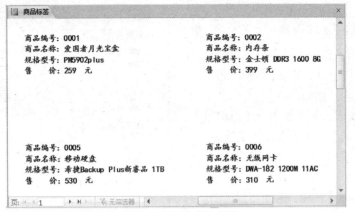

图 3.80　"商品标签"报表

10.3.4　制作订单明细报表

在创建报表的过程中，除了可以使用表作为其数据源外，当要制作的报表涉及多个数据表的字段或要打印由查询生成的记录集时，也可以利用做好的查询作为报表数据源。下面，我们将用工作任务 9 中创建的"查看订单明细信息"查询做为数据源打印订单明细表。

（1）打开"商贸管理系统"数据库。

（2）在导航窗格中选择"查看订单明细信息"查询作为报表的数据源。

（3）单击【创建】→【报表】→【报表📊】按钮，可快速创建如图 3.81 所示的报表，并且切换到布局视图。

订单编号	商品名称	销售价	订购日期	发货日期	订购量	销售金额	销售部门	业务员	公司名称	客户地址
13-04003	爱国者月光宝盒	¥259.00	2013-4-8	2013-4-12	4	¥1,036.00	B部	方艳芸	威航货运有限公司	经七纬二路13号
13-05004	爱国者月光宝盒	¥259.00	2013-5-18	2013-5-25	5	¥1,295.00	B部	方艳芸	宇欣实业	大蜀口街702号
13-04006	内存条	¥399.00	2013-4-29	2013-5-2	14	¥5,586.00	A部	杨立	嘉元实业	东湖大街28号
13-05003	内存条	¥399.00	2013-5-16	2013-5-23	8	¥3,192.00	A部	白瑞林	学仁贸易	铺城路601号
13-04002	无线网卡	¥310.00	2013-4-5	2013-4-13	7	¥2,170.00	A部	杨立	立日股份有限公司	惠安大路38号
13-05003	无线网卡	¥310.00	2013-5-16	2013-5-17	3	¥930.00	A部	夏蓝	学仁贸易	铺城路601号
13-04002	移动硬盘	¥530.00	2013-4-5	2013-4-10	3	¥1,590.00	A部	白瑞林	立日股份有限公司	惠安大路38号
13-05001	移动硬盘	¥530.00	2013-5-5	2013-5-6	6	¥3,180.00	B部	夏蓝	凯旋科技	姚馆路371号
13-04005	惠普打印机	¥1,850.00	2013-4-26	2013-4-30	5	¥9,250.00	A部	张勇	志远有限公司	光明北路211号
13-04003	宏基笔记本电脑	¥4,085.00	2013-4-8	2013-4-15	2	¥8,170.00	B部	李陵	威航货运有限公司	经七纬二路13号
13-06004	宏基笔记本电脑	¥4,085.00	2013-6-19	2013-6-20	3	¥12,255.00	A部	夏蓝	三捷实业	英雄山路84号
13-04001	Intel酷睿CPU	¥1,999.00	2013-4-2	2013-4-6	1	¥1,999.00	B部	夏蓝	凯诚国际顾问公司	威刚街81号
13-	Intel酷睿	¥1,999.00	2013-5-12	2013-5-15	2	¥3,998.00	B部	方艳芸	通恒机械	东园西甲30号

图 3.81　新建的订单明细报表

（4）以"订单明细报表"为名保存创建好的报表。

【提示】从图 3.81 中可以看出，采用"报表"工具创建的报表，无论报表的标题、字体格式，还是页面格式均为默认的，不一定满足用户的实际需求。因此，要想生成美观、适用的报表，可以使用自动方式快速生成基本报表，然后借助设计视图、布局视图对报表进行修改和美化。

（5）美化和修饰报表格式。

① 设置页面格式。

a. 单击【报表布局工具】→【页面设置】→【页面布局】→【横向】按钮，将页面纸张方向设置为"横向"。

b. 单击【报表布局工具】→【页面设置】→【页面布局】→【页面设置】按钮，打开 "页面设置"对话框，按照如图 3.82 所示设置页边距。

c. 单击【确定】按钮，返回布局视图。

② 修改报表标题。

a. 单击窗口右下角的【设计视图】按钮，切换到如图 3.83 所示的设计视图窗口。

图 3.82 "页面设置"对话框

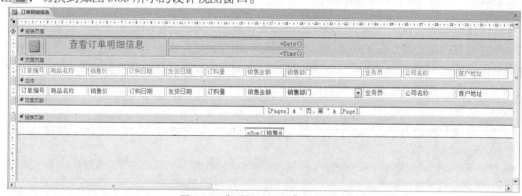

图 3.83 "订单明细报表"设计视图

b. 将报表页眉中默认的标题"查看订单明细信息"修改为"订单明细表"。

c. 将标题的文本设置为"华文行楷""28 磅""黑色"。

d. 选中标题控件，单击【开始】→【文本格式】→【居中】按钮，设置标题文本居中对齐。

③ 修改字段标题。选中页面页眉中所有的报表字段标题控件，将标题设置为"宋体""12 磅""加粗""居中""黑色"。

④ 修改报表记录格式。选中主体节中的控件，将文本设置为"宋体""10 磅"。

⑤ 删除报表页脚中的"销售金额汇总"控件。

⑥ 单击窗口右下角的【布局视图】按钮，切换到布局视图，以便于调整报表的页面整体效果。

【提示】在设计视图中，尽管可以灵活改变报表的设置和格式，但不能直观显示记录在报表汇总中的效果，如列宽、格式、页边距等。

a. 将标题控件移至页面正上方，将日期和时间控件移至右侧。

b. 调整各字段的列宽，使各字段的列宽能适合记录的内容。

（6）保存报表，并预览报表，效果如图 3.84 所示。

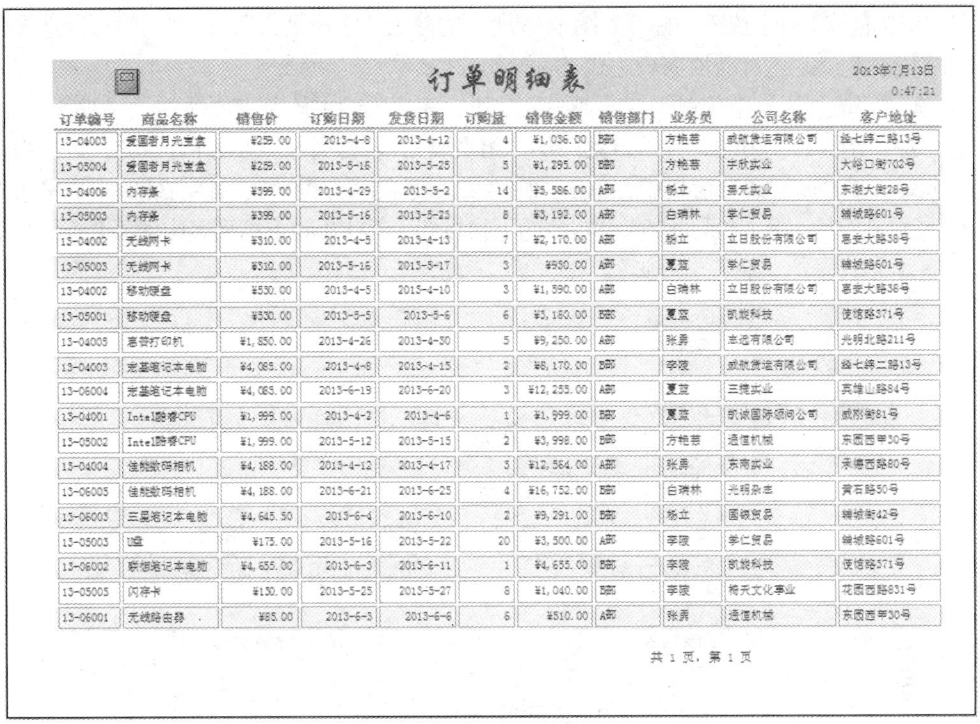

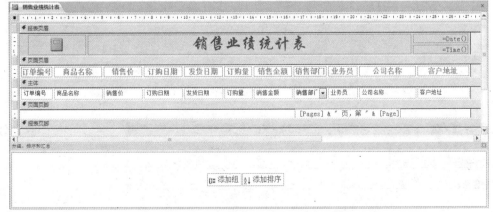

图 3.84　修饰后的订单明细报表

10.3.5　制作销售业绩统计报表

通过制作的订单明细报表，我们可以了解公司的整个订单情况。如果想进一步统计和分析业务员的销售业绩，可利用订单明细报表，通过数据的分组和汇总来实现。

（1）打开"订单明细报表"的设计视图，单击【文件】→【对象另存为】命令，将报表另存为"销售业绩统计表"。

（2）将报表页眉中的报表标题修改为"销售业绩统计表"。

（3）按"业务员"字段对报表进行排序和分组。

① 单击【报表设计工具】→【设计】→【分组和汇总】→【分组和排序】按钮，在报表下方出现【添加组】和【添加排序】两个按钮，如图 3.85 所示。

图 3.85　报表中出现【添加组】和【添加排序】两个按钮

② 单击【添加组】按钮，打开如图 3.86 所示的分组"字段列表"，在列表中可以选择分组依据的字段。此外，还可以依据表达式进行分组。

③ 在"字段列表"中，单击"业务员"字段，在报表的主体节上面添加了"业务员页眉"节，在添加"组页眉"节时，并不自动添加"组页脚"，若要添加"业务员页脚"，可在报表下方的"分组、排序和汇总"窗格中，单击如图 3.87 所示的"分组形式"栏右侧的【更多】按钮，展开分组栏，单击【无页脚节】右侧的下拉按钮，在打开的下拉列表中选择【有页脚节】，如图 3.88 所示，添加"业务员页脚"。

图 3.86 分组"字段列表"

图 3.87 "分组形式"栏

图 3.88 展开的"分组形式"栏

④ 单击"分组、排序和汇总"窗格右侧的【关闭】按钮，关闭该窗格。

⑤ 单击【报表设计工具】→【设计】→【工具】→【添加现有字段】按钮，显示字段列表，将"订单"表中的"业务员"字段拖曳到"业务员页眉"中。

⑥ 单击【报表设计工具】→【设计】→【控件】→【文本框】按钮，选中"文本框"控件，在"业务员页脚"中添加一个文本框控件，在文本框中输入计算表达式"=SUM（[销售金额])"，并将其标签文本修改为"销售金额"，如图 3.89 所示。

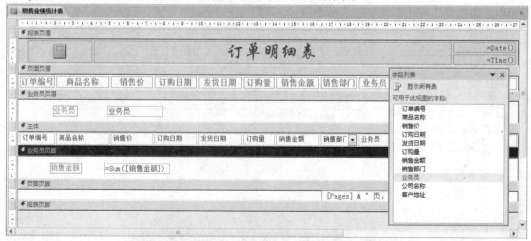

图 3.89 添加"业务员页眉"和"业务员页脚"内容的报表

⑦ 将添加的组页眉和组页脚控件的文本设置为"宋体""12磅""加粗"，控件大小设置为"正好容纳"。

⑧ 设置组页脚中"销售金额"文本框控件的数据格式。

a. 鼠标右键单击业务员页脚中"销售金额"文本框控件，在快捷菜单中选择【属性】命令，弹出"属性表"对话框。

b. 选择"格式"选项卡，在"格式"下拉列表中选择"货币"格式，如图3.90所示。

c. 关闭"属性表"对话框。

⑨ 设置业务员页眉和页脚控件的格式。选中业务员页眉和页脚的两个文本框控件，单击【报表设计工具】→【格式】→【控件格式】→【形状轮廓】按钮，设置其轮廓为"透明"。

属性表	▼ ×
所选内容的类型: 文本框(T)	
Text56	▼
格式 数据 事件 其他 全部	
格式	货币 ▼
小数位数	自动
可见	是
宽度	3.571cm
高度	0.556cm
上边距	0.37cm
左	4.735cm
背景样式	常规
背景色	背景1
边框样式	实线

图3.90 "属性表"对话框

（4）保存报表，切换到打印预览视图，效果如图3.91所示。

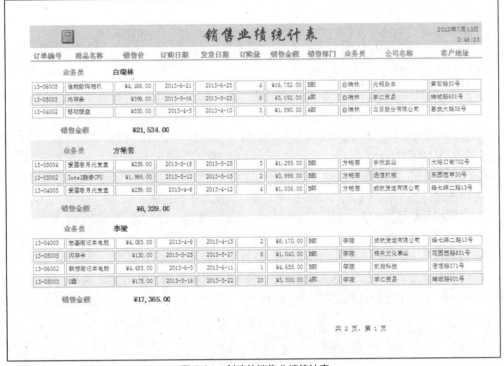

图3.91 创建的销售业绩统计表

10.3.6 制作商品销售情况统计表

为了进一步了解各类商品的销售情况，这里，我们将制作一份能反映各种商品销售量、销售额和毛利润的商品销售情况统计表。

（1）打开"商贸管理系统"数据库。

（2）使用报表向导创建包含"商品"表和"订单"表的"订单编号""商品编号""商品名称""类别编号""规格型号""进货价""销售价""订购量"字段的表格式报表"商品销售情况

统计表"，如图 3.92 所示。

图 3.92 新建的"商品销售情况统计表"

（3）打开"商品销售情况统计表"的设计视图。

（4）设置报表标题格式。

① 将报表页眉中的报表标题文本设置为"宋体""24 磅""加粗"。

② 选中标题控件，将其大小设置为"正好容纳"，并适当增加报表页眉节的高度。

（5）设置字段标题和报表记录格式。

① 修改字段标题。选中页面页眉中所有的报表字段标题控件，将标题字体设置为"宋体""12 磅""加粗""居中"，控件大小设置为"正好容纳"。

② 修改报表记录格式。选中主体节中的控件，将字体设置为"宋体""10 磅"，将控件的边框设置为"透明"。

（6）调整报表的整体布局。

① 单击窗口右下角的【布局视图】按钮，切换到布局视图。

② 设置页面纸张方向为"横向"。

③ 设置页边距为上、下、左、右均为"20"。

④ 调整报表标题的控件大小，使报表标题位于页面正上方。

⑤ 调整各字段列的宽度，使各记录的数据列都能完整显示，如图 3.93 所示。

					商品销售情况统计表				
订单编号	商品编号	商品名称	类别编号	规格型号	进货价	销售价	订购量
13-04001	0010	Intel酷睿CPU	003	酷睿i7-3770	¥1,579.00	¥1,999.00	1
13-04002	0006	无线网卡	004	DWA-182 1200M 11AC	¥226.00	¥310.00	7
13-04002	0005	移动硬盘	003	希捷Backup Plus新睿品 1TB	¥450.00	¥530.00	3
13-04003	0008	宏基笔记本电脑	002	V5-471P-33224G50Mass	¥3,350.00	¥4,085.00	2
13-04003	0001	爱国者月光宝盒	001	FM5902plus	¥195.00	¥259.00	4
13-04004	0011	佳能数码相机	006	Power Shot G1 X	¥3,395.00	¥4,188.00	3
13-04005	0007	惠普打印机	005	HP LaserJet Pro P1606dn	¥1,350.00	¥1,850.00	5
13-04006	0002	内存条	003	金士顿 DDR3 1600 8G	¥308.00	¥399.00	14
13-05001	0005	移动硬盘	003	希捷Backup Plus新睿品 1TB	¥450.00	¥530.00	6
13-05002	0010	Intel酷睿CPU	003	酷睿i7-3770	¥1,579.00	¥1,999.00	2
13-05003	0017	U盘	001	hp v220w 32G	¥130.00	¥175.00	20
13-05003	0006	无线网卡	004	DWA-182 1200M 11AC	¥226.00	¥310.00	3

图 3.93 修饰后的商品销售情况统计表

（7）按"商品名称"字段对报表进行排序和分组。

① 将报表切换到"设计视图"中。

② 单击【报表设计工具】→【设计】→【分组和汇总】→【分组和排序】按钮，在报表下方出现"分组、排序和汇总"窗格。

③ 单击【添加组】按钮，打开分组"字段列表"，选择分组字段"商品名称"，保持默认的"升序"排序。为报表添加"商品名称页眉"和"商品名称页脚"两个节。

④ 关闭"分组、排序和汇总"窗格。

⑤ 单击【报表设计工具】→【设计】→【工具】→【添加现有字段】按钮，显示字段列表，将"可用于此视图的字段"列表中的"商品名称"字段拖曳到"商品名称页眉"中。

⑥ 在"商品名称页脚"中添加需要的控件。

a. 添加一个标签框，并且输入"小计"。

b. 添加第一个文本框控件，在文本框中输入计算表达式：=Sum（[订购量]），并将其标签文本修改为"销售量"。

c. 添加第二个文本框控件，在文本框中输入计算表达式：=Sum（[销售价]*[订购量]），并将其标签文本修改为"销售金额"。

d. 添加第三个文本框控件，在文本框中输入计算表达式：=Sum（（[销售价]−[进货价]）*[订购量]），并将其标签文本修改为"毛利润"。

（8）在报表页脚中添加需要的控件。

① 选中"商品名称页脚"中添加的控件，单击【开始】→【剪贴板】→【复制】按钮。

② 适当调整报表页脚的节高度。

③ 选中报表页脚，单击【开始】→【剪贴板】→【粘贴】按钮，将选中的控件复制到报表页脚中。

④ 将"小计"标签修改为"总计"，如图 3.94 所示。

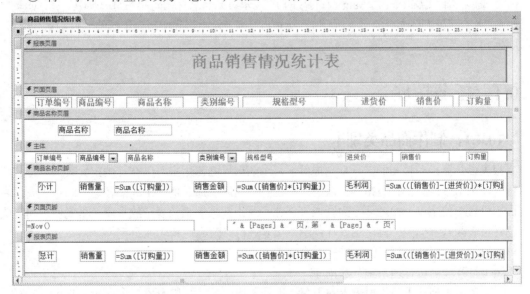

图 3.94　添加组页眉、组页脚和报表页脚后的报表

（9）修饰添加的控件。

① 将添加的组页眉、组页脚中的控件的文本设置为"宋体""10磅""加粗"，控件大小设

置为"正好容纳""左对齐"。

② 将添加的报表页脚中的控件的文本设置为"宋体""11磅""加粗",控件大小设置为"正好容纳""左对齐"。

③ 将添加的"销售金额"和"毛利润"文本框的数据格式设置为"货币"格式。

④ 将添加的组页眉和组页脚以及报表页脚中的控件边框设置为"透明"。

（10）保存报表，切换到打印预览视图，效果如图3.95所示。

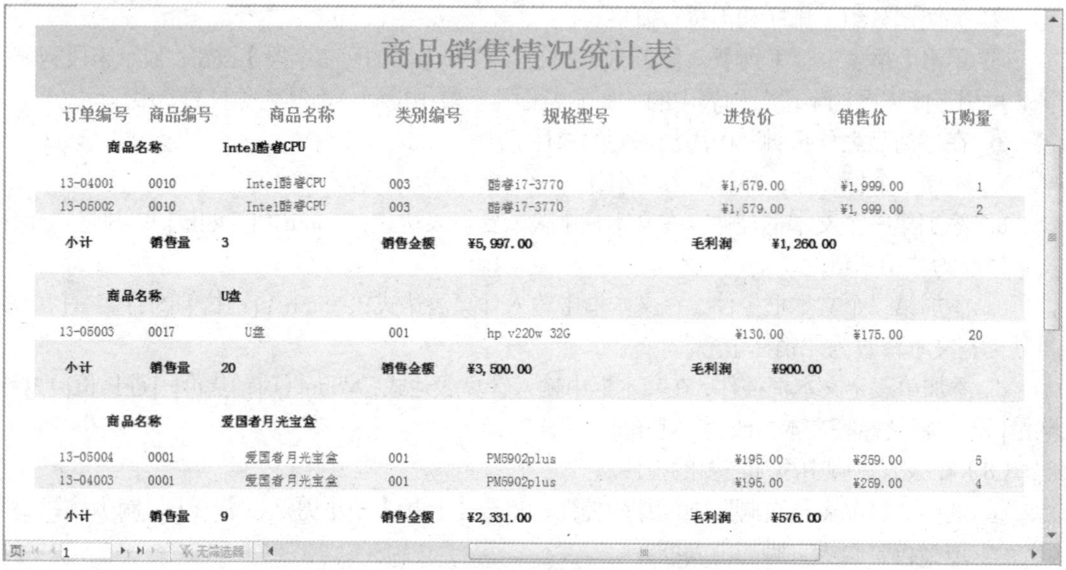

图 3.95　完成后的"商品销售情况统计表"

【提示】虽然在组页脚和报表页脚中添加了内容相同的计算型文本框，但两者的意义完全不同。商品名称页脚中的"=Sum（[订购量]）"表示对商品名称相同的一组记录中的"订购量"进行求和，而报表页脚中的"=Sum（[订购量]）"则表示对报表中所有记录的"订购量"进行求和。

10.4　任务拓展

10.4.1　制作商品类别卡

报表设计器是一种图形工具。它提供了一个图形界面，用户可以在其中定义数据源，放置数据区域和字段，完善报表布局，以及定义交互式功能。通常情况下，比较简单的报表或报表封面等可直接使用设计视图从空白开始来创建。对于数据源比较复杂的报表，可先使用向导快速创建报表的基本框架，再使用设计视图对报表进行修改，使其功能更完善。

这里，我们将使用报表的设计视图来创建商品的类别卡。

（1）打开"商贸管理系统"数据库。

（2）单击【创建】→【报表】→【报表设计】按钮，打开如图3.96所示的报表设计器。

（3）单击【报表设计工具】→【设计】→【工具】→【添加现有字段】按钮，显示如图3.97所示的字段列表。

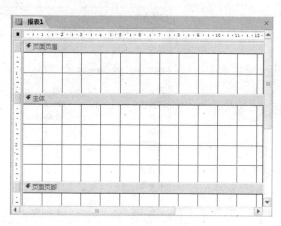

图 3.96　报表设计器

图 3.97　字段列表

（4）用鼠标右键单击报表的任意节，在快捷菜单中选择【页面页眉/页脚】命令，取消显示页面页眉/页脚，并适当增加主体节的高度。

（5）依次双击字段列表中"类别"表的"类别编号""类别名称""说明"和"图片"字段，将其添加到主体节中，以创建报表中需要的控件，如图 3.98 所示。

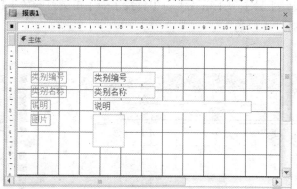

图 3.98　添加类别字段列表

（6）调整主体节中的控件。

① 减小左侧各文本框控件与其标签控件之间的水平间距，并且增加它们的垂直间距。

② 选中与"图片"控件相关联的标签控件，删除该标签，适当缩小图片控件的大小后将其移至主体节右侧，如图 3.99 所示。

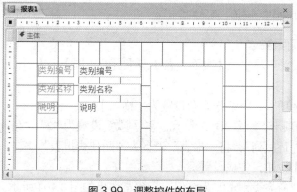

图 3.99　调整控件的布局

③ 选中各文本框控件与其标签控件,将控件的字体设置为"加粗"、边框设置为"透明"。

④ 设置"图片"控件的属性。

a. 用鼠标右键单击"图片"控件,在快捷菜单中选择【属性】命令,弹出"属性表"对话框。

b. 选择"格式"选项卡,将"缩放模式"属性设置为"缩放",如图 3.100 所示。

(7) 在控件中选择"标签"控件,在主体节上方添加一个"标签"控件,在标签内输入"商品类别卡",并将其字体设置为"华文行楷""24 磅",控件大小设置为"正好容纳"。

(8) 选择控件中的"矩形"工具,拖曳鼠标在主体节内画出一个方框,将所有控件包含在其中,并将矩形的填充色设置为"透明",如图 3.101 所示。

(9) 设置主体节背景颜色。

① 单击"主体"节名称,选中主体节。

② 单击【报表设计工具】→【格式】→【背景】→【可选行颜色】按钮,打开如图 3.102 所示的颜色列表,选择"无颜色"。

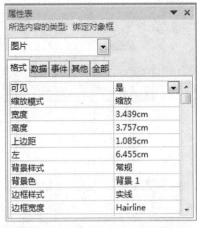

图 3.100 "属性表"对话框

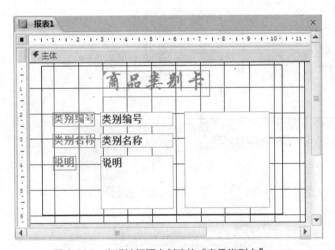

图 3.101 在设计视图中创建的"商品类别卡"

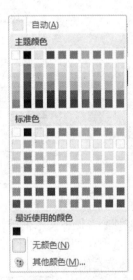

图 3.102 可选行颜色列表

(10) 设置报表页面格式。

① 单击【报表设计工具】→【页面设置】→【页面布局】→【页面设置】按钮,弹出"页面设置"对话框。

② 选择"页"选项卡,将纸张方向设置为【横向】。

③ 选择"列"选项卡,如图 3.103 所示。将"列数"设置为"2","列间距"设置为"0.5cm","列布局"设置为"先行后列",将"报表"设置为"两列式报表"。

④ 单击【确定】按钮,完成设置。

(11) 将报表以"商品类别卡"为名保存,预览效果如图 3.104 所示。

图 3.103 "页面设置"的"列"选项卡

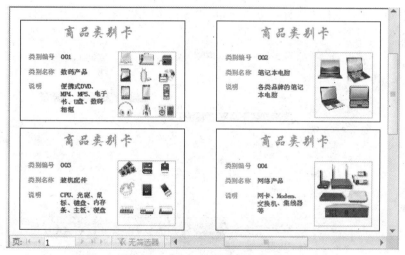

图 3.104 "商品类别卡"的预览效果

10.4.2 制作供应商比例图

如果需要将数据以图表的形式表示出来，从而使其更加直观，那么可以使用图表向导来创建报表。图表向导的功能十分强大，它提供了 20 多种图表形式供用户选择，用户据此可创建出外观漂亮的图表报表。

这里，我们将使用图表向导来创建供应商比例图表，并且在图表中展示供应商所在城市及他们所占的比例。

（1）打开"商贸管理系统"数据库。

（2）单击【创建】→【报表】→【报表设计】按钮，打开报表设计器。

（3）用鼠标右键单击报表的任意节，在快捷菜单中选择【页面页眉/页脚】命令，取消显示页面页眉/页脚。

（4）单击【报表设计工具】→【设计】→【控件】组中的【图表】按钮，在报表主体节中放置控件，弹出如图 3.105 所示的"图表向导"对话框。

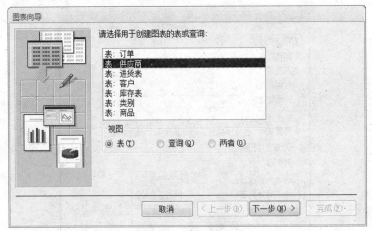

图 3.105 "图表向导"对话框

（5）选择"供应商"表作为报表的数据源，单击【下一步】按钮，打开如图 3.106 所示的 "图表向导"第 2 步对话框，选择"供应商编号"和"城市"字段作为创建图表的字段。

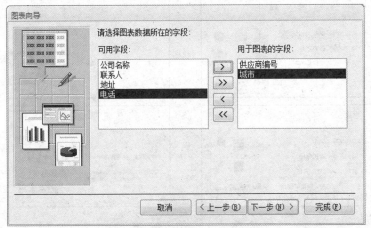

图 3.106 选择图表数据所在的字段

（6）单击【下一步】按钮，在弹出的对话框中选择图表类型"三维饼图"，如图 3.107 所示。

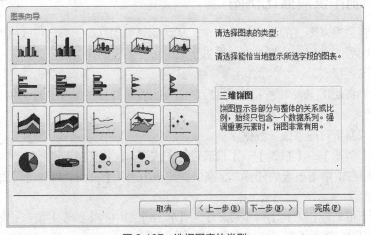

图 3.107 选择图表的类型

（7）单击【下一步】按钮，在弹出的对话框中指定数据在图表中的布局方式，如图 3.108 所示。将"供应商编号"字段拖曳至"数据"位置，并将"城市"字段作为"系列"项。单击【预览图表】按钮，可预览设计的效果。

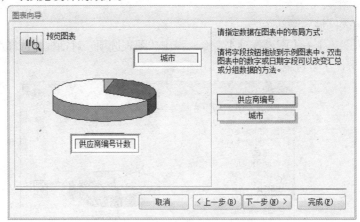

图 3.108　数据在图表中的布局方式

（8）单击【下一步】按钮，在弹出的对话框中设置图表的标题为"供应商比例图"，并且选中【是，显示图例】单选按钮，如图 3.109 所示。

图 3.109　指定图表的标题

（9）单击【完成】按钮，即可显示设计视图中显示图表报表的示例效果，如图 3.110 所示。

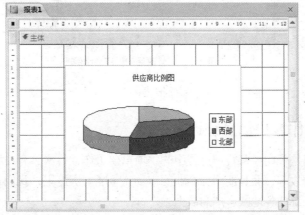

图 3.110　显示图表报表的示例效果

【提示】在设计视图中查看图表时，并不显示图表本身的数据，而仅仅显示该图表生成的示例数据的效果，在布局视图、打印预览或报表视图中均可查看实际的图表效果。

（10）修改图表。

① 双击图表区域，激活图表。

② 选择【图表】→【图表选项】命令，弹出"图表选项"对话框。选择"数据标签"选项卡，勾选【百分比】复选框，如图 3.111 所示。

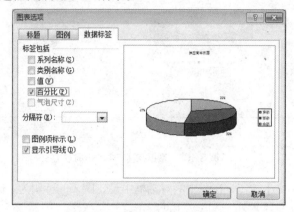

图 3.111 "图表选项"对话框

③ 单击【确定】按钮，返回报表设计器。

④ 选中图表标题，将其文本设置为"黑体""16 磅"。

⑤ 单击图表区以外的任何地方，退出图表修改。

⑥ 选定图表，然后适当将图表放大。

（11）切换到打印预览视图，预览图表，效果如图 3.112 所示。

图 3.112 修改后的供应商比例图

（12）以"供应商比例图"为名称保存报表。

10.4.3 制作客户信息统计表

客户信息管理是公司经营管理过程中的一项重要工作，科学、有效地管理客户信息，不仅能提高日常工作的效率，而且能增强企业的市场竞争能力。这里，我们将制作一个客户信息统计表，用来分析和统计各地区客户的数据。

（1）在导航窗格中选择"客户"表作为报表数据源。

（2）单击【创建】→【报表】→【报表▦】按钮，可快速创建如图 3.113 所示的报表。切换到布局视图。

客户									×
▦ 客户					2013年7月13日 22:34:58				
客户编号	公司名称	联系人	职务	地址	城市	地区	邮政编码	电话	
HB-1016	三川实业有限公司	刘小姐	销售代表	大崇明路50号	天津	华北	343567	(022) 30074321	
HB-1001	东南实业	王先生	物主	承德西路80号	北京	华北	324575	(010) 35554729	
HN-1002	国顶有限公司	方先生	销售代表	天府东街30号	深圳	华南	510546	(0755) 55577880	
HD-1006	通恒机械	黄小姐	采购员	东园西甲30号	南京	华东	210089	(025) 9123465	
XN-1008	光明杂志	谢丽秋	销售代表	黄石路50号	重庆	西南	404109	(023) 45551212	
DB-1009	威航货运有限公司	刘先生	销售代理	经七纬二路13号	大连	东北	110412	(0411) 11355555	

图 3.113　新建的客户报表

（3）以"客户信息统计表"为名保存建好的报表。

（4）按"地区"对报表进行排序与分组。

① 切换到报表的设计视图，单击【报表设计工具】→【设计】→【分组和汇总】→【分组和排序】按钮，在报表下方显示"分组、排序和汇总"窗格。

② 单击【添加组】按钮，在"字段列表"中选择"地区"，保持默认的"升序"排序。

③ 关闭"分组、排序和汇总"窗格。

④ 单击【报表设计工具】→【设计】→【工具】→【添加现有字段】按钮，显示字段列表，将"客户"表中的"地区"字段拖曳到"地区页眉"中。

⑤ 在"地区页眉"右侧添加一个文本框控件，在文本框中输入计算表达式：=Count（[客户编号]），并将其标签文本修改为"客户数"。

（5）设置报表格式。

① 设置报表标题。

a. 将报表页眉中的报表标题修改为"客户信息统计表"，将文本设置为"隶书""26 磅""居中"，将大小设置为"正好容纳"。

b. 删除报表标题右侧的日期和时间控件。

② 修改字段标题。选中页面页眉中所有的报表字段标题控件，将标题文本设置为"宋体""12 磅""加粗""居中"。

③ 修改报表记录格式。选中主体节中的控件，将文本设置为"宋体""11 磅"。

④ 修改"地区页眉"的格式。将"地区页眉"的文字设置为"宋体""12 磅""加粗"，将控件大小设置为"正好容纳"。

⑤ 删除报表页脚中的计数控件，并在该节中部添加标签控件，输入文本"制表人：柯娜"，将文本格式设置为"宋体""11 磅""加粗"。

⑥ 选中报表中的所有控件，将控件的边框设置为"透明"。

⑦ 分别将地区页眉、主体节的【可选行颜色】设置为"无颜色"。

（6）调整报表的布局。

① 将报表切换到布局视图。

② 页面设置。设置页面纸张方向为"横向",上、下、左、右页边距均为"20"。

③ 调整报表标题控件的大小,使标题位于报表页面的正上方。

④ 调整各列的宽度,使各列的列宽能适合记录的内容。

(7)保存并预览报表,效果如图 3.114 所示。

客户编号	公司名称	联系人	职务	地址	城市	地区	邮政编码	电话
地区	东北		客户数			2		
DB-1010	三捷实业	王先生	市场经理	英雄山路84号	沈阳	东北	110083	(024) 15553392
DB-1009	威航货运有限公司	刘先生	销售代理	经七纬二路13号	大连	东北	110412	(0411) 11355555
地区	华北		客户数			3		
HB-1039	志远有限公司	王小姐	物主/市场助理	光明北路211号	张家口	华北	075019	(0313) 9022458
HB-1001	东南实业	王先生	物主	承德西路80号	北京	华北	324575	(010) 35554729
HB-1016	三川实业有限公司	刘小姐	销售代表	大崇明路50号	天津	华北	343567	(022) 30074321
地区	华东		客户数			4		
HD-1032	博天文化事业	方先生	物主	花园西路831号	常州	华东	213454	(0519) 5554112
HD-1027	学仁贸易	余小姐	助理销售代表	铸城路601号	温州	华东	325209	(0577) 5555939
HD-1022	立日股份有限公司	辛柏麟	物主	惠安大路38号	上海	华东	200229	(021) 42342267
HD-1006	通恒机械	黄小姐	采购员	东园西甲30号	南京	华东	210089	(025) 9123465
地区	华南		客户数			2		
HN-1030	凯诚国际顾问公司	刘先生	销售经理	威刚街81号	南宁	华南	535600	(0771) 35558122
HN-1002	国顶有限公司	方先生	销售代表	天府东街30号	深圳	华南	510546	(0755) 55577880
地区	华中		客户数			1		

客户信息统计表

共 2 页,第 1 页

图 3.114　制作完毕的客户信息统计表

10.4.4　按时间段打印订单信息

在实际工作中,有时打印报表并不需要打印整个数据源中的记录,而仅仅需要打印满足条件的记录,这时我们可用条件查询筛选出需要的记录,然后以做好的查询为数据源制作报表。同前面介绍的查询一样,除了使用固定条件的查询外,用参数查询可创建动态的查询条件。使用参数查询作为数据源来制作报表,打印报表时可设置条件参数后再进行打印。这里我们将制作一个按输入的起始时间和结束时间打印某一时间段的订单信息的报表。

(1)在导航窗格中选择"按时间段查询订单信息"查询作为报表的数据源。

(2)单击【创建】→【报表】→【报表📄】按钮,将先后出现如图 3.115 所示的两个"输入参数值"对话框。分别输入要打印的订单信息的"起始时间"和"结束时间"后,打开新建的报表的打印预览视图,如图 3.116 所示。

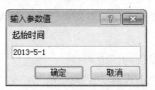

图 3.115　两个"输入参数值"对话框

按时间段查询订单信息

按时间段查询订单信息　　　2013年7月13日　22:43:03

订单编号	商品编号	订购日期	发货日期	客户编号	订购量	销售部门	业务员	销售金额	
13-05002	0010	2013-5-12	2013-5-15	HD-1006	2	B部	方艳芸	¥3,998.00	☐
13-05003	0006	2013-5-16	2013-5-17	HD-1027	3	A部	夏蓝	¥930.00	☑
13-05003	0017	2013-5-16	2013-5-22	HD-1027	20	A部	李陵	¥3,500.00	☑
13-05003	0002	2013-5-16	2013-5-23	HD-1027	8	A部	白瑞林	¥3,192.00	☑
13-05004	0001	2013-5-18	2013-5-25	HZ-1020	5	B部	方艳芸	¥1,295.00	☑
13-05001	0005	2013-5-5	2013-5-6	XB-1025	6	B部	夏蓝	¥3,180.00	☑

图 3.116　按时间段打印的订单信息

（3）以"按时间段打印订单信息"为名保存建好的报表。

（4）设置报表格式。

① 将报表切换到设计视图。

② 设置报表标题。

a. 将报表页眉中的报表标题修改为"订单信息表"，将文本设置为"宋体""26 磅""加粗"。

b. 选中标题控件，将其大小设置为"正好容纳"，居中对齐。

③ 删除报表页眉中的日期和时间控件。

④ 修改字段标题。选中页面页眉中所有的报表字段标题控件，将标题文本设置为"宋体""12 磅""加粗""居中"。

⑤ 修改报表记录格式。选中主体节中的控件，将文本设置为"宋体""11 磅"，将控件的大小设置为"正好容纳"。

⑥ 在报表页眉中报表标题的左下方添加一个文本框控件，并且输入"="订单：从" ＆ [起始时间] ＆"到" ＆ [结束时间]"。将附在文本框控件上的标签删除，将文本框文本设置为"宋体""12 磅""加粗""倾斜"，将控件大小设置为"正好容纳"。

⑦ 删除页面页脚中的页码的控件。

⑧ 删除报表页脚中原有的所有控件，添加一个文本框控件，并且输入"=Sum([销售金额])"，将文本框的标签文字修改为"合计金额"，将添加的控件文本格式设置为"宋体""12 磅""加粗""倾斜"，将文本框控件的数据格式设置为"货币"。

修改后的报表设计器如图 3.117 所示。

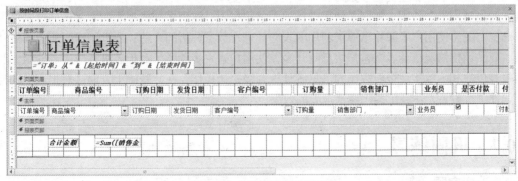

图 3.117　修改后的报表设计器

（5）切换到布局视图，调整报表的整体布局。

① 设置页面纸张方向为"横向"。

② 将报表标题置于页面正上方。

③ 调整各字段列的列宽。

（6）保存并预览报表，效果如图 3.118 所示。

订单信息表

订单：从2013-5-1到2013-5-25

订单编号	商品编号	订购日期	发货日期	客户编号	订购量	销售部门	业务员	是否付款	付款日期
13-05002	0010	2013-5-12	2013-5-15	HD-1006	2	B部	方艳芸	☐	
13-05003	0006	2013-5-16	2013-5-17	HD-1027	3	A部	夏蓝	☑	2013-5-18
13-05003	0017	2013-5-16	2013-5-22	HD-1027	20	A部	李陵	☑	2013-5-18
13-05003	0002	2013-5-16	2013-5-23	HD-1027	8	A部	白瑞林	☑	2013-5-18
13-05004	0001	2013-5-18	2013-5-25	HZ-1020	5	B部	方艳芸	☑	2013-5-20
13-05001	0005	2013-5-5	2013-5-6	XB-1025	6	B部	夏蓝	☑	2013-5-5
13-05005	0022	2013-5-26	2013-5-27	HD-1032	8	B部	李陵	☐	

合计金额　　¥17,135.06

页：1　无筛选器

图 3.118　制作完毕的"按时间段打印订单信息"报表

10.5　任务检测

（1）打开商贸管理系统，选择"报表"对象，查看导航窗格是否如图 3.119 所示包含 10 个报表。

（2）分别打开其中的 10 个报表，查看结果是否如图 3.65、图 3.74、图 3.80、图 3.84、图 3.91、图 3.95、图 3.104、图 3.112、图 3.114 和图 3.118 所示。

10.6　任务总结

本任务通过制作库存报表、商品详细清单和订单明细报表，使用户初步了解和掌握了使用"报表"按钮和报表向导快速创建报表的操作方法；通过制作商品标签，使用户掌握了利用标签向导生成邮件标签的方法；通过制作商品类别卡，使用户掌握了使用设计视图创建报表、实现多列式报表的方法；通过制作供应商比例图，使用户了解和掌握了利用图表向导进行数据分析的方法；通过制作销售业绩统计表、商品销售情况统计表、客户信息统计表，使用户进一步熟悉了对报表进行排序、分组，利用报表控件和函数实现报表数据的汇总统计等高级报表操作。在此基础上，通过对报表中的控件属性进行设置，达到了美化修饰报表的效果。

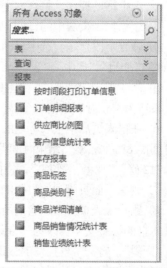

所有 Access 对象
搜索…
表
查询
报表
按时间段打印订单信息
订单明细报表
供应商比例图
客户信息统计表
库存报表
商品标签
商品类别卡
商品详细清单
商品销售情况统计表
销售业绩统计表

图 3.119　创建了 10 个报表的导航窗格

10.7　巩固练习

一、填空题

1. 报表与窗体最大的区别在于，报表可以对记录进行排序和_____，而不能添加、删除及修改记录。

2. ＿＿＿＿＿式报表是创建一个简单的横向列表，按照表或查询中字段排列的顺序，从左到右在一行中列出一条记录的所有字段的内容。一般应用于表或查询中的字段数不多，在一行中能够全部排列开的情况。

3. 报表的视图方式有 4 种，分别是设计视图、＿＿＿＿＿、＿＿＿＿＿和打印预览视图。

4. 报表的计算控件的控件来源属性值中的计算表达式是以＿＿＿＿＿开头的。

5. 在报表中设置字段的排序方式有两种方法，即＿＿＿＿＿和＿＿＿＿＿，默认的方式是前者。

6. 报表主要用于对数据库中的数据进行分组、＿＿＿＿＿、＿＿＿＿＿和＿＿＿＿＿。

7. ＿＿＿＿＿用来显示报表的标题、图形或说明性文字。

8. 对于较复杂的报表，可以首先使用＿＿＿＿＿或向导功能快速创建报表结构，然后在设计视图环境中对其外观、功能加以修改。

9. 在 Access 中，除了可以使用报表按钮和报表向导来创建报表外，还可以从＿＿＿＿＿、开始创建一个新报表。

10. 在 Access 中，通过＿＿＿＿＿可以将数据以图表形式显示出来。

11. 单击"控件"组中的＿＿＿＿＿控件可以在报表中添加线条。

12. Access 的报表要实现排序和分组统计功能，应使用＿＿＿＿＿操作。

二、选择题

1. 如果要显示的记录和字段较多，并且希望可以同时浏览多条记录以及方便地比较相同字段，则应该创建（　　）类型的报表。

    A. 纵栏式　　　　　　　　B. 标签式　　　　　　　C. 表格式　　　　　D. 图表式

2. 创建报表时，使用报表向导创建方式可以创建（　　）。

    A. 纵栏式报表和表格式报表

    B. 标签式报表和表格式报表

    C. 纵栏式报表和标签式报表

    D. 表格式报表和图表式报表

3. 报表的视图方式不包括（　　）。

    A. 打印预览视图　　　　　　　　　　B. 布局视图

    C. 版面预览视图　　　　　　　　　　D. 设计视图

4. 报表的数据来源不包括（　　）。

    A. 表　　　　　　　　　B. 窗体　　　　　　　　C. 查询　　　　　D. SQL 语句

5. 下列关于窗体和报表的说法正确的是（　　）。

    A. 窗体和报表的数据来源都是表、查询和 SQL 语句

    B. 窗体和报表都可以修改数据源的数据

    C. 窗体和报表的控件组中的控件不一样

    D. 窗体可以作为报表的数据来源

6. 报表的作用不包括（　　）。

    A. 分组数据　　　　　　B. 汇总数据　　　　　C. 格式化数据　　　D. 输入数据

7. Access 的报表操作提供了（　　）种视图。

    A. 2　　　　　　　　　　B. 3　　　　　　　　　C. 4　　　　　　　D. 5

8. 报表中不能缺少的部分是（　　）。

    A. 主体　　　　　　　　B. 页面页眉　　　　　C. 报表页眉　　　　D. 页面页脚

9. 每个报表最多包含（　　）种节。

  A. 5   B. 6   C. 7   D. 8

10. 用来显示报表中本页的汇总说明的是（　　）。

  A. 报表页眉   B. 主体   C. 页面页脚   D. 报表页脚

11. 用来显示整个报表的汇总说明的是（　　）。

  A. 报表页眉   B. 主体   C. 页面页脚   D. 页面页眉

12. 报表的控件不包括（　　）。

  A. 标签   B. 命令按钮

  C. 图表   D. 标注

13. 如果需要制作一个公司员工的名片，应该使用（　　）。

  A. 标签式报表   B. 图表式报表

  C. 图表窗体   D. 表格式报表

14. 标签控件通常通过（　　）向报表中添加。

  A. 控件组   B. 工具栏   C. 属性表   D. 字段列表

15. 图表式报表中的图表对象是通过（　　）程序创建的。

  A. Microsoft Word   B. Microsoft Excel

  C. Microsoft Graph   D. Photoshop

16. 在图表式报表中，若要显示一组数据的记录个数，应该用（　　）函数。

  A. Count   B. Sum   C. Average   D. Min

17. 为报表指定数据来源后，在报表设计窗口中由（　　）取出数据源的字段。

  A. 属性表   B. 自动格式   C. 字段列表   D. 工具箱

18. 将大量数据按不同的类型分别集中在一起，称为将数据（　　）。

  A. 合计   B. 分组   C. 筛选   D. 排序

19. 计算控件的控件源必须是以（　　）开头的计算表达式。

  A. =   B. <   C. (　)   D. >

20. 若要计算所有学生"英语"成绩的平均分，则需设置控件源属性为（　　）。

  A. =Sum([英语])   B. =Avg([英语])

  C. =Sum[英语]   D. =Avg[英语]

三、思考题

1. 简述报表的组成及其功能。

2. 怎样实现在报表中输出对已有记录的汇总信息？

四、设计题

按照要求为"学籍管理"数据库制作"学生毕业情况统计表"报表，要求如下。

1. 报表包括学号、姓名、性别、分数、入学时间、毕业时间字段。

2. 报表布局为"表格式"。

3. 根据"性别"字段分组后，要求体现出不同性别的学生中分数最低的值，结果保留 2 位小数。

4. 报表页眉为"学生毕业情况统计表"，文本格式为 24 磅、加粗、华文行楷，左边加一张图片（图片任意）。

5. 页面页脚为制表人：×××（你的姓名），并且居中显示。

PART 11

工作任务 11
设计和制作用户界面

11.1 任务描述

在数据库应用系统中，用户界面一般可分为系统主控界面和数据操作界面。

商贸管理系统的功能包括：商品、客户、类别、供应商、库存、进货和订单信息的录入、浏览、更新、查询和打印。该系统的基本流程是启动"商贸管理系统"时，首先打开启动窗体，单击"登录"按钮时，打开"系统登录"窗体，要求输入用户名和密码，若用户名和密码正确，系统打开"主控面板"窗体。"主控面板"窗体包含控制整个数据库的各项功能，即数据输入、数据维护、数据浏览、数据查询及报表打印等。

11.2 业务咨询

11.2.1 窗体控件

Access 提供了多类控件，同类控件具有相同的属性。对同类的控件设置不同的属性值，即可得到不同的屏幕对象。

1. 窗体控件的类型

Access 的工具箱中列出了全部控件，按控件与数据源的关系可以将控件分成以下 3 类。

（1）绑定型控件。

绑定型控件是数据源为表或者查询中的一个字段的控件。窗体运行时，如果向绑定型控件中输入数据，则该数据可以自动保存到数据源表的字段中。当数据源表中的字段值发生变化时，窗体上该控件的值也会发生变化。

（2）未绑定型控件。

没有指定数据源的控件为未绑定型控件。未绑定型控件分为两类，一类是没有控件来源属性、无法指定数据源的控件，如标签控件，窗体运行时，不能向这类控件中输入数据；另一类是有控件来源属性、但没有指定数据源的控件，如文本框，窗体运行时，可以向这类控件中输入数据，输入的数据保留在缓冲区中。

（3）计算型控件。

这种控件有控件来源属性，但这种控件的来源是表达式，而不是表或查询的一个字段。窗体运行时，计算型控件的值不能编辑，只用于显示表达式的值。当试图向计算型控件中输入数据时，Access 状态栏中将显示"控件无法被编辑"。

2. 控件组

窗体设计器中的各种控件都放在【控件】组中，如图 3.120 所示。

图 3.120 "控件组"

【控件】组中各个按钮的功能说明如表 3.6 所示。

表 3.6　【控件】组中的按钮

按　钮	名　称	功　能　说　明
	选择对象	用于选择窗体设计器中的控件、节和窗体
	文本框	用于输入、输出或显示数据源的数据，显示计算机结果或接受用户输入的数据
	标签	用于显示说明文本，如窗体的标题和其他空间的附加标签
	命令按钮	用于完成各种操作
	选项卡控件	创建一个多页的带选项卡的窗体，可在选项卡上添加其他对象
	超链接	用于创建一个超链接控件
	Web 控件浏览器	用于在窗体中添加浏览器控件
	导航控件	用于在窗体中添加导航条
	选项组	与复选框、选项按钮或切换按钮等配合使用，显示一组可选值
	分页符	使窗体或报表在添加分页符所在位置开始新页
	组合框	结合列表框和文本框的特性，既可以在文本框中输入，也可以选择列表框的值
	图表	用于在窗体中添加图表对象
	直线	绘制直线，用于突出显示数据或者分隔不同的控件
	切换按钮	单击时可在开/关两种状态之间切换
	列表框	显示数值列表，可从列表中选择值
	矩形	绘制矩形，将一组相关的控件组织在一起
	复选框	绑定到是/否型字段，可以从一组值中选择多个
	未绑定对象框	添加未绑定的对象，如 Word 文档、Excel 表格等
	附件	用于窗体中添加附件控件
	选项按钮	绑定到是/否型字段，可以从一组值中选择一个
	子窗体/子报表	在当前窗体/报表中嵌入另外一个窗体/报表
	绑定对象框	添加 OLE 对象
	图像	用于在窗体中显示是静态的图形/图像
	使用控件向导	用于打开或关闭控件向导，帮助用户设计复杂的控件
	ActiveX 控件	打开一个 ActiveX 控件列表，插入 Windows 提供的更多控件

3．常用的窗体控件

窗体通常包含各种对象，如命令按钮、标签、文本框和复选框等。窗体上的各种对象可以通过添加控件得到。在 Access 中，用户可以使用窗体数据源的字段列表和【控件】组向窗体设计器中添加控件。

新建或编辑窗体时，将窗体数据源字段列表中的字段拖曳到窗体设计器中，Access 将根据字段类型添加不同类型的控件，并且把对应的数据源绑定到控件上。使用这种方法添加控件时，Access 将添加一个显示字段名的标签控件和一个其他控件，并且这两个控件是有关联的。

此外，可使用【控件】组添加控件。添加一个控件时，先单击【控件】组中的控件按钮，再单击窗体设计器中的适当位置，就可添加一个默认大小的控件。如果先单击【控件】组中的控件按钮，然后在窗体设计器中拖曳出控件的大小范围，则可以添加一个自定义大小的控件。

这里介绍几种常用的窗体控件。

（1）文本框。

文本框控件常用于显示、输入和编辑数据。它可以输入和显示一行或者多行数据。运行窗体时，用户可以在文本框控件中输入数据、编辑数据和删除数据。表中的数字、文本、日期、货币、备注和超链接等类型的字段也常常使用文本框输入。

文本框控件可以是绑定型、未绑定型或者是计算型控件。它是窗体中功能最强大和灵活的控件之一。每一个文本框一般都应该有一个标签对其进行说明。

（2）标签。

标签用于在窗体上显示说明性文本，如标题、简短的说明等。标签是未绑定型控件，运行窗体时不能向标签控件中输入数据。使用工具箱添加文本框控件、选项组控件、选项按钮控件、复选框控件、组合框控件、列表框控件、绑定对象框控件、子窗体/子报表控件时，Access 会自动添加与之相关联的标签控件，我们称这种标签为附加到其他控件上的标签。用户也可单独使用标签显示信息，这种标签称为独立标签。

（3）命令按钮。

Access 提供了许多类型的控件，每种类型的控件又有非常多的属性，因此初学者使用【控件】组添加控件时，常常使用 Access 的控件向导来帮助设置控件的属性。先单击控件组中的【控件向导】按钮，再添加控件。如果指定控件有向导，则 Access 自动打开对应的控件向导，引导用户设置控件的常用属性。

命令按钮属于带控件向导的控件之一，它常用来完成一些操作，如打开另一个窗体、打开相关的报表、启动其他程序等。用户可以用控件向导指定命令按钮完成的操作，或编写宏命令和 VBA 代码来完成指定的操作。

（4）复选框、切换按钮和选项按钮。

复选框、切换按钮和选项按钮常用于输入"是/否"类型的数据。当按钮取值为"是"时，返回值是-1，当按钮取值为"否"时，返回值是 0。

复选框常用于一组选项可以选择多个的情形，切换按钮在开/关两种状态之间切换，选项按钮常用于一组选项只能选择一个的情形。

（5）列表框。

列表框常用于从选项列表中选择一个选项的情形。运行窗体时，用户可以选择列表中的选项。

创建列表框时通常使用控件向导来帮助设置列表框的选项。

（6）组合框。

组合框可以看成是一个文本框与一个列表框的组合。它常用于既可输入数据，又可选择选项的情形。运行窗体时，用户既可以在组合框中直接输入数据，也可以单击组合框的下三角按钮，打开下拉列表后选择其中的选项。

创建组合框时通常使用控件向导来帮助设置组合框的选项。

（7）选项卡。

选项卡控件用于展示单个集合的多页信息，这对于处理可能分为两类或多类的信息尤为有用。

11.2.2　设置对象的属性

Access 允许用户使用多种类型的控件。对同类控件设置不同的属性值，即可得到不同的屏幕效果。因此，正确设置对象的属性值，是美化窗体的重要方法之一。

1．属性表对话框

属性表对话框是显示和设置对象属性值的有用工具。在窗体设计器中编辑窗体时，可单击【窗体设计工具】→【设计】→【工具】→【属性表】按钮或用鼠标右键单击窗体设计器，从弹出的快捷菜单中选择【属性】命令，弹出"属性表"对话框。

"属性表"对话框的标题栏下显示选定对象的类型和名称，标题栏下面有一个对象列表框，用户可以从对象下拉列表中选择需要设置属性的对象。对象列表框下面是各个选项卡对应的属性设置区。属性设置区分为两栏，左边一栏是选定的控件的属性名，右边一栏是用于显示和设置属性值的属性设置框。图 3.121 所示为窗体的属性对话框。

图 3.121　窗体的属性对话框

窗体的属性对话框中有 5 个选项卡，表 3.7 所示为各个选项卡的管理属性的简要说明。

表 3.7　属性对话框的选项卡

选项卡名称	功 能 说 明
格式	管理控件外观方面的属性
数据	管理窗体数据来源和数据显示格式方面的属性
事件	管理控件的事件
其他	管理除格式选项卡和数据选项卡中的属性以外的其他属性
全部	管理控件所有可用的属性和事件

【提示】不同类型的控件，其属性是不同的。在窗体设计器中选择某个控件时，属性对话框中会显示该控件的所有属性。在窗体设计器中选择多个控件时，属性对话框中就会显示所有选定的控件具有的共同属性。并且，属性对话框可以动态地显示选定的对象的属性值。

2．在属性对话框中设置属性值

窗体的每个对象都有自己的属性，设置不同的属性值可以得到不同的效果。在属性对话框中设置对象属性值的操作步骤如下。

（1）在窗体设计器或属性表对话框中的对象下拉列表中选择需要设置属性值的对象。

（2）在属性表对话框的属性设置区选择某个属性。

（3）输入或选择属性值。

11.2.3 宏的概念

1. 宏

宏（Macro）从字面上讲是一组自动化命令的组合。它是一种特殊的代码，是一种操作代码组合，它以操作为单位，将一连串操作有机地组合起来。在运行宏时，这些操作被一个一个地依次执行。宏中的每个操作都可以携带自己的参数，但每个操作执行后都没有返回值。

宏不仅创建简单，使用方便，而且功能十分强大，从简单的打开和关闭窗体操作，到复杂的组合操作无所不能。宏的具体功能如下。

（1）打开或者关闭数据表、窗体，打印报表和执行查询。

（2）弹出提示信息框，显示警告。

（3）实现数据的输入和输出。

（4）在数据库启动时执行操作。

（5）筛选查找数据记录。

总之，宏作为一种命令集合，可以方便有效地执行用户操作，而且具有十分强大的功能。

2. 常用的宏操作

Access 提供了非常丰富的宏命令，这些操作的功能涵盖了数据库管理工作的全部细节。表3.8 所示为常用宏的操作名称及功能说明。

表 3.8　常用的宏操作

类别	宏操作	说明
窗口管理	CloseWindow	关闭指定的窗口，如果无指定的窗口，则关闭激活的窗口
	MaximizeWindow	最大化激活的窗口使它充满 Microsoft Access 窗口
	MinimizeWindow	最小化激活的窗口使它成为 Microsoft Access 窗口底部的标题栏
	MoveAndSizeWindow	移动并调整激活窗口。如果不输入参数，则 Microsoft Access 使用当前设置
	RestoreWindow	将最大化或最小化窗口还原到原来的大小。此操作一直会影响到激活的窗口
宏命令	CancelEvent	取消导致该宏（包括该操作）运行的 Microsoft Access 事件
	ClearMacroError	清除 MacroError 对象的上一错误
	OnError	定义错误处理行为
	RunCode	执行 Visual Basic Function 过程
	RunDataMacro	运行数据宏
	RunMacro	执行一个宏，还可以从其他宏中执行宏
	RunMenuCommand	执行 Microsoft Access 菜单命令
	StopAllMacros	终止所有正在运行的宏
	StopMacro	终止当前正在运行的宏
筛选/查询/搜索	ApplyFilter	在表、窗体或报表中应用筛选、查询或 SQL 的 Where 子句，可限制或排序来自表中的记录，或来自窗体、报表的基础表或查询中的记录
	FindNextRecord	查找符合最近 FindRecord 操作或"查找"对话框中指定条件的下一条记录

类别	宏操作	说明
筛选/查询/搜索	FindRecord	在活动的数据表、查询数据表、窗体数据表或窗体中查找符合条件的记录
	OpenQuery	打开选择查询或交叉表查询，或者执行动作查询
	Requery	在激活的对象上实时指定控件的重新查询；如果未指定控件，将对对象本身的数据源重新查询。如果制定的控件不基于表或查询，则该操作将使控件重新计算
数据导入/导出	ExportWithFormatting	将制定数据库对象中的数据输出为 Microsoft Excel(.xls)、格式文本(.rtf)、文本（.txt）、Html（.htm）或快照（.snp）格式
	WordMailMerge	执行"邮件合并"操作
数据库对象	GoToControl	将焦点移动到激活的数据表、窗体上指定的的字段或控件上
	GoToPage	将焦点移到激活窗体指定页的第一个控件上
	GoToRecord	在表、窗体或查询结果集中指定记录为当前记录
	Openform	在窗体视图、窗体设计视图、打印预览或数据表视图中打开窗体
	OpenReport	在设计视图或打印预览视图中打开报表，或立即打印该报表
	OpenTable	在数据表视图、设计视图或打印预览中打开表
	PrintObject	打印当前对象
	PrintPreview	当前对象的"打印预览"
	SelectObject	选定指定的数据库对象
数据输入操作	DeleteRecord	删除当前记录
	EditListitems	编辑查阅列表中的项
	SaveRecord	保存当前记录
系统命令	Beep	使计算机发出"嘟嘟"声
	CloseDatabase	关闭当前数据库
	QuitAccess	退出 Microsoft Access，可从几种保存选项中选择一种
用户界面命令	AddMenu	为窗体或报表将菜单添加到自定义菜单栏
	MessageBox	显示包含警告信息或其他信息的消息框
	Redo	重复最近的用户操作
	UndoRecord	取消最近的用户操作

11.2.4 宏的分类

Access 2010 的宏可以分成独立宏、嵌入宏、条件操作宏、数据宏和子宏。

1．独立宏

独立宏是独立的对象，它独立于窗体、报表等对象之外。独立的宏在导航窗格中可见。

2．嵌入宏

与独立宏相反，嵌入宏嵌入在窗体、报表或控件对象的事件中。嵌入宏是它们所嵌入的对象或控件的一部分。嵌入宏在导航窗格中是不可见的。嵌入宏的出现使得宏的功能更加强大、更加安全。

3．条件操作宏

条件操作宏是在宏中设置条件式，用来判断是否要执行下一个宏命令。只有当条件式成立时，该宏命令才会被执行。这样可以加强宏的功能，也使宏的应用更加广泛。利用条件操作可以根据不同的条件执行不同的宏操作。具有条件的宏称为条件操作宏。例如，如果在某个窗体中使用宏来校验数据，可能需要某些信息来响应记录的某些输入值，另一些信息来响应不同的值，那么此时可以使用条件来控制宏的流程。

4. 数据宏

数据宏是 Access 2010 中新增的一项功能，该功能允许在表事件（如添加、更新或删除数据等）中自动运行。

有两种类型的数据宏：一种是由表事件触发的数据宏（也称"事件驱动的"数据宏），另一种是为响应按名称调用而运行的数据宏（也称"已命名的"数据宏）。

每当在表中添加、更新或删除数据时，都会发生表事件。数据宏是在发生这三种事件中的任一种事件之后，或发生删除或更改事件之前运行的。数据宏是一种触发器，可以用来检查数据表中输入的数据是否合理。当在数据表中输入的数据超出限定的范围时，数据宏会给出提示信息。另外，数据宏可以实现插入记录、修改记录和删除记录，从而对数据更新，这种更新比使用查询更新的速度快很多。对于无法通过查询实现数据更新的 web 数据库，数据宏尤其有用。

5. 子宏

子宏是共同存储在一个宏名下的一组宏的集合，该集合通常只作为一个宏引用。在一个宏中含有一个或多个子宏，每个子宏又可以包含多个宏操作，子宏拥有单独的名称并可独立运行（子宏在 Access 以前的版本中被称为宏组）。

在使用中，如果希望执行一系列相关的操作则要创建包含子宏的宏。例如，可以将同一个窗体上使用的宏组织到一个宏组中。使用子宏更方便数据库的操作和管理。

11.2.5 宏的结构

宏的设计视图下，窗口被分为三个窗格：左侧的导航窗格、中间的宏设计器和右侧的"操作目录"窗格，如图 3.122 所示。

图 3.122　宏的设计视图

1."宏设计器"窗格

在"宏设计器"窗格中，显示了"添加新操作"的组合框，可以完成添加宏操作，设置参数、删除宏、更改宏操作的顺序、添加注释以及分组等操作。

2.操作目录

在"操作目录"窗格中，以树型结构显示出"程序流程""操作"等分支，单击"+"展开按钮，显示下一层的子目录或部分宏对象。"操作目录"窗格中的主要内容如下。

（1）程序流程。

① Comment。注释是宏运行时不执行的信息，用于提高宏程序代码的可读性。

② Group。允许操作和程序流程在已命名、可折叠、未执行的块中分组，以便宏的结构更清晰、可读性更强。

③ If。通过判断条件表达式的值来控制操作的执行。如果条件表达式的值为"True"，则执行逻辑块，否则就不执行逻辑块内的操作。

④ Submacro。用于在宏内创建子宏。每一个子宏都需要指定其子宏名。一个宏可以包含若干个子宏，每一个子宏又包含若干个操作。

（2）操作。

"操作"目录包括"窗口管理""宏命令""筛选/查询/搜索""数据导入/导出""数据库对象""数据输入操作""系统命令"和"用户界面命令"等8个子目录。

11.2.6 运行宏

一旦创建了宏，用户就可以在 Access 的宏窗口、数据库窗口、其他对象窗口及其他宏中运行宏了。如果创建的宏存在错误，那么将不能正常执行。因此在执行宏之前，最好对其进行调试，以解决问题。

1.调试宏

一般情况下，在运行宏之前，我们需要调试所创建的宏，看其是否存在错误。

单步执行宏可以观察宏的流程和每一个操作的结果，并且可以排除导致错误或产生非预测结果的操作。

（1）打开宏的设计视图。

（2）单击【宏工具】→【设计】→【工具】→【单步】按钮 单步，再单击【工具】组中的【运行】按钮 。

（3）显示"单步执行宏"对话框，对话框中显示了当前操作的条件、操作名称以及参数等信息。

（4）根据需要确定执行不同的操作。

2.运行宏

独立宏可以直接在导航窗格中运行、在宏组中运行、从另一个宏运行、从 VBA 模块中运行，或者通过窗体、报表或控件某个事件的响应而运行。

嵌入宏可以在设计视图、单击【运行】按钮 时运行，或在与它相关联的事件被触发时自动运行。

（1）直接运行宏。

① 在导航窗格中双击需要运行的宏名。

② 在宏设计视图下，单击【宏工具】→【设计】→【工具】→【运行】按钮。

③ 单击【数据库工具】→【宏】→【运行宏】按钮，显示"执行宏"对话框。在"宏名称"组合框的下拉列表中选择要运行的独立宏或者含有子宏的宏（仅运行该宏中的第一个子宏）。

④ 用鼠标右键单击要运行的宏，从快捷菜单中选择【运行】命令，可以直接运行该宏，对于含有子宏的宏，仅运行该宏中的第一个子宏。

（2）在窗体或报表中使用宏。

如果宏是事先创建好的，那么要在某控件的某事件触发时调用该宏，可在控件的属性对话框的"事件"选项卡的相应事件处选择该宏。

（3）从另一个宏中运行宏。

一个宏可以由另一个宏来调用，以完成复杂的工作。我们可以先创建一个宏，该宏的"操作"为"RunMacro"，宏名属性设置为需要调用的宏的名称，在"重复次数"中输入宏重复执行的次数，并保存该宏。以后运行该宏时，即可在该宏中调用另一个宏。

创建调用其他宏的宏时，如果在"重复表达式"框中设定重复条件的表达式，则该表达式的结果为"假"时才停止重复。如果"重复次数"和"重复表达式"没有设置任何内容，则该宏只运行一次。如果"重复次数"中没有设置任何内容，而"重复表达式"的值总是"真"，则该宏将不停地循环下去。

11.3 任务实施

11.3.1 制作商品信息管理窗体

"商品信息管理"窗体的主要功能是完成商品信息的浏览、添加记录、修改记录、保存记录和删除记录等操作。这里，我们首先使用【窗体】按钮快速创建商品信息浏览的窗体框架，然后借助 Access 提供的工具箱对窗体进行修改和美化。

（1）打开"商贸管理系统"数据库。

（2）在导航窗格中选择"表"对象列表中的"商品"表作为窗体的数据源。

（3）单击【创建】→【窗体】→【窗体】按钮，可快速创建如图 3.123 所示的窗体。

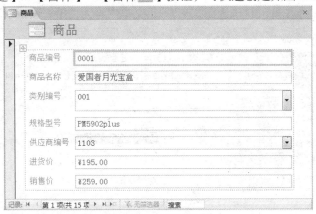

图 3.123　新建的窗体

（4）以"商品信息管理"为名保存窗体。

（5）切换到窗体的设计视图以修改窗体。

（6）修改窗体标题。

① 将窗体页眉中默认的窗体标题"商品"修改为"商品信息管理"。

② 设置窗体标题的文本为"华文行楷""24 磅"，控件大小为"正好容纳"。

③ 删除创建时自带的窗体图标▤，将窗体标题控件移至窗体的正上方。

（7）添加记录浏览按钮。

① 单击【窗体设计工具】→【设计】→【控件】→【其他】按钮▾，从"控件"列表中选择【使用控件向导】选项。

② 单击【控件】组中的"命令按钮"控件▭。

③ 在窗体页脚中按住鼠标左键，并在要放置按钮的位置拖曳出适当的区域，释放鼠标左键时弹出如图 3.124 所示的"命令按钮向导"对话框。

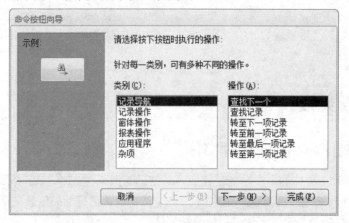

图 3.124 "命令按钮向导"对话框

④ 设置按下按钮时产生的动作的类别为"记录导航"，再选择"转至第一项记录"操作。

⑤ 单击【下一步】按钮，弹出"命令按钮向导"第 2 步对话框，如图 3.125 所示。确定按钮上显示文本还是显示图片。这里选择"文本"，文本内容为"第一项记录"。

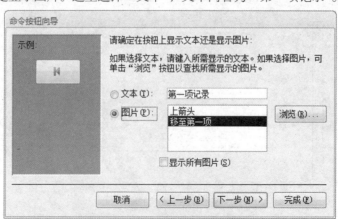

图 3.125 确定按钮上显示文本还是图片

⑥ 单击【下一步】按钮，弹出"命令按钮向导"第 3 步对话框，如图 3.126 所示，然后指定按钮名称。这里采用默认的按钮名称。

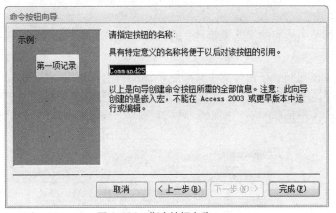

图 3.126　指定按钮名称

⑦ 单击【完成】按钮，完成"第一项记录"按钮的添加，如图 3.127 所示。

图 3.127　添加"第一项记录"按钮

⑧ 用同样的方法在窗体中添加"前一项记录""下一项记录"和"最后一项记录"按钮。

⑨ 设置控件大小为"正好容纳"，将窗体页脚中的命令按钮对齐，完成后的窗体如图 3.128 所示。

图 3.128　添加记录浏览按钮后的窗体

（8）添加数据维护按钮。

① 选中主体节中所有的文本框控件，适当减小文本框控件的宽度，在右侧留出一些空间放置数据维护按钮。

② 使用命令按钮向导在窗体的主体节右侧添加一组记录操作按钮，分别为"添加记录""保存记录"和"删除记录"按钮，从而实现添加新记录、保存记录和删除记录的数据维护操作。

③ 将添加的这组控件的大小调整为"正好容纳"，垂直间距相同，左对齐，效果如图 3.129 所示。

图 3.129　添加数据维护按钮

（9）添加矩形框。

① 单击【控件】组中的"矩形"控件，分别在记录浏览按钮组和数据维护按钮组的外部添加矩形框。

② 选中数据维护按钮组外的矩形，然后单击【窗体设计工具】→【格式】→【控件格式】→【形状轮廓】按钮，从"形状轮廓"下拉列表中选择【线条类型】中的"点划线"，并从【线条宽度】中选择"2pt"。

（10）设置窗体属性。

① 单击【窗体设计工具】→【设计】→【工具】→【属性表】按钮，打开"属性表"对话框。

② 从属性表的对象列表中选择"窗体"。

③ 选择"格式"选项卡（见图 3.130），设置窗体的标题为"商品信息管理"，将"允许窗体视图"设置为"是"，将"滚动条"设置为"两者均无"，将"记录选择器""导航按钮""分隔线"均设置为"否"，并且将"最大最小化按钮"设置为"无"，将"边框样式"设置为"对话框边框"。

④ 关闭"属性表"对话框。

⑤ 用鼠标右键单击窗体页脚，从快捷菜单中选择【填充/背景色】选项，从颜色列表中选择浅灰色作为窗体页脚的背景色。

图 3.130　设置窗体属性

（11）保存窗体，打开窗体视图，效果如图 3.131 所示。

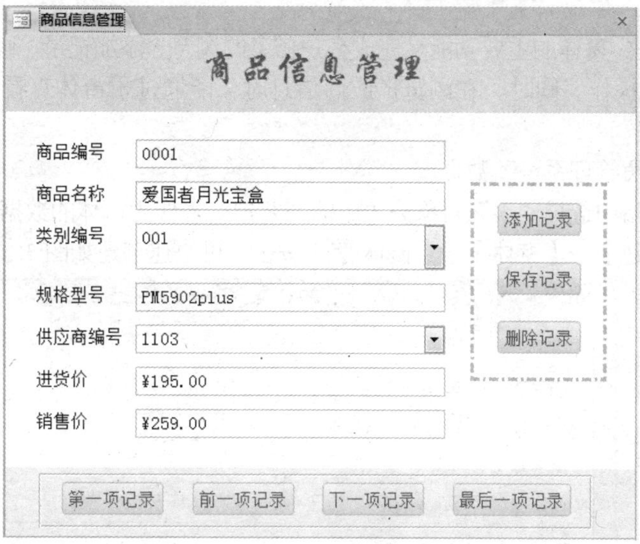

图 3.131　修改后的"商品信息管理"窗体

11.3.2　制作供应商信息管理窗体

"供应商信息管理"窗体的主要功能与"商品信息管理"窗体的功能相似，主要实现供应商信息的浏览、添加记录、修改记录、保存记录和删除记录等操作。

（1）参照"商品信息管理"窗体的创建方法，以"供应商"表为数据源制作"供应商信息管理"窗体。

（2）在窗体的主体节中添加用于数据维护的"添加记录""保存记录"和"删除记录"按钮，并且在窗体页脚中添加记录浏览按钮。

（3）适当修改和设置窗体格式，创建如图 3.132 所示的"供应商信息管理"窗体。

（4）以"供应商信息管理"为名保存窗体。

图 3.132　"供应商信息管理"窗体

11.3.3　制作客户信息管理窗体

"客户信息管理"窗体的主要功能是完成客户信息的浏览、添加记录、修改记录、保存记录和删除记录等基本操作。同时，在浏览供应商信息时，能通过子窗体查看该客户的订单基本信息。

（1）打开"商贸管理系统"数据库。

（2）在导航窗格中选择"表"对象列表中的"客户"表作为窗体的数据源。

（3）单击【创建】→【窗体】→【窗体▦】按钮，可快速创建如图 3.133 所示的窗体。

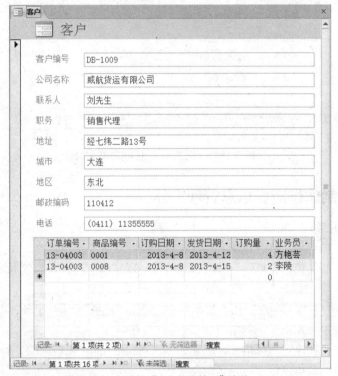

图 3.133　新建的"客户信息管理"窗体

> 【提示】由于"客户"表与"订单"表之间存在一对多的关系，因此，使用【窗体】按钮创建关于"客户"表的窗体时，系统自动将与之相关联的"订单"作为其子窗体，该子窗体为"数据表"式窗体。

（4）以"客户信息管理"为名保存所创建的窗体。

（5）修改"客户信息管理"窗体。

① 切换到"客户信息管理"窗体的设计视图。

② 修改窗体标题。在窗体页眉中修改窗体标题为"客户信息"，适当调整控件大小和文字格式，并将标题移至窗体正上方。

③ 适当增加主体节的宽度。

④ 单击【窗体设计工具】→【排列】→【表】→【删除布局】按钮▦，删除应用于控件的布局，以便调整窗体中各控件的布局方式。

⑤ 增加子窗体的宽度，使其数据表中的数据能完整显示，适当减小子窗体的高度，并减小主体节中其他文本框控件的宽度，如图 3.134 所示。

图 3.134 改变"客户信息管理"窗体的控件布局

⑥ 参照"商品信息管理"窗体，在窗体页脚中添加记录浏览按钮。

⑦ 参照"商品信息管理"窗体，在主体节右侧添加数据维护按钮，分别为"添加记录""保存记录""删除记录"按钮。

⑧ 设置窗体属性。在窗体的"属性表"对话框中选择"格式"选项卡，设置窗体的标题为"客户信息管理"，允许"窗体"视图，取消"滚动条""记录选择器""导航按钮""分隔线""最大最小化按钮"，并将"边框样式"设置为"对话框边框"。

（6）保存窗体，切换到窗体视图，修改后的窗体的效果如图 3.135 所示。

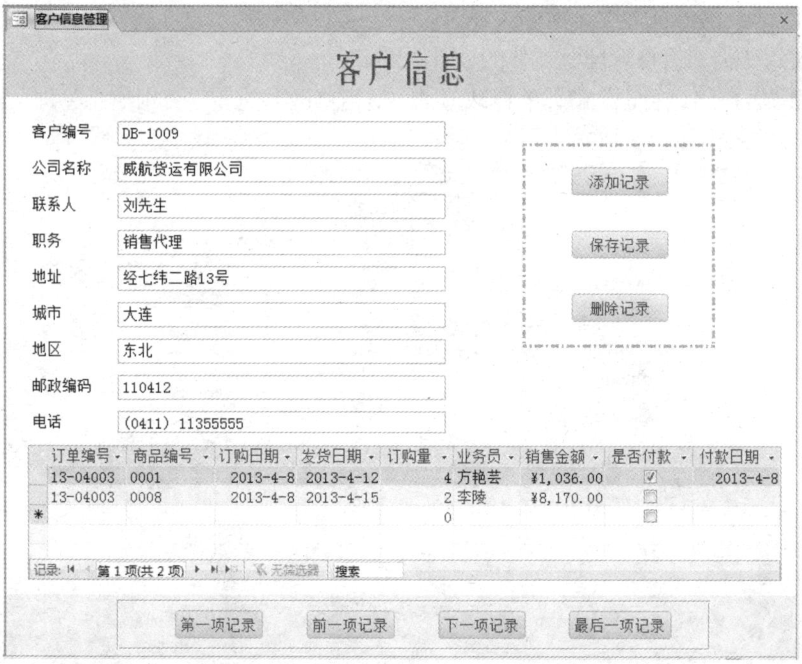

图 3.135 修改后的"客户信息管理"窗体

11.3.4 制作类别信息管理窗体

"类别信息管理"窗体的主要功能与"客户信息管理"窗体的功能相似，主要是完成类别信息的浏览、添加记录、修改记录、保存记录和删除记录等基本操作。同时，在浏览类别信息时，能通过子窗体查看该类别的商品基本信息。

（1）打开"商贸管理系统"数据库。

（2）在导航窗格中选择"表"对象列表中的"类别"表作为窗体的数据源。

（3）单击【创建】→【窗体】→【窗体 】按钮，可快速创建如图3.136所示的窗体。

图 3.136　新建的"类别信息管理"窗体

【提示】由于"类别"表与"商品"表之间存在一对多的关系，因此，使用【窗体】按钮创建关于"类别"表的窗体时，系统自动将与之相关联的"商品"作为其子窗体，该子窗体为"数据表"式窗体。

（4）以"类别信息管理"为名保存所创建的窗体。

（5）修改"类别信息管理"窗体。

① 切换到"类别信息管理"窗体的设计视图。

② 按照"客户信息管理"窗体的修改方法，适当修改和设置"类别信息管理"窗体的格式。修改后的窗体的效果如图3.137所示。

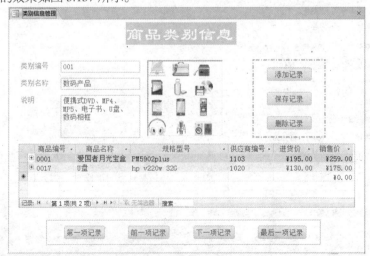

图 3.137　修改后的"类别信息管理"窗体

（6）保存窗体。

11.3.5 制作订单信息管理窗体

由于订单信息管理中不仅涉及订单信息、商品信息，同时也包括该订单的客户基本信息，同一窗体中需要多种信息。因此，这里，我们将在窗体中添加选项卡，实现在每个选项卡中分类显示相关信息；同时，通过该窗体不仅可以实现订单详细信息的浏览，还可以进行记录的添加、修改、保存和删除等基本操作。

（1）打开"商贸管理系统"数据库。

（2）单击【创建】→【窗体】→【窗体向导】按钮，打开"窗体向导"对话框。

（3）添加"订单"表的所有字段，将"商品"表中的"商品名称""类别编号""规格型号""供应商编号""销售价"字段，"客户"表中的"公司名称""联系人""地址""城市"和"电话"字段作为数据源，如图 3.138 所示。

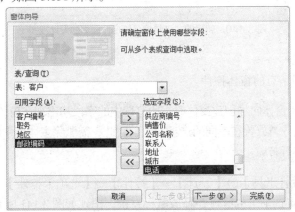

图 3.138　添加所需字段

（4）单击【下一步】按钮，确定查看数据的方式。这里选择"通过订单"，如图 3.139 所示。

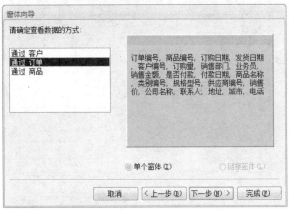

图 3.139　确定查看数据的方式

（5）单击【下一步】按钮，确定子窗体使用的布局，这里选择"纵栏表"。

（6）单击【下一步】按钮，将窗体标题设置为"订单信息管理"，并选择【修改窗体设计】选项。

（7）单击【完成】按钮，打开如图 3.140 所示的订单信息管理窗体设计视图。

图 3.140 新建的"订单信息管理"窗体的设计视图

（8）修改窗体设计。

① 删除主体节中所有的窗体控件。

【提示】由于使用窗体向导创建窗体时，所有选中的字段均出现在窗体的主体节中，这里，我们需要重新将字段分类放置在不同的选项卡上，因此，需删除主体节中已放置的所有控件，待放置选项卡后再进行布局。

② 单击【窗体设计工具】→【设计】→【控件】→【选项卡控件】 ，按住鼠标左键在主体节中拖曳出要放置选项卡的区域，释放鼠标左键，出现如图 3.141 所示的选项卡控件。

图 3.141 添加的选项卡控件

③ 鼠标右键单击其中的任意一张选项卡，从弹出的快捷菜单中选择【插入页】命令，添加一张选项卡。

【提示】默认情况下，添加选项卡控件时将产生两个选项卡，并显示默认的页名称。我们可以根据需要插入页。同理，当插入的页太多时，也可删除页。对于默认的页名称，可双击后在弹出的页属性对话框中进行修改。

④ 重命名选项卡。用鼠标右键单击页选项卡，从快捷菜单中选择【属性】命令，打开选项卡页的"属性表"对话框，将"格式"选项卡中的"标题"属性值分别修改为"订单信息""商品信息"和"客户信息"。

⑤ 在选项卡中添加数据源字段。

a. 单击【窗体设计工具】→【设计】→【工具】→【添加现有字段】按钮，打开窗体的数据源字段列表。

b. 选择"订单信息"选项卡，从字段列表中选择"订单"表中的字段，将其拖曳至选项卡中，如图 3.142 所示。

图 3.142　添加"订单信息"选项卡中的字段

c. 选择"商品信息"选项卡，从字段列表中选择"商品名称""类别编号""规格型号""供应商编号"和"销售价"字段，并将其拖曳至选项卡中。

d. 选择"客户信息"选项卡，从字段列表中选择"公司名称""联系人""地址""城市"和"电话"字段，并将其拖曳至选项卡中。

⑥ 修改窗体标题格式。选中窗体页眉中的窗体标题"订单信息管理"，并适当对标题的文字格式进行设置。

⑦ 添加记录浏览按钮。参照"商品信息管理"窗体，在窗体页脚中添加记录浏览按钮。

⑧ 添加数据维护按钮。参照"商品信息管理"窗体，在窗体主体节中添加数据维护按钮，分别为"添加记录""保存记录"和"删除记录"按钮。

⑨ 设置窗体属性。

a. 在"窗体"属性对话框中选择"格式"选项卡，设置窗体的标题为"订单信息管理"，允许"窗体"视图，取消"滚动条""记录选择器""导航按钮""分隔线""最大最小化按钮"，并将"边框样式"设置为"对话框边框"。

b. 适当修改窗体页眉、主体节和窗体页脚的背景颜色。

（9）保存窗体，切换到窗体视图，修改后的窗体效果如图 3.143 所示。

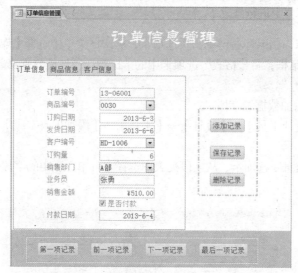

图 3.143　修改后的"订单信息管理"窗体

11.3.6　制作库存信息管理窗体

"库存信息管理"窗体的主要功能是完成库存信息的浏览、添加记录和删除记录等操作。这里，我们首先使用【窗体】按钮快速创建窗体的框架，然后利用 Access 提供的工具箱和窗体属性对话框对窗体进行修改和美化。

（1）打开"商贸管理系统"数据库。

（2）在导航窗格中选择"表"对象列表中的"库存表"作为窗体的数据源。

（3）单击【创建】→【窗体】→【窗体 ＿】按钮，可快速创建如图 3.144 所示的窗体。

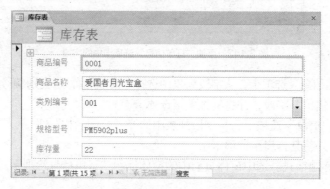

图 3.144　新建的"库存表"窗体

（4）以"库存信息管理"为名保存窗体。

（5）切换到窗体的设计视图，以修改窗体。

（6）修改窗体标题。

① 将窗体页眉中的窗体标题修改为"库存信息管理"。

② 设置窗体标题的文本为"华文新魏""24 磅"，控件大小为"正好容纳"。

（7）添加数据的浏览和维护按钮。

① 在窗体页脚中添加数据的浏览按钮，并添加"添加记录"和"删除记录"按钮。

② 调整控件的大小和对齐格式。

（8）设置窗体属性。

① 选中窗体，单击【窗体设计工具】→【设计】→【工具】→【属性表】按钮，打开"属性表"对话框。

② 选择"格式"选项卡，设置窗体的标题为"库存信息管理"，允许"窗体"视图，取消"滚动条""记录选择器""导航按钮""分隔线""最大最小化按钮"，并将"边框样式"设置为"对话框边框"。

③ 设置窗体背景。

a. 在"格式"选项卡中单击"图片"属性框右侧的生成器按钮 ⋯，弹出如图 3.145 所示的"插入图片"对话框，然后选择"D:\数据库\素材"文件夹中的图片。

图 3.145 "插入图片"对话框

b. 单击【确定】按钮，插入选定的图片。

c. 设置"图片缩放模式"为"拉伸"。

d. 关闭"属性表"对话框，然后适当调整窗体中的控件的位置。

（9）保存窗体后，切换到窗体视图，效果如图 3.146 所示。

图 3.146 修改后的库存信息管理窗体

11.3.7　制作进货信息管理窗体

"进货信息管理"窗体的主要功能是完成进货信息的浏览、添加记录、修改记录、保存记录和删除记录等操作。这里，我们首先使用自动方式快速创建窗体的框架，然后利用 Access 提供的窗体控件工具箱添加窗体标题、命令按钮以实现对数据的维护操作。在此基础上，使用自动套用格式命令和窗体属性对话框对窗体进行修改和美化。

（1）打开"商贸管理系统"数据库。

（2）在导航窗格中选择"表"对象列表中的"进货表"作为窗体的数据源。

（3）单击【创建】→【窗体】→【窗体▦】按钮，可快速创建如图 3.147 所示的窗体。

图 3.147　新建的"进货表"窗体

（4）以"进货信息管理"为名保存窗体。

（5）切换到窗体的设计视图，以修改窗体。

（6）修改窗体标题。

① 将窗体页眉中的窗体标题修改为"进货信息管理"。

② 设置窗体标题的文本为"楷体_GB2312""26 磅""加粗"，控件大小为"正好容纳"。

（7）添加数据的浏览和维护按钮。

① 在窗体页脚中添加数据的浏览按钮、"关闭窗体"按钮。

② 在窗体主体节右侧添加数据维护按钮，分别为"添加记录""保存记录"和"删除记录"按钮。

③ 调整控件的大小和对齐格式。

（8）在主体节中添加图像装饰控件。

① 选择【控件】组中的"图像"控件。

② 按住鼠标左键在主体节左侧拖曳出需要插入图像的区域，释放鼠标左键后，弹出"插入图片"对话框，选择需要的图片后，单击【确定】按钮。

③ 在图像属性对话框中设置图片的缩放模式为"缩放"。

④ 利用"直线"控件为图像添加两条直线，如图 3.148 所示。

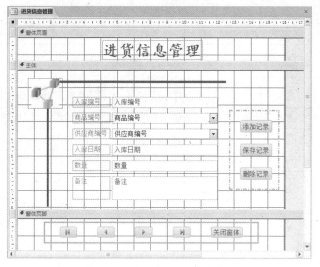

图 3.148 为窗体添加"图像"控件

（9）设置窗体属性。

① 选中窗体，单击【窗体设计工具】→【设计】→【工具】→【属性表】按钮，打开"属性表"对话框。

② 选择"格式"选项卡，设置窗体的标题为"进货信息管理"，允许"窗体"视图，取消"滚动条""记录选择器""导航按钮""分隔线""最大最小化按钮""关闭按钮"，并将"边框样式"设置为"对话框边框"。

（10）保存窗体后，切换到窗体视图，效果如图 3.149 所示。

图 3.149 修改后的"进货信息管理"窗体

11.3.8 制作数据查询窗体

"数据查询"窗体是系统进行数据信息检索的工作界面。为方便用户进行数据检索，我们在设计视图中将使用选项卡和命令按钮控件，通过由命令按钮调用宏命令的方式制作一个包含商品、客户、供应商、库存、进货及订单等页面的信息查询窗体，为前面设计好的查询提供用户操作界面。

（1）打开"商贸管理系统"数据库，按表 3.9 所示的各个项目设计数据查询中需要调用的宏。

表 3.9　"数据查询"窗体中的宏

宏组	宏名	操作	参数
商品、库存和进货查询	按商品名称查询商品	OpenQuery	"按商品名称查询商品信息"查询
	按类别名称查询商品	OpenQuery	"按类别名称查询商品信息"查询
	查看商品毛利率	OpenQuery	"查看各种商品的销售毛利率"查询
	按商品名称查询库存	OpenQuery	"按商品名称查询库存信息"查询
	按商品名称查询进货	OpenQuery	"按商品名称查询进货信息"查询
客户和供应商查询	按公司名称查询客户	OpenQuery	"按公司名称查询客户信息"查询
	按地区查询客户	OpenQuery	"按地区查询客户信息"查询
	各地区客户数	OpenQuery	"统计各地区的客户数"查询
	按公司名称查询供应商	OpenQuery	"按公司名称查询供货商信息"查询
订单查询	查看订单明细	OpenQuery	"查看订单明细信息"查询
	查询销售金额前最高的 5 笔订单	OpenQuery	"查询销售金额前最高的 5 笔订单"查询
	查询未付款的订单	OpenQuery	"查询'订单'表中未付款的订单"查询
	按时间段查询订单	OpenQuery	"按时间段查询订单信息"查询
	按业务员姓名查询订单	OpenQuery	"按业务员姓名查询订单信息"查询
	按客户的公司名称查询订单	OpenQuery	"按客户的公司名称查询客户订单信息"查询
	查看各部门每月的销售金额	OpenQuery	"汇总统计各部门每月的销售金额"查询
	查看各部门各业务员的销售业绩	OpenQuery	"汇总统计各部门各业务员的销售业绩"查询
	查看不同部门在各地区的销售业绩	OpenQuery	"统计不同部门在各地区的销售业绩"查询

（2）设计有关"商品、库存和进货查询"的宏组。

① 单击【创建】→【宏与代码】→【宏】按钮 ，打开如图 3.150 所示的宏设计器窗口。

图 3.150　宏设计器

【提示】由于我们需要在数据查询窗体中实现对多种信息的查询，因此需要创建多个相应命令按钮对应的宏命令。为方便对宏的使用和管理，我们采用宏组来进行处理。

② 创建"按商品名称查询商品"宏。

a. 双击"操作目录"窗格中"程序流程"下的"Submacro"，在宏设计窗格中显示"子宏 1"。

b. 如图 3.151 所示设置"子宏 1"的参数。

图 3.151　添加子宏"按商品名称查询商品"

【提示】为了方便以后对宏进行阅读和理解，创建宏时，可在注释中添加必要的说明文字，以增强宏的可读性，如图 3.152 所示。操作方法是双击"操作目录"窗格中"程序流程"下的"Comment"，在出现的注释框中输入注释"打开'按商品名称查询商品信息'查询"。宏编辑完成后，注释文本以绿色显示。

图 3.152　添加注释文字

③ 使用同样的方法分别设计"按类别名称查询商品""查看商品毛利率""按商品名称查询库存"和"按商品名称查询进货"5 个宏，设计结果如图 3.153 所示。

④ 单击快速访问工具栏中的【保存】按钮，将创建的宏组以"商品、库存和进货查询"为名保存。

（3）设计有关"客户和供应商查询"的宏组。参照"商品、库存和进货查询"宏组的设计方法，设计如图 3.154 所示的客户和供应商查询的宏组，包含"按公司名称查询客户""按地区查询客户""各地区客户数"和"按公司名称查询供应商"4 个宏。

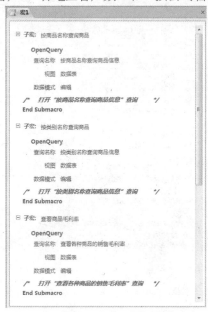

图 3.153 "商品、库存和进货查询"宏组

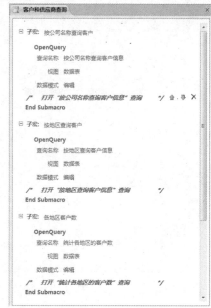

图 3.154 "客户和供应商查询"宏组

（4）设计有关"订单查询"的宏组。参照"商品、库存和进货查询"宏组的设计方法，设计如图 3.155 所示的订单查询的宏组。

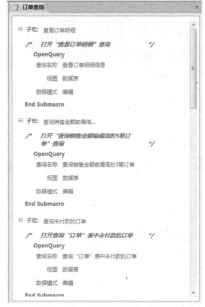

图 3.155 "订单查询"的宏组

图 3.156 添加选项卡控件

（5）设计数据查询窗体。

① 单击【创建】→【窗体】→【窗体设计】按钮，打开窗体设计器。

② 使用"选项卡控件"在窗体的主体节中添加选项卡，默认的选项卡为两页，然后插入新的页。

③ 分别将选项卡的页标题修改为"商品、库存和进货查询""客户和供应商查询"及"订单查询"，如图 3.156 所示。

④ 添加命令按钮。

a. 使用命令按钮控件（不使用控件向导）在"商品、库存和进货查询"选项卡中添加命令按钮，并将按钮标题改为"按商品名称查询商品"，如图 3.157 所示。

图 3.157　添加命令按钮

b. 设置命令按钮的"事件"属性。用鼠标右键单击命令按钮，在快捷菜单中选择【属性】命令，弹出命令按钮"属性表"对话框。

c. 选择"事件"选项卡，从"单击"属性的下拉列表中选择宏命令"商品、库存和进货查询.按商品名称查询商品"，如图 3.158 所示。将选定的宏命令作为命令按钮的单击事件，当在窗体中单击该按钮时，执行宏命令操作，打开"按商品名称查询商品信息"查询。

图 3.158　设置命令按钮的"单击"事件

d. 使用相同的方法在"商品、库存和进货查询"选项卡中添加如图 3.159 所示的命令按钮，并分别使用相应的宏命令设置它们的单击事件。

e. 参照"商品、库存和进货查询"选项卡中的设置，在"客户和供应商查询"选项卡中添加如图 3.160 所示的命令按钮，并分别使用相应的宏命令设置它们的单击事件。

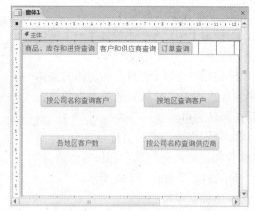

图 3.159 "商品、库存和进货查询"中的按钮　　　　　图 3.160 "客户和供应商查询"中的按钮

f. 参照"商品、库存和进货查询"选项卡中的设置，在"订单查询"选项卡中添加如图 3.161 所示的命令按钮，并分别使用相应的宏命令来设置它们的单击事件。

（6）设置窗体格式。

① 添加窗体标题。为窗体添加窗体页眉/页脚节，然后在窗体页眉中添加窗体标题"数据查询"，并对标题的文本格式进行设置。

② 在"窗体"属性对话框中选择"格式"选项卡，设置窗体的标题为"数据查询"，允许"窗体"视图，取消"滚动条""记录选择器""导航按钮""分隔线""最大最小化按钮"，并将"边框样式"设置为"对话框边框"。

（7）以"数据查询"为名保存窗体，切换到窗体视图，修改后的窗体效果如图 3.162 所示。

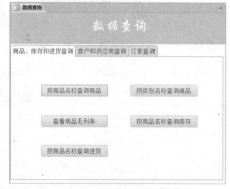

图 3.161 "订单查询"中的按钮　　　　　　　图 3.162 "数据查询"窗体

11.3.9　制作报表打印窗体

"报表打印"窗体是系统进行报表预览和打印的工作界面。为方便用户进行报表的打印，这里我们在设计视图中将使用选项组和命令按钮控件，通过由命令按钮调用宏命令的方式制作一个包含商品、客户、供应商、库存及订单等各类报表打印管理的窗体，为前面设计好的报表提供用户操作界面。

（1）打开"商贸管理系统"数据库。

（2）单击【创建】→【窗体】→【窗体设计】按钮，打开窗体设计器。

（3）选择【控件】组中的"选项组"控件（不使用控件向导），在窗体的主体节部分添加 3 个"选项组"控件，并分别将默认的选项组标签名称修改为"商品""客户和供应商""订单"，如图 3.163 所示。

图 3.163 添加"选项组"控件

（4）在"商品"选项组中添加报表打印命令按钮。

① 选择【控件】组中的【使用控件向导】和【命令按钮】控件，在"商品"选项组中添加命令按钮控件，弹出如图 3.164 所示的"命令按钮向导"对话框。

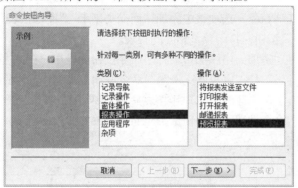

图 3.164 "命令按钮向导"对话框

② 设置按下按钮时产生的动作类别为"报表操作"，再选择"预览报表"操作。

③ 单击【下一步】按钮，进入命令按钮向导第 2 步，如图 3.165 所示，然后确定按钮将预览的报表。这里从列表中选择做好的报表"商品标签"。

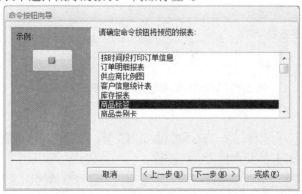

图 3.165 确定按钮将预览的报表

④ 单击【下一步】按钮，进入命令按钮向导第 3 步，如图 3.166 所示，然后确定在按钮上显示文本还是显示图片。这里选择"文本"，文本内容为"商品标签"。

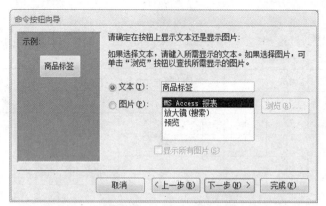

图 3.166　确定在按钮上显示文本还是显示图片

⑤ 单击【下一步】按钮，进入命令按钮向导第 4 步，然后指定按钮名称。这里采用默认的按钮名称。

⑥单击【完成】按钮，完成打印预览"商品标签"按钮的添加。

⑦用同样的方法在"商品"选项组中添加"商品类别卡""库存报表""商品详细清单"和"商品销售情况统计表"按钮，打印预览相应的报表。

（5）参照在"商品"选项组中添加报表打印命令按钮的操作，在"客户和供应商"选项组中添加"客户信息统计表"和"供应商比例图"命令按钮，打印预览相应的报表。

（6）使用相同的方法在"订单"选项组中添加"订单明细报表""销售业绩统计表"和"按时间段打印订单信息"命令按钮，打印预览相应的报表，如图 3.167 所示。

图 3.167　添加打印预览报表的"命令按钮"控件

（7）美化修饰窗体。

① 添加窗体标题。为窗体添加"窗体页眉/页脚"节，然后在窗体页眉中添加窗体标题"报表打印"，并适当地对标题的文本格式进行设置。

② 在"窗体"属性对话框中选择"格式"选项卡，设置窗体的标题为"报表打印"，允许"窗体"视图，取消"滚动条""记录选择器""导航按钮""分隔线""最大最小化按钮"，并将"边框样式"设置为"对话框边框"，为窗体添加一幅图片作为背景，图片的缩放模式为"拉伸"。

③ 将 3 个选项组的边框线条宽度设置为 3pt，并设置三个选项组的附加标签文本加粗显示。

（8）以"报表打印"为名保存窗体，切换到窗体视图，修改后的窗体效果如图 3.168 所示。

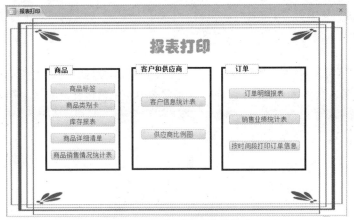

图 3.168 "报表打印"窗体

11.3.10 制作系统主界面

至此，我们已经完成了"商贸管理系统"数据库中的表、查询、窗体和报表等所有对象的设计，接下来需要制作一个系统主界面，将数据库对象有机地结合在一起，形成最终的数据库应用系统。为此，可利用 Access 提供的切换面板管理器工具，方便地将各项已经完成的功能集成一个完整的应用系统。

系统控制面板包括的项目如表 3.10 所示。

表 3.10　系统控制面板包括的项目

系　　统	主 控 面 板	子 控 面 板
商贸管理系统	基本信息管理	商品信息管理
		客户信息管理
		订单信息管理
		供应商信息管理
		类别信息管理
		库存信息管理
		进货信息管理
		返回主界面
	数据查询	数据查询
		返回主界面
	报表打印	报表打印
		返回主界面
	退出系统	退出应用程序

【提示】切换面板是一种特殊的窗体，它的用途主要是打开数据库中的其余窗体和报表。使用切换面板可以将一组窗体和报表组织在一起，形成一个统一的用户交互界面，而不需要一次又一次地打开和切换相关的窗口及报表。

创建切换面板时，应用系统的每级控制面板对应一个窗体形式的切换面板，每个切换面板提供相应的切换项目。集成一个应用系统时，需要将所有的切换面板及切换项目都定义和设置好。

在 Access 2010 中,"切换面板管理器"工具默认状态下没有出现在功能区中,需要用户自己添加到功能区中。

(1)添加"切换面板"工具。

① 单击【文件】→【选项】命令,打开"Access 选项"对话框,在左侧的窗格中选择【自定义功能区】选项,如图 3.169 所示,在右侧的窗格中显示自定义功能区的相关内容。

图 3.169 自定义功能区

② 在右侧窗格中,单击【新建选项卡】按钮,在"主选项卡"列表中,添加"新建选项卡",如图 3.170 所示。

图 3.170 新建选项卡和新建组

③ 选中"新建选项卡",单击【重命名】按钮,在打开的"重命名"对话框中,将"新建选项卡"的名称修改为"切换面板",如图 3.171 所示,单击【确定】按钮。

④ 选中"新建组",单击【重命名】按钮,在打开的"重命名"对话框中,将"新建组"的名称修改为"工具",再选择一个合适的图标,如图 3.172 所示,单击【确定】按钮。

图 3.171 重命名新建选项卡　　　　图 3.172 重命名新建组

⑤ 单击"从下拉列表中选择命令"组合框的下拉箭头,选择【所有命令】,在列表中选中【切换面板管理器】,然后单击【添加】按钮,将【切换面板管理器】命令添加到"切换面板"选项卡的"工具"组,如图 3.173 所示。

图 3.173 将"切换面板管理器"添加到工具组

⑥ 单击【确定】按钮,关闭"Access 选项"对话框,此时,可在功能区中显示"切换面板"选项卡,单击该选项卡,在"工具"组中,显示了"切换面板管理器"命令,如图 3.174 所示。

图 3.174 添加"切换面板"的功能区

（2）创建切换面板页。

① 单击【切换面板】→【工具】→【切换面板管理器】按钮，出现如图 3.175 所示的提示对话框。

图 3.175 "切换面板管理器"提示对话框

② 单击【是】按钮，弹出如图 3.176 所示的"切换面板管理器"对话框。

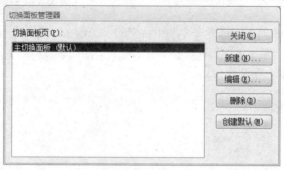

图 3.176 "切换面板管理器"对话框

③ 单击【新建】按钮，弹出如图 3.177 所示的"新建"对话框，在"切换面板页名"文本框中输入"商贸管理系统"。

④ 单击【确定】按钮，"切换面板管理器"对话框中出现"商贸管理系统"面板页，如图 3.178 所示。

图 3.177 "新建"对话框

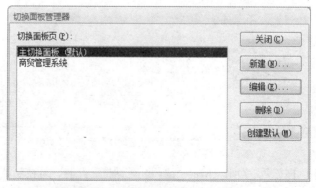

图 3.178 添加"商贸管理系统"面板页

⑤ 用同样的方式在如图 3.179 所示的"切换面板管理器"对话框的列表中添加"基本信息管理""数据查询"和"报表打印"等切换面板页。

⑥ 在"切换面板管理器"对话框中选取"商贸管理系统",单击【创建默认】按钮,将"商贸管理系统"设置为默认的切换面板页。再选择"主切换面板",单击【删除】按钮,将其从列表中删除。

（3）编辑"商贸管理系统"切换面板页。

① 在"切换面板管理器"对话框中选取"商贸管理系统",单击"编辑"按钮,弹出如图 3.180 所示的"编辑切换面板页"对话框。

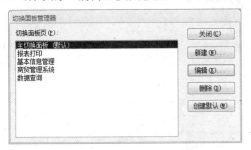

图 3.179　添加其余切换面板页

图 3.180　"编辑切换面板页"对话框

② 单击"编辑切换面板页"对话框中的【新建】按钮,弹出如图 3.181 所示的"编辑切换面板项目"对话框。在"文本"文本框中输入"基本信息管理",在"命令"下拉列表中选择"转至'切换面板'",在"切换面板"下拉列表中选择"基本信息管理"。

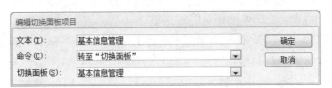

图 3.181　"编辑切换面板项目"对话框

③ 单击【确定】按钮,完成"商贸管理系统"切换面板页中"基本信息管理"切换面板项目的创建,如图 3.182 所示。

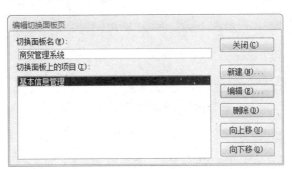

图 3.182　添加"基本信息管理"项到切换面板中

④ 使用同样的方法在"商贸管理系统"切换面板页中添加"数据查询"和"报表打印"项目。

⑤ 添加"退出系统"切换面板项目。在"编辑切换面板页"对话框中单击"新建"按钮,弹出"编辑切换面板项目"对话框。在"文本"文本框中输入"退出系统",在"命令"下拉列表中选择"退出应用程序",如图 3.183 所示,单击【确定】按钮,"编辑切换面板页"对话框

如图 3.184 所示。

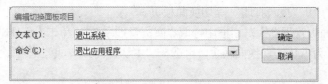

图 3.183　编辑"退出系统"项目

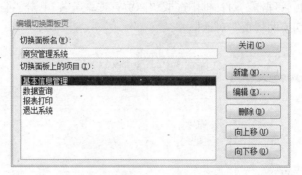

图 3.184　"编辑切换面板页"对话框

⑥ 单击"关闭"按钮，返回"切换面板管理器"对话框。

（4）为每个切换面板页创建切换项目。

① 为"基本信息管理"创建切换项目。

a. 在"切换面板管理器"对话框中选择"基本信息管理"切换面板页，单击【编辑】按钮，弹出如图 3.185 所示的"编辑切换面板页"对话框。

b. 在"编辑切换面板页"对话框中单击【新建】按钮，弹出"编辑切换面板项目"对话框。在"文本"文本框中输入"商品信息管理"，在"命令"下拉列表中选择"在'编辑'模式下打开窗体"，在"窗体"下拉列表中选择"商品信息管理"，如图 3.186 所示。

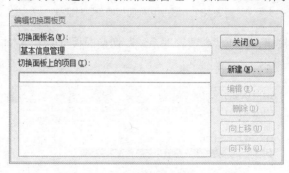

图 3.185　"编辑切换面板页"对话框

图 3.186　创建"商品信息管理"项目

c. 单击【确定】按钮，完成"商品信息管理"切换面板项目的创建，返回"编辑切换面板页"对话框。

d. 使用同样的方法在"基本信息管理"切换面板页中创建"客户信息管理""供应商信息管理""订单信息管理""类别信息管理""库存信息管理"和"进货信息管理"切换面板项目。

e. 创建一个名为"返回主界面"的切换面板项目。在"编辑切换面板页"对话框中单击【新建】按钮,弹出"编辑切换面板项目"对话框。在"文本"文本框中输入"返回主界面",在"命令"下拉列表中选择"转至'切换面板'",在"切换面板"下拉列表中选择"商贸管理系统",如图 3.187 所示。

图 3.187 设置"返回主界面"项目

f. 单击【确定】按钮,返回"编辑切换面板页"对话框,如图 3.188 所示。

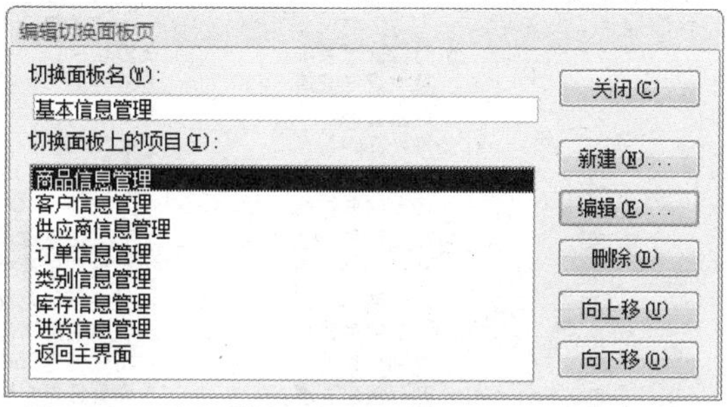

图 3.188 编辑"基本信息管理"切换面板页中的项目

g. 单击【关闭】按钮,返回"切换面板管理器"对话框。

② 为"数据查询"创建切换项目。

a. 参照编辑"基本信息管理"中的切换项目的方法,编辑"数据查询"中的切换项目。

b. 创建一个名为"返回主界面"的切换面板项目,切换面板为"商贸管理系统",如图 3.189 所示。

c. 单击【关闭】按钮,返回"切换面板管理器"对话框。

③ 为"报表打印"创建切换项目。

a. 参照编辑"基本信息管理"中的切换项目的方法编辑"报表打印"中的切换项目。

b. 创建一个名为"返回主界面"的切换面板项目,切换面板为"商贸管理系统",如图 3.190 所示。

c. 单击【关闭】按钮,返回"切换面板管理器"对话框。

图 3.189 编辑"数据查询"切换面板页中的项目

图 3.190　编辑"报表打印"切换面板页中的项目

（5）切换面板创建完成后，系统同时自动生成一个"Switchboard Items"表和"切换面板"的新窗体，分别如图 3.191 和图 3.192 所示。

Switchboa	ItemNumbe	ItemText	Command	Argument
2	0	商贸管理系统	0	默认
2	1	基本信息管理	1	3
2	2	数据查询	1	4
2	3	报表打印	1	5
2	4	退出系统	6	
3	0	基本信息管理	0	
3	1	商品信息管理	3	商品信息管理
3	2	客户信息管理	3	客户信息管理
3	3	供应商信息管	3	供应商信息管
3	4	订单信息管理	3	订单信息管理
3	5	类别信息管理	3	类别信息管理
3	6	库存信息管理	3	库存信息管理
3	7	进货信息管理	3	进货信息管理
3	8	返回主界面	1	2
4	0	数据查询	0	
4	1	数据查询	3	数据查询
4	2	返回主界面	1	2
5	0	报表打印	0	
5	1	报表打印	3	报表打印
5	2	返回主界面	1	2

记录：Ⅰ◀　第 1 项(共 20 项)　▶ ▶Ⅰ　无筛选器　搜索

图 3.191　"Switchboard Items"表

图 3.192　切换面板设计结果

（6）修饰切换面板。切换面板建成后，可根据需要切换到设计视图下对其适当地进行美化和修饰，如添加图片、修饰主界面的字体等，如图 3.193 所示。

（7）为了调用方便，我们将切换面板管理器窗体更名为"系统主界面"。

图 3.193　商贸管理系统主界面

11.3.11　制作用户登录界面

在数据库的管理过程中，可通过用户登录界面来保证数据库的安全，拒绝非法用户进行操作。当输入正确的用户名和密码时，方可进入系统的主界面。这里，我们使用条件宏来控制用户的权限。在"用户登录"窗体中输入用户名和密码后，单击"确定"按钮，若用户名和密码均正确，则打开"系统主界面"窗体，否则，提示用户名或密码不正确；单击"取消"按钮，退出系统。

（1）打开"商贸管理系统"数据库。

（2）设计用户登录界面。

① 单击【创建】→【窗体】→【窗体设计】按钮，打开窗体设计器。

② 创建"用户名"和"密码"文本框。使用文本框控件在窗体中添加两个文本框，并分别将文本框的标签修改为"用户名"和"密码"。

③ 创建"确定"和"取消"按钮。使用命令按钮（不用使用控件向导）控件在窗体中添加两个命令按钮，并将按钮标题修改为"确定"和"取消"，如图 3.194 所示。

图 3.194　添加文本框和命令按钮

④ 修改文本框属性。

a. 将"用户名"文本框的"名称"修改为"user"。

b. 将"密码"文本框的"名称"修改为"password","输入掩码"属性设置为"密码"。

⑤ 以"用户登录"为名保存窗体。

⑥ 修改"用户登录"窗体的属性。

（3）设计用户登录条件宏。

① 单击【创建】→【宏与代码】→【宏】按钮，打开宏设计器。

② 创建"确定"宏。

a. 双击"操作目录"窗格中"程序流程"下的"Submacro"，在宏设计窗格中显示"子宏 1"。

b. 在"子宏 1"的名称框中输入"确定"。

c. 双击"操作目录"窗格中"程序流程"下的"If"，在宏设计窗格中添加一个"条件"

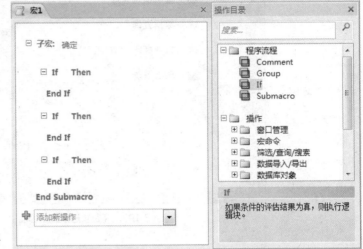

图 3.195　在宏设计器中添加 3 个条件

设置框，再连续双击"If"，在宏设计窗格中添加 3 个并列的"If"条件，准备构造 3 个条件宏，如图 3.195 所示。

d. 编辑第 1 个条件宏。在第 1 个"If"文本框中输入条件：[Forms]![用户登录]![user]="keyuan" And [Forms]![用户登录]![password]="smglxt"。

【提示】宏的"条件"是逻辑表达式，返回值只能是"真"（Ture）或"假"（False），运行时将根据条件的"真"或"假"决定是否执行或如何执行宏操作。在输入条件表达式时，可能要引用窗体或报表上的控件值，其语法格式为[Forms]![窗体名]![控件名]或者[Reports]![报表名]![控件名]。

e. 在 If 条件下方的"添加新操作"下拉列表中选择第 1 个条件的宏操作"OpenForm"，并在下方"窗体名称"下拉列表中选择窗体"系统主界面"，如图 3.196 所示。

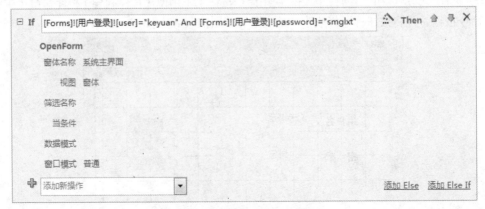

图 3.196　设置第 1 个 If 条件宏参数

f. 编辑第 2 个条件宏。在"If"文本框中输入条件：[Forms]![用户登录]![user]<>"keyuan" Or [Forms]![用户登录]![password]<>"smglxt"。

g. 添加第 2 个条件的宏操作"MessageBox"，并在下方"操作参数"区中的"消息"文本框中输入"用户名或密码不正确，请重新输入!"，在"类型"下拉列表中选择"警告!"，在"标题"文本框中输入"出错提示"，如图 3.197 所示。

图 3.197 设置第 2 个 If 条件宏参数

h. 编辑第 3 个条件宏。在"If"文本框中输入条件：[Forms]![用户登录]![user]="keyuan" And [Forms]![用户登录]![password]="smglxt"。

i. 添加第 3 个条件的宏操作"CloseWindow"，并在下方"操作参数"区中的"对象类型"下拉列表中选择"窗体"，在"对象名称"下拉列表中选择"用户登录"，如图 3.198 所示。

图 3.198 设置第 3 个 If 条件宏参数

【提示】这里，第一个条件[Forms]![用户登录]![user]="keyuan" And [Forms]![用户登录]![password]="smglxt"的作用是，当用户名为"keyuan"且密码为"smglxt"时，打开系统主界面。

第二个条件[Forms]![用户登录]![user]<>"keyuan" Or [Forms]![用户登录]![password]<>"smglxt"的作用是，当用户名不为"keyuan"或密码不为"smglxt"时，弹出消息提示"用户名或密码不正确，请重新输入!"。

第三个条件[Forms]![用户登录]![user]="keyuan" And [Forms]![用户登录]![password]="smglxt"的作用是，当用户名为"keyuan"且密码为"smglxt"时，先打开系统主界面，然后关闭"用户登录"窗体。

③ 创建"取消"宏。

a. 双击"操作目录"窗格中"程序流程"下的"Submacro"，在宏设计窗格中显示"子宏 2"。

b. 在"子宏 2"的名称框中输入"取消"。

c. 在"添加新操作"下拉列表中选择宏操作"CloseDatabase"。

④ 以"用户登录"为名保存宏组，然后关闭宏设计器。

（4）在"用户登录"窗体中运用条件宏。

① 在"用户登录"窗体中用鼠标右键单击"确定"按钮，从快捷菜单中选择【属性】命令，弹出命令按钮"属性表"对话框。

② 选择"事件"选项卡，在"单击"下拉列表中选择宏命令"用户登录.确定"。

③ 设置"取消"按钮的单击事件为"用户登录.取消"。

（5）设置"用户登录"窗体属性。在窗体的"属性表"对话框中选择"格式"选项卡，设置窗体的标题为"用户登录"，允许"窗体"视图，取消"滚动条""记录选择器""导航按钮""分隔线""最大最小化按钮""控制框"，并将"边框样式"设置为"对话框边框"。在"其他"选项卡中，设置"弹出方式"为"是"。

（6）保存窗体，效果如图 3.199 所示。

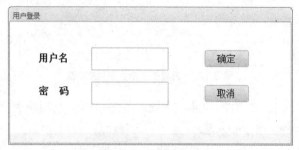

图 3.199 "用户登录"窗体

11.3.12 制作系统启动窗体

数据库应用系统的各功能模块设计完成后，为给用户提供一个美观、大方且友好的用户界面，这里，我们为系统设计一个简单的启动界面。

（1）单击【创建】→【窗体】→【窗体设计】按钮，打开窗体设计器。

（2）设计系统启动界面。

① 选择【控件】组中的"标签"控件，在窗体的主体节中添加如图 3.200 所示的标签。

图 3.200 系统启动窗体文字

② 在窗体下方添加两个命令按钮，分别为"登录"和"退出"按钮（不使用控件向导）。

③ 以"启动窗体"为名保存窗体。

（3）设计启动窗体的宏操作。

① 单击【创建】→【宏与代码】→【宏】按钮，打开宏设计器。

② 双击"操作目录"窗格中"程序流程"下的"Submacro"，在宏设计窗格中显示"子宏1"。

③ 在"子宏1"的名称框中输入"登录"。

④ 设置"登录"宏的"操作"为"OpenForm"，在下方"操作参数"区中的"窗体名称"下拉列表中选择"用户登录"窗体。

⑤ 在"添加新操作"下拉列表中选择"CloseWindow"，并在下方"操作参数"区中的"对象类型"下拉列表中选择"窗体"，在"对象名称"下拉列表中选择"启动窗体"。

"登录"宏的参数设置如图3.201所示。

⑥ 添加"退出"子宏，在"添加新操作"下拉列表中选择"QuitAccess"，并设置操作参数"选项"为"全部保存"，如图3.202所示。

图3.201 "登录"宏的参数设置

图3.202 "退出"宏的参数设置

⑦ 以"启动窗体"为名保存宏组。

（4）在启动窗体中运用宏。

① 在"启动窗体"中用鼠标右键单击"登录"按钮，从快捷菜单中选择【属性】命令，弹出命令按钮"属性表"对话框。

② 选择"事件"选项卡，在"单击"下拉列表中选择"启动窗体.登录"。

③ 设置"退出"按钮的单击事件为"启动窗体.退出"。

（5）设置"启动窗体"的属性。

① 在"窗体"属性对话框中选择"格式"选项卡，设置窗体的标题为"启动窗体"，允许"窗体"视图，取消"滚动条""记录选择器""导航按钮""分隔线""最大最小化按钮""控制框"，并将"边框样式"设置为"对话框边框"。

② 设置"图片"属性，为窗体选择一张图片作为背景，并设置图片缩放模式为"拉伸"。

③ 设置"其他"选项卡中的"弹出方式"为"是"。

（6）保存窗体，效果如图3.203所示。

图 3.203　启动窗体

11.4　任务拓展

11.4.1　设置系统启动项

为了防止因错误操作而导致数据库和对象损坏，在数据库创建完成后，可以把数据库窗口、系统内置的菜单栏和工具栏隐藏起来。另外，可设置应用程序标题，系统启动后自动打开窗体，数据库窗口、菜单栏、工具栏是否显示等内容。

（1）打开"商贸管理系统"数据库。

（2）选择【文件】→【选项】命令，打开"Access 选项"对话框。

（3）在左侧的窗格中选择【当前数据库】选项，按图 3.204 所示设置"应用程序选项"的参数。

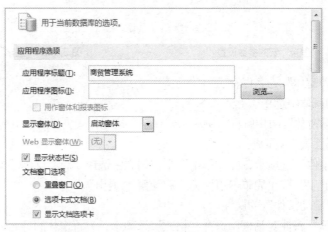

图 3.204　设置"应用程序选项"的参数

【提示】若系统运行已无任何错误，那么备份数据库系统后，可取消勾选"显示文档选项卡"等应用程序所带的功能。这样，运行窗体时，将不再出现功能选项卡等。

（4）单击【确定】按钮，完成系统的启动设置。

（5）退出 Access 应用程序。

11.4.2 运行数据库系统

整个数据库应用系统集成后，可通过运行系统对系统进行测试，即检测系统的整体性能是否达到了用户的实际要求。

（1）打开"D:\数据库"窗口。

（2）双击"商贸管理系统"文件，启动应用程序，出现如图 3.203 所示的启动界面。

（3）单击"登录"按钮，出现"用户登录"界面，同时关闭启动窗体。

（4）输入正确的用户名和密码后，单击"确定"按钮，可进入系统主界面。

（5）单击"基本信息管理"按钮，打开如图 3.205 所示的系统子窗体，实现对数据库中基本信息的管理。

图 3.205 "商贸管理系统"子窗体

（6）单击窗体中的某个按钮，可实现想要执行的操作。单击"返回主界面"按钮，可返回系统主界面，执行其他的数据库操作。

11.5 任务检测

（1）打开商贸管理系统，选择导航窗格中的"窗体"对象，查看数据库窗口中的窗体是否如图 3.206 所示包含 12 个窗体。

（2）选择"宏"对象，查看导航窗格中的宏是否如图 3.207 所示包含 5 个宏。

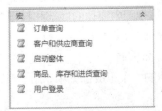

图 3.206 创建了 12 个窗体的数据库窗口　　　图 3.207 创建了 5 个宏的数据库窗口

（3）运行系统，检测系统各部分的功能是否可按设计要求正常使用。

11.6 任务总结

本任务通过制作基本信息管理、数据查询和报表打印等窗体，为数据库的使用提供了相应的数据操作界面。通过制作启动窗体、用户登录界面和系统主界面，为系统提供了主控界面，从而实现了系统各功能模块的集成。在此基础上，通过设置启动项并运行数据库系统，对集成后的整个系统进行了测试，圆满完成了商贸管理系统的设计与开发，为以后学习其他数据库系统开发软件奠定了基础。

11.7 巩固练习

一、填空题

1. 窗体最多由窗体页眉、窗体页脚、_____、_____和主体节 5 部分组成。
2. 按照应用功能的不同，可以将 Access 的窗体对象分为_____窗体和_____窗体两类。
3. 在宏中，条件表达式的返回值只有_____和_____。
4. 按照使用来源和属性的不同，控件可分为_____、_____和非绑定控件 3 种。
5. 窗体属性包括_____、_____、事件、其他和全部。
6. 在窗体设计视图中，_____和_____是成对出现的。
7. 设计窗体时，通过应用_____，可以快速设置窗体的字体、颜色和风格。
8. _____决定了一个控件或窗体中的数据来自于何处，以及操作数据的规则。
9. _____属性主要是针对控件的外观或窗体的显示格式而设置的。
10. 将字段列表中的字段拖到设计窗口中时，会自动创建_____控件和_____控件。

二、选择题

1. 不是窗体必备的组件的是（   ）。
   A. 节
   B. 控件
   C. 数据来源
   D. 都需要
2. 标签控件通常通过（   ）向窗体中添加。
   A. 控件组
   B. 字段列表
   C. 属性表
   D. 节
3. （   ）是指没有与数据来源相连接的控件。
   A. 绑定控件
   B. 非绑定控件
   C. 计算控件
   D. 以上都不正确
4. 窗体的 5 个组成部分中，用于显示窗体的使用说明、命令按钮或接受输入的未绑定控件，并且显示在窗体视图中窗体的底部和打印页的尾部的是（   ）。
   A. 窗体页眉
   B. 窗体页脚
   C. 页面页眉
   D. 页面页脚
5. 在窗体的 5 个组成部分中，用于在窗体或报表中每页的底部显示页汇总、日期或页码的是（   ）。
   A. 窗体页眉
   B. 窗体页脚

C. 页面页眉　　　　　　　　　　D. 页面页脚

6. （　　）是窗体中显示数据、执行操作或装饰窗体的对象。

A. 记录　　　　　　　　　　　B. 模块

C. 控件　　　　　　　　　　　D. 表

7. 为窗体指定数据来源后，在窗体设计视图窗口中由（　　）取出数据源的字段。

A. 控件组　　　　　　　　　　B. 自动格式

C. 属性表　　　　　　　　　　D. 字段列表

8. 若将窗体属性中的导航按钮属性设成"否"，则（　　）。

A. 不显示水平滚动条　　　　　B. 不显示记录选定器

C. 不显示窗体底部的记录操作栏　　　D. 不显示分隔线

9. 若要求在文本框中输入文本时显示为"*"字符，则应设置的属性是（　　）。

A. 默认值　　　　　　　　　　B. 标题

C. 密码　　　　　　　　　　　D. 输入掩码

10. （　　）不属于窗体的作用。

A. 显示和操作数据

B. 窗体由多个部分组成，每个部分称为一个"节"

C. 提供信息，及时告诉用户即将发生的动作信息

D. 控制下一步流程

三、思考题

1. 宏和宏组的区别是什么？

2. 怎样创建条件宏？

3. Access 中包含哪些控件？常用的控件有哪些？

4. 窗体在数据库系统中能完成的功能包括哪些？

四、设计题

按要求为"学籍管理"数据库制作窗体。

1. 利用"学生情况表"制作纵栏式窗体"学生情况"，具体要求如下。

（1）在窗体页眉中插入标签"学生基本情况"，文字格式为"18磅""隶书""红色"。

（2）窗体主体背景为"浅黄色"。

（3）在窗体页脚中部输入你的班级、姓名，在右下角添加"关闭窗体"按钮以实现单击来关闭窗体。

2. 利用前面创建的"所有人的信息"查询，制作表格式窗体"所有人的信息"。

3. 制作一个切换窗体，在其中放置一个文本框和 3 个按钮，分别实现"验证密码""打开'学生情况'窗体"和"退出系统"的功能。窗体要求无滚动条、无记录选择器、无记录导航按钮、无分隔线，并且以任意一张图片作为窗体的背景。

要求：文本框以密码字符来显示，单击"验证密码"按钮时，若在文本框中输入的是"ACC"或"acc"，则弹出"欢迎使用"消息框。若密码错误，则弹出"ERROR！"消息框。单击"打开'学生情况'窗体"按钮可打开"学生情况"窗体，单击"退出系统"按钮可实现退出 Access 的功能。

项目实战 3　人力资源管理系统

人力资源管理系统是一个企业最基本的人事管理系统，是适应现代企业制度，推动企业人力资源管理走向科学化、规范化、自动化的必要条件。为了加快公司的信息化步伐，提高公司的管理水平，建立和完善人力资源管理系统已经变得十分必要和迫切。

该系统能实现员工信息、部门、绩效、每月固定扣款项目、工资、员工培训信息的录入、浏览、更新、查询和打印。该系统的基本流程是启动"人力资源管理系统"时，首先打开"启动界面"，单击"登录"按钮时，打开"用户登录"窗体，要求输入用户名和密码，若用户名和密码正确，系统打开"主界面"窗体。"主界面"窗体包含控制整个数据库的各项功能，即数据输入、数据维护、数据浏览、数据查询及报表打印等。

1．创建数据库

创建一个名为 "人力资源管理系统"的数据库文件，保存到"D:\数据库"文件夹中。

2．建立数据表

（1）在"人力资源管理系统"数据库中创建"部门表"，按如图 3.208 所示的信息定义并设计合适的数据类型和字段属性，然后输入数据。

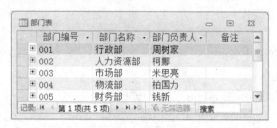

图 3.208　部门表

（2）在"人力资源管理系统"数据库中创建"员工信息表"，按如图 3.209 所示的信息定义并设计合适的数据类型和字段属性，然后输入数据。

（3）在"人力资源管理系统"数据库中创建"员工培训表"，按如图 3.210 所示的信息定义并设计合适的数据类型和字段属性，然后输入数据。

（4）在"人力资源管理系统"数据库中创建"绩效考核表"，按如图 3.211 示的信息定义并设计合适的数据类型和字段属性，然后输入数据。

（5）在"人力资源管理系统"数据库中创建"每月固定扣款项目表"，按如图 3.212 所示的信息定义并设计合适的数据类型和字段属性，然后输入数据。

（6）在"人力资源管理系统"数据库中创建"员工工资表"，按如图 3.213 所示的信息定义并设计合适的数据类型和字段属性，然后输入数据。

员工编号	姓名	性别	部门编号	出生日期	入职时间	职务	职称	学历	籍贯	婚否	联系电话	照片	备注
ky001	王睿钦	男	003	1976-1-6	1998-7-6	主管	经济师	本科	重庆	✓	63661547		
ky002	文路南	男	004	1974-7-16	1998-3-17	项目主管	高级工程师	硕士	甘肃	✓	65257851		
ky003	钱新	男	005	1976-7-4	1999-7-20	财务总监	高级会计师	本科	甘肃	✓	66018871		
ky004	英冬	女	003	1978-6-13	2003-4-3	业务员	无	大专	北京	✓	67624956		
ky005	令狐颖	女	001	1988-2-16	2004-2-22	内勤	无	高中	北京	✓	64366059		
ky006	柏国力	男	004	1979-3-15	2003-7-31	部长	高级工程师	本科	哈尔滨	✓	67017027		
ky007	白俊伟	男	003	1973-8-5	1995-6-30	外勤	工程师	本科	四川	✓	68794651		
ky008	夏蓝	女	003	1986-5-23	2004-12-10	业务员	无	高中	湖南	☐	64789321		
ky009	段琦	女	004	1983-4-16	2005-5-16	项目主管	工程师	本科	北京	✓	64272883		
ky010	李莫蕾	女	004	1974-12-15	1997-6-10	出纳	助理会计师	本科	北京	✓	69244765		
ky011	林帝	男	001	1973-9-13	1995-12-7	副部长	经济师	本科	山东	✓	68874344		
ky012	牛婷婷	女	003	1978-3-15	2003-7-18	主管	经济师	硕士	重庆	✓	69712546		
ky013	米思亮	男	003	1978-10-18	2000-8-1	部长	高级经济师	本科	山东	✓	67584251		
ky014	赵力	男	002	1971-10-23	1992-6-6	统计	高级经济师	本科	北京	✓	64000872		
ky015	皮维	男	003	1973-3-21	1993-12-8	业务员	助理工程师	大专	湖北	✓	63021549		
ky016	高玲珑	男	004	1987-11-30	2003-11-21	业务员	助理经济师	本科	四川	☐	65966501		
ky017	陈可可	女	002	1970-8-25	1996-7-15	科员	经济师	硕士	四川	✓	63035376		
ky018	周树家	女	001	1981-8-30	2004-7-30	部长	工程师	本科	湖北	✓	63812307		
ky019	江珺来	男	003	1972-5-8	1994-7-15	项目主管	高级经济师	本科	天津	✓	64581924		
ky020	司马勤	男	003	1975-3-8	1998-7-17	科员	助理工程师	本科	天津	✓	62175686		
ky021	桑南	男	002	1963-4-1	1986-10-31	统计	助理统计师	大专	山东	✓	65034080		
ky022	刘光利	女	001	1973-7-13	1996-8-1	科员	无	中专	陕西	✓	64654756		
ky023	黄信念	女	001	1968-12-10	1998-12-15	内勤	无	高中	陕西	✓	68190028		
ky024	尔阿	女	004	1974-5-24	1998-9-18	业务员	工程师	本科	安徽	✓	65761446		
ky025	全泉	女	004	1985-4-18	2009-8-14	项目监察	工程师	本科	北京	☐	63267813		
ky026	张梦	女	003	1978-5-9	2000-4-9	业务员	助理经济师	本科	四川	✓	65897823		
ky027	葛容上	女	004	1986-11-3	2010-4-10	外勤	无	中专	北京	☐	67225427		
ky028	曾思杰	女	005	1975-9-10	1998-5-16	会计	会计师	本科	南京	✓	66032221		
ky029	费乐	男	004	1984-8-9	2009-7-13	项目监察	工程师	本科	四川	✓	65922950		
ky030	柯娜	女	002	1976-10-12	2000-9-11	部长	高级经济师	大专	陕西	✓	65910605		

记录：第 1 项(共 30 项) 无筛选器 搜索

图 3.209 员工信息表

员工编号	培训项目	培训时间	备注
ky001	管理内训班	2011-12-1	
ky003	税务制度新政策	2012-3-21	
ky007	计算机技能培训	2012-5-16	
ky009	物流改革会议	2011-12-1	
ky010	财务制度	2012-3-18	
ky028	工资制度改革政策学习	2010-2-13	
ky029	新型节能材料探讨会	2013-8-10	

记录：第 1 项(共 7 项) 无筛选器 搜索

图 3.210 员工培训表

图 3.211 绩效考核表

员工编号	养老保险	失业保险	医疗保险	住房公积金
ky001	392	49	98	392
ky002	370	46.25	92.5	370
ky003	364.64	45.58	91.16	364.64
ky004	204	25.5	51	204
ky005	176	22	44	176
ky006	348.8	43.6	87.2	348.8
ky007	236	29.5	59	236
ky008	178.4	22.3	44.6	178.4
ky009	255.76	31.97	63.94	255.76
ky010	184	23	46	184
ky011	260	32.5	65	260
ky012	408	51	102	408
ky013	496	62	124	496
ky014	468	58.5	117	468
ky015	212.88	26.61	53.22	212.88
ky016	220.8	27.6	55.2	220.8
ky017	230	28.75	57.5	230
ky018	292	36.5	73	292
ky019	342	42.75	85.5	342
ky020	220.8	27.6	55.2	220.8
ky021	212.56	26.57	53.14	212.56
ky022	199.6	24.95	49.9	199.6
ky023	182.08	22.76	45.52	182.08
ky024	207.2	25.9	51.8	207.2
ky025	191.2	23.9	47.8	191.2
ky026	206.24	25.78	51.56	206.24
ky027	172.64	21.58	43.16	172.64
ky028	265.92	33.24	66.48	265.92
ky029	225.6	28.2	56.4	225.6
ky030	472.64	59.08	118.16	472.64

记录：第 1 项（共 30 项）无筛选器 搜索

图 3.212 每月固定扣款项目表

员工编号	基本工资	薪级工资	津贴	扣款	应发工资
ky001	3150	1360	945		
ky002	2800	1220	840		
ky003	2800	1220	840		
ky004	1500	700	450		
ky005	1350	640	405		
ky006	2600	1140	780		
ky007	2200	980	660		
ky008	1300	620	390		
ky009	2100	940	630		
ky010	1400	660	420		
ky011	2100	940	630		
ky012	3200	1380	960		
ky013	4800	2020	1440		
ky014	3300	1420	990		
ky015	1680	780	504		
ky016	1600	750	480		
ky017	2100	940	630		
ky018	2600	1140	780		
ky019	3000	1300	900		
ky020	1600	740	480		
ky021	1900	860	570		
ky022	1900	860	570		
ky023	1350	640	405		
ky024	1600	740	480		
ky025	1680	780	504		
ky026	1600	740	480		
ky027	1400	680	420		
ky028	2600	1140	780		
ky029	1680	780	504		
ky030	3500	1500	1050		

记录：第 1 项（共 30 项）无筛选器 搜索

图 3.213 员工工资表

3．建立表间关系

将 6 张表分别按合适的字段建立起"实施参照完整性"的一对一或一对多的关系，如图 3.214 所示。

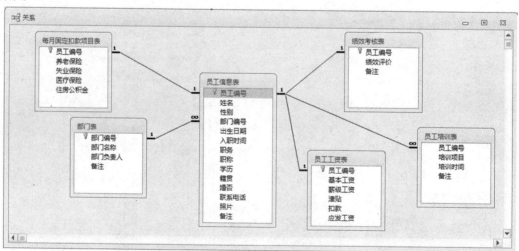

图 3.214 人力资源管理系统表间关系

4．设计和制作查询

（1）创建查询"70 年代的男员工"，查看 70 年代的男员工信息。

（2）创建"按入职时间段查询员工信息"查询，根据输入的时间段查看员工信息。

（3）创建查询"查看员工年龄"，显示每位员工的当年年龄。

（4）创建查询"汇总统计扣款和应发工资"，能通过每月固定扣款项目表中的各项扣款数据自动更新员工工资表中的"扣款"，并统计出"应发工资"数据。

（5）创建查询"员工工资明细"，能显示每位员工的编号、姓名、性别、部门名称和各项工资详细信息。

（6）创建查询"员工信息明细"，除了显示员工信息表中的信息外，还能显示其绩效考核评价结果。

（7）创建查询"查看需要缴纳个人所得税的员工和应税工资"，以目前个人所得税基数 3500 为例，查看应发工资超过 3500 的员工，以及其应该缴纳所得税的工资。

（8）创建"统计各部门平均工资"查询，能显示各部门的平均工资。

（9）创建"按员工姓名查询工资明细"查询，根据输入的员工姓名查看工资信息。

（10）创建查询"汇总统计各部门男女职工人数"，通过查询能查看各部门男女职工的人数。

（11）创建查询"统计各部门绩效考核各等级人数"，通过查询能查看各部门绩效考核各等级的人数。

（12）创建查询"统计各部门每月过生日的员工人数"，通过查询能查看各部门每月过生日的员工人数。

（13）使用 SQL 查询，创建"SQL 查询员工培训情况"。

5．设计和制作报表

1．以"每月固定扣款项目表"为数据源，创建"员工每月固定扣款项目报表"。

2．以"员工信息明细"查询为数据源，创建"员工信息明细报表"，并统计各学历的人数。

3．以"员工工资明细"查询为数据源，创建"员工工资明细报表"。

4．将"员工工资明细报表"另存为"各部门员工工资汇总统计报表"，统计各部门平均基本工资和应发工资合计。

5．以"按入职时间段查询员工信息"查询为数据源，创建"某入职时间段内的员工信息报表"，根据输入的时间范围，打印该时间段内入职的员工信息。

6．设计和制作用户界面

1．分别以部门表、员工信息表、员工培训表、绩效考核表、每月固定扣款项目表、员工工资表为数据源，创建部门信息管理、员工信息管理、员工培训管理、绩效考核管理、每月固定扣款项目管理、员工工资管理窗体，实现人力资源管理系统基本信息的浏览、添加记录、修改记录、保存记录和删除记录等操作。

2．创建"数据查询"窗体，实现通过单击相应按钮，调用前面设计的查询。

3．创建"报表打印"窗体，实现通过单击相应按钮，能打印预览前面制作的报表。

4．使用"切换面板管理器"，创建如图 3.215 所示的系统主界面，将系统各功能集成在主界面中。

5．制作"用户登录"界面，当输入正确的用户名和密码时，能打开系统主界面。

6．制作"启动界面"界面，单击"登录"按钮，出现"用户登录"界面，并将启动界面设置为系统启动时的显示窗体。

图 3.215　人力资源管理系统主界面